21 世纪全国本科院校电气信息类创新型应用人才培养规划教材

嵌入式系统基础实践教程

主　编　韩　磊

副主编　曹欲晓　陈　飞

参　编　丁宋涛　吕俊斌　钱　瑛

北京大学出版社

PEKING UNIVERSITY PRESS

内 容 简 介

本书立足于嵌入式系统基本理论，侧重于基础实践开发，面向实际应用；系统地介绍了嵌入式系统的基本概念、组成、设计原则与方法，从嵌入式系统硬件、嵌入式系统软件、嵌入式系统应用三个层面展开论述。在嵌入式硬件方面，按照 ARM 核到 S3C2410 芯片，再到板级系统的顺序逐步扩展，详细介绍了 ARM 核的寄存器文件、工作模式和指令系统，以硬件最小系统为突破口，介绍了 S3C2410 芯片的外设接口及板级扩展方法；在嵌入式软件方面，着重阐述了 C 语言面向嵌入式系统编程的特点和技术要领，介绍了 ARM 软件开发工具，结合嵌入式操作系统的基本原理分析了 μC/OS-II 操作系统的源码，讲述了以 μC/OS-II 为操作系统的软件体系结构；最后，以嵌入式工业控制为应用案例，介绍了嵌入式系统开发流程以及 S3C2410 和 μC/OS-II 应用设计方案。

本书融合了嵌入式系统的前导知识，内容丰富，思路清晰，可作为本科、专科院校嵌入式系统入门课程的教学用书，也可供基于 S3C2410 和 μC/OS-II 进行应用开发的广大工作人员学习和参考。

图书在版编目(CIP)数据

嵌入式系统基础实践教程/韩磊主编. —北京：北京大学出版社，2013.8
(21 世纪全国本科院校电气信息类创新型应用人才培养规划教材)
ISBN 978-7-301-22447-2

Ⅰ. ①嵌⋯　Ⅱ. ①韩⋯　Ⅲ. ①微型计算机—系统设计—高等学校—教材　Ⅳ. ①TP360.21

中国版本图书馆 CIP 数据核字(2013)第 084188 号

书　　　　名：	嵌入式系统基础实践教程
著作责任者：	韩　磊　主编
策 划 编 辑：	郑　双
责 任 编 辑：	郑　双
标 准 书 号：	ISBN 978-7-301-22447-2/TP · 1283
出 版 发 行：	北京大学出版社
地　　　　址：	北京市海淀区成府路 205 号　100871
网　　　　址：	http://www.pup.cn　新浪官方微博：@北京大学出版社
电 子 信 箱：	pup_6@163.com
电　　　　话：	邮购部 62752015　发行部 62750672　编辑部 62750667　出版部 62754962
印 刷 者：	北京富生印刷厂
发 行 者：	北京大学出版社
经 销 者：	新华书店

787 毫米×1092 毫米　16 开本　18 印张　410 千字
2013 年 8 月第 1 版　2015 年 8 月第 2 次印刷

定　　　　价：	35.00 元

前　言

在后 PC 时代，计算将不再局限于传统的 PC 和服务器环境，网络计算和移动计算将很快成为人们日常生活的一部分，并逐渐呈现出普及计算模式。作为普及计算的支撑技术，嵌入式实时系统正逐步应用到越来越多的领域，包括工业控制、军事电子、医疗电子、航空航天、交通、飞行控制、通信、多媒体、办公自动化、实时模拟、虚拟现实、信息家电等领域。

嵌入式系统最初的应用是基于单片机的，大多以可编程控制器的形式出现，具有监测、伺服、设备指示等功能，其通常应用于各类工业控制和飞机、导弹等武器装备中，一般没有操作系统的支持，只能通过汇编语言对系统进行直接控制，运行结束后再清除内存。这些装置虽然已经初步具备了嵌入式的应用特点，但仅仅只是使用 8 位的 CPU 芯片来执行一些单线程的程序，因此严格地说还谈不上"系统"的概念。20 世纪 90 年代后，伴随着网络时代的来临，网络、通信、多媒体技术得以发展，8/16 位单片机在速度和内存容量上已经很难满足这些领域的应用需求。而由于集成电路技术的发展，32 位微处理器价格不断下降，综合竞争能力已可以和 8/16 位单片机媲美。32 位微处理器面向嵌入式系统的高端应用，由于速度快，资源丰富，加上应用本身的复杂性、可靠性要求等，软件的开发一般会需要操作系统平台支持。近些年，嵌入式设备大量涌现，如微波炉、数码照相机、机顶盒、手机、PDA、MP3、各种网络设备等。嵌入式系统开发应用需求越来越大，使嵌入式系统成为继 PC 和 Internet 之后 IT 技术的最热点，而构成嵌入式系统的主流趋势是 32 位嵌入式微处理器加实时多任务操作系统，目前的嵌入式系统往往指的是包含这种资源的系统。

随着嵌入式系统的市场快速增长，嵌入式人才缺口将急剧增大。在 IEEE 计算机协会 2004 年 6 月发布的 Computing Curricula Computer Engineering Report, Ironman Draft 报告中把嵌入式系统课程列为计算机工程学科的领域之一，把软硬件协同设计列为高层次的选修课程。美国科罗拉多州立大学/嵌入式系统认证，课程目录包括实时嵌入式系统导论、嵌入式系统设计和嵌入式系统工程训练课程。美国华盛顿大学嵌入式系统课程名称是嵌入式系统设计导论，它基本包括了前面三门课程的内容。正基于此，国内众多高校、职业技术学院和培训机构纷纷开展嵌入式系统的教学和培训工作。但对于嵌入式系统这一跨学科、软硬件集成、与业界需求密切相关的综合性系统来讲，要在短期内建立起一套完整的、科学的、系统的教学体系绝非易事。

嵌入式系统是嵌入到对象体系中的专用计算机系统。嵌入式系统本质上是一个专用计算机系统，包括硬件、软件和固件等方面的知识。因此，学习嵌入式系统需要掌握全面的基础知识，例如，硬件方面，只了解处理器的寄存器、工作模式是不够的，还应理解存储器及存储映射、寻址方式和调试接口，掌握具体处理器芯片的外围设备、接口技术与硬件设计，等等；软件方面，单纯了解操作系统的工作原理、体系结构、API 调用和应用程序开发也是不够的，开发者还要关注操作系统的移植和引导启动、地址映射、驱动程序开发等复杂的细节问题。面对嵌入式系统庞大的知识体系，不同专业的学生往往因为背景知识匮乏而显得力不从心。计算机科学与技术专业的学生由数据结构、编译原理、操作系统等专业核心课程做支撑，学习嵌入式软件开发的难度不是很大，但是对于硬件系统的比较、选择、理解、分析和设计，感觉很吃力；而电子信息科学与技术专业的学生，情况却相反，他们强于硬件分析设计，弱在嵌入式系统软件开发。这就形成了嵌入式系统的全面知识需求与学生背景知识不足之间的矛盾，该矛盾普遍存在于嵌入式系统教学过程中。

现行的多数嵌入式系统教材往往忽视了嵌入式系统知识体系的全面性和系统性，或片面强调硬件，或重点突出软件，忽略对前导知识的融会贯通，不是最合适的嵌入式系统入门读物。本书着眼于嵌入式系统的构建过程，主抓嵌入式硬件、嵌入式软件两条主线，以低廉的处理器和简单的操作系统作为分析对象，面向应用，突出基础实践，不乏对基础知识的总结以及对前沿技术的展望，逐步带领初学者入门嵌入式系统技术。

本书分 3 篇，共 10 章，具体内容安排如下：

第一篇　硬件篇，主要包括第 1～4 章。主要介绍嵌入式系统的基本概念、组成、发展、应用，ARM 核的特点、体系结构以及指令系统，S3C2410 芯片的接口和板级扩展方法。

第二篇　软件篇，主要包括第 5～9 章。主要介绍面向嵌入式系统环境的 C 语言编程，ARM 软件开发平台，嵌入式操作系统基本原理，然后以 μC/OS-II 操作系统为例，分析其任务管理和内存管理的基本方法，构建了以 μC/OS-II 为核心的软件体系。

第三篇　应用篇，即第 10 章。以嵌入式工业控制器为例，介绍了嵌入式系统开发的基本流程，然后选用 S3C2410 芯片和 μC/OS-II 操作系统构建工业控制器，介绍了多个接口的软硬件设计方法。

本书的第 1～3 章由陈飞编写，第 5、8、9 章由曹欲晓编写，第 4、6、7、10 章由韩磊编写，最后由韩磊通稿。丁宋涛、吕俊斌、钱瑛参与了部分章节的编写和修改，在此表示感谢。

由于作者水平有限，书中难免存在不足之处，敬请广大读者批评指正。

编者

目 录

第**1**章
嵌入式系统概述

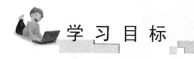

学 习 目 标

了解嵌入式系统基本概念和特点;

了解嵌入式系统的软硬件体系结构;

了解嵌入式微处理器特点及当前主流的嵌入式微处理器;

了解嵌入式系统的发展现状及趋势。

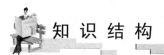

知 识 结 构

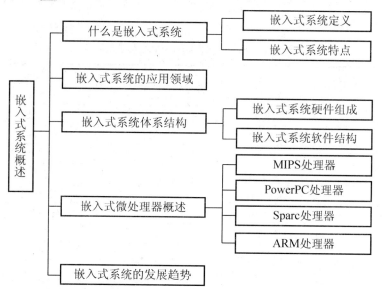

图 1.1　嵌入式系统基本概念知识结构图

导入案例

在介绍嵌入式系统的概念之前，先介绍一种大家都很熟悉的嵌入式产品——智能手机。

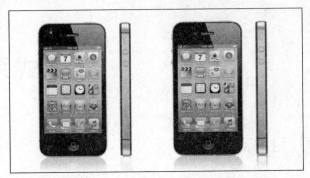

图 1.2　iPhone 4 和 iPhone 4S 智能手机

　　随着移动通信技术的快速发展，手机的功能越来越多，现在的手机已经不只是用于语音通信的设备，而是集成短信、彩信、视频、摄像、游戏、上网、移动办公等多功能的嵌入式产品，这种集成多功能的手机就被称为智能手机。其中，最具有代表性的智能手机，属苹果公司的 iPhone 系列手机，iPhone 3GS、iPhone 4、iPhone 4S，如今已经风靡全球，而 iPhone 5 也已经上市。其中 iPhone 4 和 iPhone 4S 是目前使用最广的苹果手机，以其时尚的外观、高清晰的屏幕、优越的处理器性能以及数不胜数的应用程序，得到广大消费者的热衷。图 1.2 即为 iPhone 4 和 iPhone 4S 的正面外观图。表 1-1 为 iPhone 4S 和 iPhone 4 基本配置。

表 1-1　iPhone 4S 和 iPhone 4 基本配置

产品名称	iPhone 4S	iPhone 4
主屏尺寸	3.5 英寸	3.5 英寸
主屏材质	IPS	IPS
操作系统	iOS 5	iOS 5
核心数	双核	单核
CPU 型号	苹果 A5	苹果 A4
CPU 频率	800MHz	800MHz
内置存储	16GB/32GB/64GB	8GB/16GB/32GB
机身内存	512MB RAM	512MB RAM
电池容量	1420mAh	1420mAh
摄像头像素	前：30 万，后：800 万	前：30 万，后：500 万
WiFi	802.11 b/g/n(2.4GHz)	802.11 b/g/n(2.4GHz)
蓝牙	蓝牙 4.0	蓝牙 2.1
传感器	加速传感器、数字罗盘、陀螺仪	加速传感器、数字罗盘、陀螺仪

　　iPhone 4 和 iPhone 4S 手机的功能主要有以下几方面。
　　基本功能：通话功能、铃声设置、通讯录管理、短信功能、邮件收发、中英文输入、内置游戏、移动办公、时间管理；

数据应用功能：蓝牙、上网、USB 接口、无线通信(Wi-Fi)、GPS 定位；

拍照功能：摄像、拍照；

多媒体娱乐：SNS 服务(QQ、微博、飞信、MSN)、多媒体、音乐播放、视频播放、图片处理。

前面给出了一个典型的嵌入式产品的例子，嵌入式系统在实际生活中的应用非常广泛，在日常生活中无处不在。本章将着重讲解嵌入式系统的定义、特点、体系结构等内容。

1.1　什么是嵌入式系统

以微处理器为核心的微型计算机以其小型、价廉、高可靠性的特点，将其嵌入到一个对象体系中，可以实现对对象体系的智能化控制。例如，将微型计算机经电气加固、机械加固，并配置各种外围接口电路，安装到大型舰船中构成自动驾驶仪或轮机状态监测系统。一辆豪华的汽车可能就装配了 70 个以上的微处理器，它们分布在汽车控制系统的众多部件当中。计算机便失去了原来的形态与通用的计算机功能。因此，为了区别于原有的通用计算机系统，把嵌入到对象体系中，实现对象体系智能化控制的计算机，称为嵌入式计算机系统，也就是嵌入式系统。

1．嵌入式系统定义

目前对于嵌入式系统没有一种准确的定义，下面给出两种比较常见的定义。

第一种，电气和电子工程师协会(IEEE)对嵌入式系统的定义为"用于控制、监视或者辅助操作机器和设备的装置"。可以看出，嵌入式系统是一种装置，是计算机软件和硬件的综合体，还可以涵盖机电等附属装置。

第二种，业界目前普遍采用的定义方式：嵌入式系统是以应用为中心、以计算机技术为基础、软件硬件可裁剪，适应应用系统对功能、可靠性、成本、体积、功耗严格要求的专用计算机系统。它一般由嵌入式微处理器、外围硬件设备、嵌入式操作系统以及用户的应用程序等四个部分组成，用于实现对其他设备的控制、监视或管理等功能。

2．嵌入式系统特点

与通用的计算机系统不同，嵌入式系统通常具有以下特点。

(1) 专用性

通用计算机可以同时满足多种不同的功能，例如，可以用它来观看视频、听音乐，同时还可以用来开发应用程序。但嵌入式系统只能完成某些特定目的的任务，是面向特定应用，大多工作在特定用户群设计的系统中。

(2) 系统精简

嵌入式系统的软硬件都必须高效设计，在保证系统稳定、安全、可靠的基础上进行量体裁衣，去除冗余。力争用较少的资源实现较高的性能。一方面降低应用成本，另一方面也可以提供系统的安全可靠。在满足应用需求的前提下达到最精简的配置。

(3) 低功耗

有很多的嵌入式系统对象都是一些小型应用系统，如手机、PDA、MP3、数码照相机等，这些设备不可能像通用计算机一样配置容量较大的电源，也无法配备各种不同的散热片或风扇进行系统散热。低功耗一直是嵌入式系统追求的目标。因此在设计时，有严格的功耗预算，处理器大部分时间都必须工作在低功耗的睡眠模式下，只有在需要处理任务时，才被唤醒。当然也是为了降低系统的功耗，嵌入式系统中的软件一般不存储于磁盘等载体中，而都固化在存储器芯片或单片系统的存储器中。

(4) 实时性

嵌入式系统主要用来对宿主对象进行控制，在很多使用场合，如生产过程控制、传输通信、数据采集、军事设备、航空航天等，都对嵌入式系统有或多或少的实时性要求。大家所熟知的火星探测器上使用的操作系统其实就是一个实时性很高的嵌入式操作系统，上面使用的操作系统就是美国风河系统公司(Wind River System)的 VxWorks 操作系统。现在发展越来越快的 GPS 车辆实时监控系统中同样也对时序和稳定性有一定的需求。车辆移动端的控制器要根据 GPS 的秒信号与整个系统做时钟同步，从而实现移动端数据的分时按时间片向数据中心上报。

(5) 可靠性

可靠性是嵌入式系统一个非常重要的指标，因为工作环境往往比较恶劣，如电磁干扰、高温高湿、静电干扰等，而且嵌入式设备通常都需要在无人值守的场合长时间稳定运行，例如，危险性高的工业环境中，内嵌有嵌入式系统的仪器仪表中，在人烟稀少的气象检测系统中以及为侦察敌方行动的小型智能装置中等。有些嵌入式系统所承担的任务涉及产品质量、人身设备安全、国家机密等，例如，航空航天控制系统一旦发生故障，则可能发生灾难性的后果。所以与普通的计算机系统相比，嵌入式系统对可靠性的要求极高。

(6) 技术融合

嵌入式系统是将先进的计算机技术、半导体技术以及电子技术与各个行业的具体应用相结合的产物，这一点就决定了它必然是一个技术密集、资金密集、高度分散、不断创新的知识集成系统。通用计算机行业中，占整个计算机行业 90%的 PC 产业，绝大部分采用的是 Intel 的 x86 体系结构，而芯片厂商则集中在 Intel、AMD、Cyrix 等几家公司，操作系统方面更是被 Microsoft 占据垄断地位。但这样的情况却不会在嵌入式系统领域出现。这是一个分散的，充满竞争、机遇与创新的工业，没有哪个公司的操作系统和处理器能够垄断市场。

(7) 开发工具和环境

通常嵌入式系统本身是不具备自主开发能力的，即在系统设计完成以后，用户通常不能对其中的程序功能进行修改，因此必须有一套开发工具和环境才能对其进行开发。这些工具和环境一般是基于通用计算机上的软、硬件设备以及各种逻辑分析仪、混合信号示波器等。

1.2　嵌入式系统的应用领域

由于嵌入式系统具有体积、性能、功耗、可靠性等方面的突出优势，目前已经广泛应用于工业控制、军事国防、航空航天、消费电子、信息家电、网络通信等领域。可以说，我们就生活在一个嵌入式的世界，各种电子表、电话、手机、音乐播放器、智能电视、机顶盒、洗衣机、电饭锅、微波炉都有嵌入式系统的存在。图 1.3 所示为嵌入式系统的应用领域，随着嵌入式技术的不断发展，其应用的前景将更加广阔。

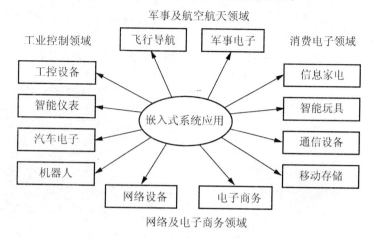

图 1.3　嵌入式系统的应用领域

1. 工业控制

基于嵌入式芯片的工业自动化设备将获得长足的发展，目前已经有大量的 8 位、16 位、32 位嵌入式微控制器在应用中，如工业过程控制、数字机床、电力系统、电网安全、电网设备监测、石油化工系统。就传统的工业控制产品而言，低端型采用的往往是 8 位单片机。但是随着技术的发展，32 位、64 位的处理器逐渐成为工业控制设备的核心，在未来几年内必将获得长足的发展。图 1.4 所示为工业用无线数据采集器，应用于水利、环保、电力等行业，提供高速稳定数据采集和传输功能。

图 1.4　无线数据采集器

2. 军事电子与航空航天

嵌入式系统在军事和航空领域上的应用体现在军事侦察、飞行控制、导弹控制、后勤保障现代化和战场系统网络化等方面。图 1.5 所示为嵌入式系统在导弹控制中的应用，实现对导弹状态的控制和发射。

3. 通信与网络设备

通信系统以及通信网络设备，包括交换机、机顶盒、路由器、调制解调器等。图 1.6 所示为嵌入式系统在高端无线路由器上的应用，传输速度高，无线信号覆盖范围广。

图 1.5　导弹控制

4. 信息家电

信息家电将成为嵌入式系统最大的应用领域，冰箱、空调等的网络化、智能化将引领人们的生活步入一个崭新的空间。即使不在家里，也可以通过电话线、网络进行远程控制。在这些设备中，嵌入式系统将大有用武之地。图 1.7 所示为苹果公司生产的 iPad 2 平板电脑，具有精美的外观和优质的图像处理功能，且具备办公、娱乐等多媒体功能。

图 1.6　高端无线路由器

图 1.7　iPad 平板电脑

5. 家庭智能管理系统

图 1.8　无线点菜器

该系统包括水、电、煤气表的远程自动抄表，安全防火、防盗系统等，其中嵌有的专用控制芯片将代替传统的人工检查，并实现更高、更准确和更安全的性能。目前在服务领域，如图 1.8 所示无线远程点菜器已经体现了嵌入式系统的优势。

6. 汽车电子和交通管理

在车辆控制和导航、流量控制、信息监测与汽车服务方面，嵌入式系统技术已经获得了广泛的应用，内嵌 GPS 模块，GSM 模块的移动定位终端已经在各种运输行业获得了成功的使用。目前 GPS 设备已经从尖端产品进入了普通百姓的家庭，其购买费用只需要几千元。图 1.9 所示为嵌入式系统应用于车辆控制系统。

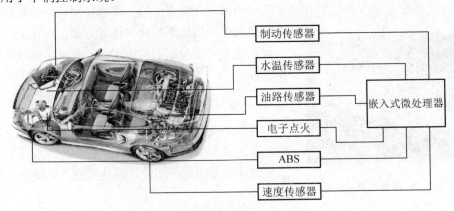

图 1.9　汽车的嵌入式系统控制

7. POS 网络及电子商务

公共交通无接触智能卡(Contactless Smartcard, CSC)发行系统、公共电话卡发行系统、自动售货机、各种智能 ATM 终端将全面走入人们的生活。

8. 环境工程与自然

水文资料实时监测，防洪体系及水土质量监测、堤坝安全，地震监测网，实时气象信息网，水源和空气污染监测。在很多环境恶劣、地况复杂的地区，嵌入式系统将实现无人监测。

图 1.10 瓦力机器人

9. 机器人

嵌入式芯片的发展将使机器人在微型化、高智能方面的优势更加明显，同时会大幅度降低机器人的价格，使其在工业领域和服务领域获得更广泛的应用。图 1.10 所示为智能机器人瓦力，靠自身动力和控制能力就能完成特定的工作。

随着计算机技术和信息技术的不断发展，嵌入式系统的应用范围将越来越广泛，涉及人类生活的各个方面，关系也将越来越紧密，所以，开发和探讨嵌入式系统有着十分重要的意义。

1.3 嵌入式系统体系结构

1.3.1 嵌入式系统硬件组成

图 1.11 所示为一个典型的嵌入式硬件系统组成，以 32 位的 ARM 结构嵌入式微处理器为中心，由存储器、I/O 设备、通信模块以及电源模块等必要的辅助接口组成。其中，嵌入式微处理器为整个系统的核心，决定了系统的功能和应用领域。外围设备则根据实际需求和成本进行裁剪和定制。

1. 嵌入式微处理器

嵌入式硬件系统的核心是嵌入式微处理器，嵌入式微处理器与普通计算机处理器的设计与原理是相似的。最大的不同在于嵌入式微处理器大多工作在为特定用户群所专用设计的系统中，一方面只保留与实际应用相关的功能硬件，去除其他冗余部分，另一方面可以将许多由板卡完成的功能集成在芯片内部。因此，嵌入式微处理器通常体积较小，但具有很高的稳定性和可靠性，功耗低，对环境(温度、湿度、电磁干扰等)的适应能力强。

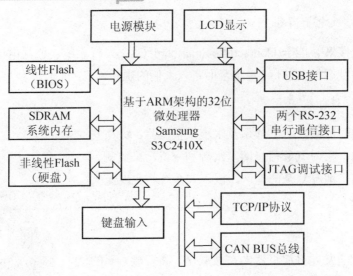

图 1.11　基于三星 S3C2410X 嵌入式微处理器的嵌入式硬件系统

在早期开发的嵌入式系统中，大多采用的是单处理器的架构，随着计算机技术和信息技术的快速发展，现在的嵌入式系统可能采用的是多处理器或多核处理器的硬件架构。例如，智能手机除了满足传统的语音通信的同时，还必须提供稳定和高质量的多媒体需求，传统的单处理器方案不能满足并行任务的处理要求。如苹果 iPhone 4S 智能手机除了采用双核的 A4 核心处理器，还配置有专门的图像处理器，以及通信协议处理器。

2. 存储系统

存储器是构成嵌入式系统的重要组成部分，用于存放系统运行的数据和程序。嵌入式系统的存储系统功能与通用计算机的存储系统功能并无明显的差异。不同的嵌入式系统需要根据实际应用的需求和成本，选择不同的存储技术和存储设备。在实际的嵌入式系统中，往往采用分级的方法来设计整个存储系统，例如，一个四级的存储系统，包含寄存器、高速缓存、内存和辅助存储器。存储级别越高，存取速度越快，而存储容量则越小。

寄存器是最高一级的存储器。在嵌入式系统中，寄存器组一般是微处理器内含的。有些待使用的数据或者运行的中间结果可以暂存在这些寄存器中。微处理器对芯片内的寄存器读写的速度很快，一般在一个时钟周期内完成。从总体上来说，设置一系列寄存器是为了尽可能减少微处理器直接从外部取数的次数，但是，由于寄存器组集成在芯片内部，受芯片面积和集成度的限制，寄存器的数量不可能做得很多。例如，ARM 微处理器一共有 37 个寄存器，其访问时间则一般为几纳秒。

第二级存储器是高速缓冲存储器(Cache)。Cache 是一种小型、快速的存储器。存放的是最近一段时间微处理器使用最多的程序代码和数据。在需要进行数据读取操作时，微处理器尽可能地从 Cache 中读取数据，而不是从内存中读取，这样就大大改善了系统的性能，提高了微处理器和内存之间的数据传输速率。Cache 的主要目标：减小存储器(如内存和辅助存储器)给微处理器内核造成的存储器访问瓶颈，使处理速度更快，实时性更强。

第三级是主存储器即内存。运行的程序和数据都存放在内存中。它可以位于微处理器的内部或外部，其容量为 256KB~1GB，根据具体的应用而定，一般片内存储器容量小、速度快，片外存储器容量大。

常用作主存的存储器有以下两类。

➢ ROM 类：NOR Flash、EPROM 和 PROM 等。

➢ RAM 类：SRAM、DRAM 和 SDRAM 等。

其中 NOR Flash 凭借其可擦写次数多、存储速度快、存储容量大、价格便宜等优点，在嵌入式领域内得到了广泛应用。

第四级为辅助存储器，这种存储器容量大，但是存取速度比内存要慢得多，主要用来存放大数据量的程序代码或信息。嵌入式系统中常用的外存有硬盘、NAND Flash、CF 卡、MMC 和 SD 卡等。

并不是每个嵌入式系统都必须有这种分级的存储结构，而应当根据系统的性能要求和所选定的处理器功能来设计存储系统。例如，对于采用微控制器较小的系统，其自带的存储器就有可能满足系统要求；而对于 16 位、32 位或 32 位以上的微处理器组成的系统，随着系统性能的提高，存储子系统变得更加复杂，一般都包含了全部四级存储器，甚至更多级别的存储器，如网络存储器、磁盘阵列、分布式文件系统等。

3．通用设备接口和 I/O 接口

嵌入式系统和外界交互需要一定形式的通用设备接口，如 A/D(模/数转换接口)、D/A(数/模转换接口)、I/O 等，外设通过和片外其他设备或传感器的连接来实现微处理器的输入/输出功能。每个外设通常都只有单一的功能，它可以在芯片外也可以内置芯片中。外设的种类很多，可从一个简单的串行通信设备到非常复杂的 802.11 无线设备。目前嵌入式系统中常用的通用设备接口有 A/D、D/A，I/O 接口有 RS-232 接口(串行通信接口)、Ethernet(以太网接口)、USB(通用串行总线接口)、音频接口、VGA 视频输出接口、I2C(现场总线)、SPI(串行外围设备接口)和 IrDA(红外线接口)等。

1.3.2 嵌入式系统软件结构

当设计一个简单的应用程序时，可以不使用操作系统(Operating System，OS)，但在设计一个较为复杂的程序时，可能就需要一个操作系统来管理和控制内存、多任务、周边资源等。依据系统提供的程序界面来编写应用程序，可大大减少应用程序员的负担。

对于使用操作系统的嵌入式系统来说，嵌入式系统软件结构一般包含四个层面：设备驱动层、操作系统层、应用程序接口 API 层和应用程序。如图 1.12 所示为四层的嵌入式软件结构。由于硬件电路的可裁剪性和嵌入式本身的特点，其软件部分也是可裁剪的。对于功能简单，仅包括应用程序的嵌入式系统，一般不使用操作系统，仅有应用程序和设备驱动程序。现代高性能嵌入式系统的应用越来越广泛，操作系统的使用成为必然的发展趋势。

1．驱动层程序

驱动层程序是嵌入式系统中不可缺少的重要组成部分，使用任何外部设备都需要有相应的驱动程序的支持，它为上层软件提供了设备的操作接口。上层软件不用关心设备的具

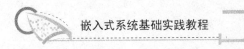

体内部操作细节，只需调用驱动程序提供的接口。一般包括硬件抽象层 HAL、板级支持包 BSP 和设备驱动程序。

图 1.12　嵌入式系统软件架构

(1) 硬件抽象层

硬件抽象层(Hardware Abstraction Layer，HAL)是位于操作系统内核与硬件电路之间的接口层，其目的在于将硬件抽象化。也就是说，可通过程序来控制所有硬件电路(如 CPU、I/O、Memory 等)的操作。这样就使得系统的设备驱动程序与硬件设备无关，从而大大提高了系统的可移植性。从软、硬件测试的角度来看，软、硬件的测试工作可分别基于硬件抽象层来完成，从而使软、硬件测试工作的并行进行成为可能。在定义硬件抽象层时，需要规定统一的软、硬件接口标准，其设计工作需要基于系统需求，代码编写工作可由对硬件比较熟悉的人员完成。硬件抽象层一般应包括相关硬件的初始化、数据的输入/输出、硬件设备的配置等功能。

(2) 板级支持包

板级支持包(Board Support Package，BSP)是介于主板硬件和操作系统中的驱动程序层之间的一层，一般认为它属于操作系统的一部分，主要是实现对操作系统的支持，为上层的驱动程序提供访问硬件设备寄存器的函数包，使之能够更好地运行于硬件主板。BSP 是相对于操作系统而言的，不同的操作系统对应于不同定义形式的 BSP。例如，VxWorks 的 BSP 和 Linux 的 BSP 相对于某一 CPU 而言，尽管实现的功能可能完全一样，但写法和接口定义却完全不同。BSP 一定要按照该系统 BSP 的定义形式来编程(BSP 的编程过程大多数是在某一个成型的 BSP 模板上进行修改的)，这样才能与上层操作系统保持正确的接口，良好地支持上层操作系统。板级支持包的功能主要体现在两个方面：一是系统启动时，完成对硬件的初始化；二是为驱动程序提供访问硬件的函数接口。

(3) 设备驱动程序

系统中安装设备后，只有在安装相应的设备驱动程序之后才能使用，驱动程序为上层软件提供设备的操作接口。上层软件只需调用驱动程序提供的接口，而不用理会设备的具体内部操作。驱动程序的实现直接影响系统的性能。驱动程序不仅要实现设备的基本功能函数(如初始化、中断响应、发送、接收等)，而且要实现设备的基本功能。因为设备在使用过程中还会出现各种各样的差错，所以好的驱动程序还应该具有完备的错误处理函数。

2. 操作系统

操作系统是计算机系统的管理和控制中心，组织和管理系统资源，包括硬件、软件及数据资源，为其他软件提供支持等。对于使用操作系统的嵌入式系统而言，操作系统一般以内核映像的形式下载到目标系统中。以 μCLinux 为例，在系统开发完成之后，将整个操作系统部分做成内核映像文件，与文件系统一起传送到目标系统中；然后通过 BootLoader 指定地址运行 μCLinux 内核，启动已经下载好的 μCLinux 系统；再通过操作系统解开文件系统，运行应用程序。整个嵌入式系统与通用操作系统类似，功能比不带有操作系统的嵌入式系统强大了很多。

内核中必需的基本部件是进程管理、进程间通信、内存管理等，其他部件如文件系统、驱动程序、网络协议等都可根据用户要求进行配置，并以相关的方式实现。

常用的嵌入式操作系统有以下几种。

(1) Linux 操作系统

Linux 操作系统类似于 UNIX，是一种免费的、源代码完全开放的、符合 POSIX 标准规范的操作系统。由于 Linux 的系统界面和编程接口与 UNIX 相似，所以 UNIX 程序员可以很容易地从 UNIX 环境转移到 Linux 环境中来。Linux 拥有现代操作系统所具有的内容：真正的抢先式多任务处理，支持多用户、内存保护、虚拟内存，支持对称多处理机 SMP(Symmetric Multi-Processing)，符合 POSIX 标准，支持 TCP/IP，支持 32/64 位 CPU。嵌入式 Linux 版本众多，如支持硬实时的 Linux(RTLinux/RTAI)、Embedix、Blue Cat Linux 和 Hard Hat Linux 等。

(2) Windows CE 操作系统

Microsoft 公司 Windows CE 是针对有限资源的平台而设计的多线程、完整优先权、多任务的操作系统，但它不是一个硬实时操作系统。高度模块化是 Windows CE 的一个显著的特性，这一特性有利于它对从掌上电脑到专用工业控制器的用户电子设备进行定制。Windows CE 嵌入式操作系统最大的特点是能提供与 PC 类似的图形界面和主要的应用程序。Windows CE 嵌入式操作系统界面显示的大多是在 Windows 操作系统中出现的标准部件，包括桌面、任务栏、窗口、图标和控件等。这样，只要是对 PC 上的 Windows 操作系统熟悉的用户，就可很快地使用基于 Windows CE 嵌入式操作系统的嵌入式设备。

(3) μC/OS-II 操作系统

μC/OS-II 操作系统是一个可裁剪、源码开放、结构小巧、抢先式的实时多任务内核，主要面向中小型嵌入式系统，具有执行效率高、占用空间小、可移植性强、实时性能优良和可扩展性能强等特点。μC/OS-II 中最多可支持 64 个任务，分别对应优先级 0～63，其中 0 为最高优先级。实时内核在任何时候都是运行就绪状态的最高优先级的任务，是真正的实时操作系统。μC/OS-II 最大程度地使用 ANSI C 语言开发，现已成功移植到近 40 多种处理器体系上。

(4) VxWorks 实时操作系统

VxWorks 操作系统是美国 WindRiver 公司于 1983 年设计开发的一种商用嵌入式实时操作系统(RTOS)。良好的持续能力、高性能的内核以及友好的用户开发环境，在嵌入式实时操作系统领域占据一席之地。它以其良好的可靠性和卓越的实时性被广泛地应用在通信、军事、航空、航天等高精尖技术及实时性要求极高的领域中，如卫星通信、军事演习、弹道制导、飞机导航等。

3. 应用程序接口 API

应用程序接口(Application Programming Interface，API)是一系列复杂的函数、消息和结构的集合体。嵌入式操作系统的 API 与一般操作系统下的 API 在功能、含义及知识体系上完全一致。可以这样理解 API：在计算机系统中有很多可通过硬件或外部设备执行的功能，这些功能的执行可通过计算机操作系统或硬件预留的标准指令调用，而软件人员不需要为每种功能重新编制程序，只需按系统或某些硬件事先提供的 API 调用即可完成功能的执行。在操作系统中提供标准的 API 函数，可加快用户应用程序的开发，统一应用程序的开发标准，同时也为操作系统版本的升级带来了方便。在 API 函数中，提供的大量的常用模块，可大大简化用户应用程序的编写。

4. 应用程序

操作系统调度应用程序是为处理某个特定任务的代码。一个应用程序完成一个处理任务，操作系统控制整个运行环境。一个嵌入式系统可以只有一个活动的应用，也可以几个应用同时运行。

实际的嵌入式系统应用软件建立在系统的主任务(Main Task)基础之上。用户应用程序主要通过调用系统的 API 函数对系统进行操作，完成用户应用功能的开发。在用户的应用程序中，可创建用户自己的任务。任务之间的协调主要依赖系统的消息队列。

1.4　嵌入式微处理器概述

嵌入式微处理器(Micro Processor Unit，MPU)是由通用计算机中的微处理器演变而来的。不同的是，在实际嵌入式应用中，只保留和嵌入式应用紧密相关的功能部件，去除其他的冗余功能部分，这样就以最低的功耗和资源实现嵌入式应用的特殊要求。和通用控制计算机相比，嵌入式微处理器具有体积小、质量轻、成本低、可靠性高的优点。嵌入式微处理器一般具有以下特点：

➤ 对实时和多任务有很强的支持能力。处理器内部具有精确的振荡电路、丰富的定时器资源，能完成多任务并且有较短的中断响应时间，从而使内部的代码的执行时间减少到最低限度；

➤ 具有功能很强的存储区保护功能。这是由于嵌入式系统的软件结构已模块化，而为了避免在软件模块之间出现错误的交叉作用，需要设计强大的存储区保护功能，同时也有利于软件诊断；

➤ 可扩展的处理器结构。一般在处理器内部都留有很多的扩展接口，以方便迅速扩展出满足应用的高性能的嵌入式微处理器；

➤ 嵌入式微处理器的功耗必须很低，尤其是用于便携式的无线及移动的计算和通信设备中，依靠电池供电的嵌入式系统更是如此，功耗只能为 mW 甚至 μW 级。

目前比较有影响的主流嵌入式微处理器产品有 MIPS 公司的 MIPS、IBM 公司的 PowerPC、Sun 公司的 Sparc、ARM 公司的 ARM 系列，下面将分别介绍。

1. MIPS 处理器

MIPS 技术公司是一家设计制造高性能、高档次及嵌入式 32 位和 64 位处理器的厂商。在 RISC 处理器方面占有重要地位。1984 年，MIPS 计算机公司成立。1992 年，SGI 收购了 MIPS 计算机公司。1998 年，MIPS 脱离 SGI，成为 MIPS 技术公司。

MIPS 的意思是"无内部互锁流水级的微处理器"(Microprocessor without Interlocked Piped Stages)，最早是在 20 世纪 80 年代初期由美国斯坦福大学 Hennessy 教授领导的研究小组研制出来的。1986 年推出 R2000 处理器，1988 年推出 R3000 处理器，1991 年推出第一款 64 位商用微处理器 R4000，之后，又陆续推出 R8000(1994 年)、R10000(1996 年)和 R12000(1997 年)等型号。之后，MIPS 公司的战略发生变化，把重点放在嵌入式系统。1999 年，MIPS 公司发布 MIPS32 和 MIPS64 位架构标准，为未来 MIPS 处理器的开发奠定了基础。新的架构集成了所有原来 MIPS 指令集，并且增加了许多更强大的功能。MIPS 公司陆续开发了高性能、低功耗的 32 位处理器内核(core)MIPS32 4Kc 与高性能 64 位处理器内核 MIPS64 5Kc。2000 年，MIPS 公司发布了针对 MIPS32 4Kc 的新版本以及未来 64 位 MIPS64 20Kc 处理器内核。MIPS 公司新近推出的 MIPS32 24K 微架构，适合支持各种新一代嵌入式设计，例如，视讯转换器与 DTV 等需要相当高的系统效能与应用设定弹性的数字消费性电子产品。此外，24K 微架构能符合各种新兴的服务趋势，为宽频存取以及还在不断发展的网络基础设施、通信协议提供软件可编程的弹性。

在嵌入式方面，MIPS 系列微处理器是目前仅次于 ARM 的用得最多的处理器之一(1999 年以前，MIPS 是世界上用得最多的处理器)，其应用领域覆盖游戏机、路由器、激光打印机、掌上电脑等各个方面。MIPS 的系统结构及设计理念比较先进，在设计理念上 MIPS 强调软、硬件协同提供性能，同时简化硬件设计。

2. PowerPC 处理器

PowerPC 架构的特点是可伸缩性好，方便灵活。PowerPC 处理器品种很多，既有通用的处理器，又有嵌入式控制器和内核，应用范围非常广泛，从高端的工作站、服务器到桌面计算机系统，从消费电子产品到大型通信设备，无所不包。

处理器芯片主要型号是 PowerPC750。它于 1997 年研制成功，其最高工作频率可达 500MHz，采用先进的铜线技术。该处理器有许多品种，以适合各种不同的系统，包括 IBM 小型机、苹果电脑和其他系统。

嵌入式的 PowerPC405(主频最高为 266MHz)和 PowerPC440(主频最高为 550MHz)处理器内核可用于各种 SoC 设计上，在电信、金融和其他许多行业具有广泛的应用。

3. Sparc 处理器

Sun 公司以性能优秀的工作站闻名，这些工作站的心脏全都是采用 Sun 公司自己研发的 Sparc 芯片。根据 Sun 公司未来的发展规划，在 64 位 UltraSparc 处理器方面，主要有三个系列。首先是可扩展式 s 系列，主要用于高性能、易扩展的多处理器系统。目前

UltraSparcIIIs 的频率已达到 750MHz。将推出 UltraSparc IVs 和 UltraSparc Vs 等型号，其中 UltraSparc IVs 的频率为 1GHz，UltraSparc Vs 则为 1.5GHz。其次是集成式 i 系列，它将多种系统功能集成在一个处理器上，为单处理器系统提供了更高的效益。已经推出的 UltraSparc IIIi 的频率达到 700MHz，未来的 UltraSparc IVi 的频率将达到 1GHz。最后是嵌入式 e 系列，它为用户提供理想的性能价格比，嵌入式应用包括瘦客户机、电缆调制解调器和网络接口等。Sun 公司还将推出主频 300MHz、400MHz、500MHz 等版本的处理器。

4. ARM 处理器

ARM(Advanced RISC Machines)系列处理器是 ARM 公司的产品。ARM 公司是业界领先的知识产权供应商。与一般公司不同，ARM 公司只采用 IP(Intelligence Property) 授权的方式允许半导体公司生产基于 ARM 的处理器产品，提供基于 ARM 处理器内核的系统芯片解决方案和技术授权，但 ARM 公司不提供具体的芯片。

ARM 公司设计先进数字产品的核心应用技术，应用领域涉及无线、网络、消费娱乐、影像、汽车电子、安全应用及存储装置等各种嵌入式领域。ARM 提供广泛的产品，包括 16/32 位 RISC 微处理器、数据引擎、三维图形处理器、数字单元库、嵌入式存储器、外设、软件、开发工具以及高速连接产品。

ARM 公司协同众多技术合作伙伴，为业界提供快速、稳定的完整系统解决方案。ARM 的全球合作伙伴主要为半导体和系统伙伴、操作系统伙伴、开发工具伙伴、应用伙伴。ARM 的紧密合作伙伴已发展为 122 家半导体和系统合作伙伴、50 家操作系统合作伙伴、35 家技术共享合作伙伴，并于 2002 年在上海成立了中国全资子公司。

ARM 取得了极大的成功，已形成完整的产业链，世界上几乎所有主要的半导体厂商都从 ARM 公司购买 IP 许可，利用 ARM 核开发面向各种应用的 SoC 芯片。目前 ARM 系列芯片已被广泛应用于移动电话、手持式计算机以及各种各样的嵌入式应用领域，成为世界上销量最大的 32 位微处理器。

ARM 的成功在于它极好的性能以及极低的能耗，使得它能够与高端的 MIPS 和 PowerPC 嵌入式微处理器抗衡。另外，根据市场需求进行功能的扩展，也是 ARM 取得成功的一个重要因素。随着更多厂商的支持和加入，可以预见，在将来一段时间之内，ARM 仍将主宰 32 位嵌入式处理器市场。

基于 ARM 核嵌入式芯片的典型应用：汽车产品，如车上娱乐系统、车上安全装置、自主导航系统等；消费娱乐产品，如数字视频、Internet 终端、交互电视、机顶盒、网络计算机、数字音频播放器、数字音乐板、游戏机等；数字影像产品，如信息家电、数字照相机、数字系统打印机；工业控制产品，如机器人控制、工程机械、冶金控制、化工生产控制等；网络产品，如 PCI 网络接口卡、ADSL 调制解调器、路由器等；安全产品，如电子付费终端、银行系统付费终端、智能卡、32 位 SIM 卡等；存储产品，如 PCI 到 Ultra2 SCSI64 位 RAID 控制器、硬盘控制器；无线产品，如手机、PDA，目前 85%以上的手机是基于 ARM 做的。

基于 ARM 的应用还有许多，以上只是对一些已进入广泛使用的领域进行粗略的概括。从以上应用可看出，以 ARM 为主流的嵌入式控制芯片应用已十分广泛。随着国家经济的快速发展，经济实力的不断增强，人民生活水平的逐步提高，自动化装备程度的不断提高，嵌入式设备将无孔不入，也将很快渗透到各行各业，而且它往往以人们意想不到的形式存在，为人们的生活、学习和工作提供各种便捷的服务。

1.5　嵌入式系统的发展趋势

嵌入式系统产品正不断渗透到各个行业，随着嵌入式系统应用的不断深入和产业化程度的不断提升，新的应用环境和产业化需求对嵌入式系统提出了更加严格的要求。在新需求的推动下，嵌入式系统不仅需要具有微型化、高实时性等基本特征，还将向高可靠性、自适应性、构件组件化方向发展；支撑开发环境将更加集成化、自动化、人性化；对无线通信和能源管理的功能支持将日益重要。总的来讲，嵌入式系统的发展趋势有多功能、微型化、低功耗、网络化、信息化的特点，未来嵌入式系统的几大发展趋势如下。

1. 嵌入式开发的系统工程

嵌入式开发是一项系统工程，因此要求嵌入式系统厂商不仅要提供嵌入式软硬件系统本身，同时还需要提供强大的硬件开发工具和软件包支持。

目前很多厂商已经充分考虑到这一点，在主推系统的同时，将开发环境也作为重点推广。例如，三星在推广 Arm7，Arm9 芯片的同时还提供开发板和板级支持包(BSP)，而 Window CE 在主推系统时也提供 Embedded VC++作为开发工具，还有 Vxworks 的 Tonado 开发环境，DeltaOS 的 Limda 编译环境等都是这一趋势的典型体现。当然，这也是市场竞争的结果。

2. 网络化、信息化的要求

随着 Internet 技术的成熟、带宽的提高，网络化、信息化的要求日益提高，使得以往单一功能的设备如电话、手机、冰箱、微波炉等功能不再单一，结构更加复杂。

这就要求芯片设计厂商在芯片上集成更多的功能，为了满足应用功能的升级，设计师们一方面采用更强大的嵌入式处理器如 32 位、64 位 RISC 芯片或信号处理器 DSP 增强处理能力，同时增加功能接口，如 USB；扩展总线类型，如 CAN BUS，加强对多媒体、图形等的处理，逐步实施片上系统的概念。软件方面采用实时多任务编程技术和交叉开发工具技术来控制功能复杂性，简化应用程序设计，保障软件质量和缩短开发周期，如 HP。

3. 网络互联成为必然趋势

当前行业内有一种普遍共识，在未来几年内，越来越多的互联网设备将不再以计算机为主导，而会以嵌入式产品的形式出现，也就是我们称之为的"嵌入式互联网设备"。事实上，从网络视频监控系统、智能家庭远程控制到智能电视机顶盒、互联网电视以及数以百万辆拥有互联网接入能力的汽车，嵌入式互联网设备正逐渐从工业级应用渗透到普通消费者的日常生活中。未来的嵌入式设备为了适应网络发展的要求，必然要求硬件上提供各种网络通信接口。传统的单片机对于网络支持不足，而新一代的嵌入式处理器已经开始内嵌网络接口，除了支持 TCP/IP 协议，还有的支持 IEEE 1394、USB、CAN、Bluetooth 或 IrDA 通信接口中的一种或者几种，同时也需要提供相应的通信组网协议软件和物理层驱动

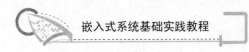

软件。软件方面系统内核支持网络模块，甚至可以在设备上嵌入 Web 浏览器，真正实现随时随地使用各种设备上网。

4. 精简系统内核、算法并降低功耗和软硬件成本

未来的嵌入式产品是软、硬件紧密结合的设备，为了减低功耗和成本，需要设计者尽量精简系统内核，只保留和系统功能紧密相关的软硬件，利用最低的资源实现最适当的功能，这就要求设计者选用最佳的编程模型和不断改进算法，优化编译器性能。因此，既要软件人员有丰富的硬件知识，又需要发展先进嵌入式软件技术，如 Java、Web 和 WAP 等。

5. 提供友好的多媒体人机界面

嵌入式设备能与用户亲密接触，最重要的因素就是它能提供非常友好的用户界面。图像界面，灵活的控制方式，使得人们感觉嵌入式设备就像是一个熟悉的老朋友。这方面的要求使得嵌入式软件设计者必须在图形界面，多媒体技术上痛下苦功。手写文字输入、语音拨号上网、收发电子邮件以及彩色图形、图像都会使使用者获得自由的感受。目前一些先进的 PDA 在显示屏幕上已实现汉字写入、短消息语音发布，但一般的嵌入式设备距离这个要求还有很长的路要走。

6. 多核技术的应用

无所不在的智能必将带来无所不在的计算，大量的图像信息也需要传递给处理器来处理，面对海量数据，单个处理器可能无法在规定的时间完成处理。解决这个问题的关键是引入并行计算技术，可以采用多个执行单元同时处理，这就是处理器的多核技术。因此，在嵌入式微处理器中引入多核技术也是未来嵌入式处理器发展的必然趋势。

1.6 案例分析

本章导入案例中给出的是嵌入式系统在智能手机领域的典型应用，并以最具有代表性的 iPhone 4 和 iPhone 4S 手机为例介绍了智能手机的特点和基本功能。本节根据嵌入式系统的基本概念，介绍智能手机的硬件和软件的总体框架。

1. 硬件架构

典型的智能手机硬件体系结构通常采用双 CPU 的结构，如图 1.13 所示。

主处理器运行开放式操作系统，负责整个系统的控制。从处理器为无线 Modem 部分，主从处理器之间通过串口进行通信。案例中，iPhone 4S 手机的主处理器为基于 Cortex-A9 架构的苹果 A5 双核处理器，最高主频为 1GHz，其性能、功效和功能都达到前所未有的高度。主处理器上含有 LCD(液晶显示器)控制器、SDRAM 和 SDROM 控制器、通用 GPIO 口、SD 卡接口等。无线 Modem 部分作为主处理器的一个外设，本身也是一个独立的系统，内部运行完整的通信协议和独立的电源管理模块，实现无线信号的接收和处理、语音传输和编解码。和音频处理芯片进行通信，构成通话过程的语音通道。

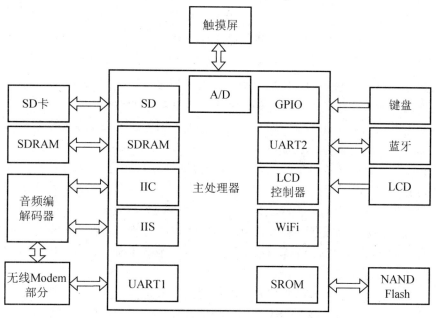

图 1.13 智能手机硬件结构

2. 软件设计

智能手机的软件设计是智能手机系统实现的关键，设计的优劣直接关系到系统的稳定性、可移植性和可扩展性。软件系统层次结构如图 1.14 所示。

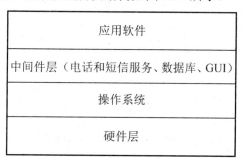

图 1.14 智能手机软件系统层次结构

最上层为应用软件层，包括手机基本应用软件和其他软件，如互联网应用、电话和短消息应用、通讯录、视频软件、图像处理软件和游戏软件等，实现手机的基本功能和其他办公、娱乐功能。

中间件层为智能手机应用程序提供功能支持。例如，包含嵌入式 GUI、嵌入式数据库、电话和短信服务。嵌入式 GUI 实现人机交互，嵌入式数据库统一管理各种数据，电话和短信服务提供智能手机电话和短消息接口支持。

操作系统层包含两个部分，一部分是与底层硬件相关的设备驱动，如串口驱动、LCD驱动、触摸屏驱动等；另一部分是操作系统内核，实现进程调度、内存管理、进程间通信和文件系统等功能。

本 章 小 结

嵌入式系统是一种嵌入到对象体系中，实现对象体系智能化控制的计算机系统。嵌入式系统已经渗透到人类生活的各个领域，随着嵌入式技术的蓬勃发展，应用的范围将更加广泛。本章主要介绍嵌入式系统的定义、特点以及应用领域，介绍嵌入式系统的硬件和软件架构，以及各个部件的基本功能。

(1) 嵌入式系统的定义和特点：嵌入式系统是以应用为中心、以计算机技术为基础、软件硬件可裁剪，适应应用系统对功能、可靠性、成本、体积、功耗严格要求的专用计算机系统。具有专用性强、可靠性高、低功耗、实时性强等特点。

(2) 嵌入式系统应用领域：嵌入式系统具有体积、性能、功耗、可靠性等方面的突出优势，广泛应用于工业控制、军事国防、航空航天、消费电子、信息家电、网络通信等领域。在日常生活中是无处不在。

(3) 嵌入式系统体系结构：典型的嵌入式硬件系统是以嵌入式处理器为中心，由存储器、I/O 设备、通信模块以及电源模块等必要的辅助接口组成；嵌入式系统软件结构一般包含四个层面：设备驱动层、操作系统层、应用程序接口 API 层和应用程序。

(4) 嵌入式微处理器：嵌入式微处理器是嵌入式系统的核心，是控制、辅助系统运行的硬件单元。目前应用较为广泛的主流嵌入式微处理器有 MIPS 处理器、PowerPC 处理器、Sparc 处理器和 ARM 处理器。

(5) 嵌入式系统发展趋势：嵌入式系统逐渐向多功能、高性能、微型化、低功耗、网络化、信息化的方向发展。

阅读材料

嵌入式系统发展历史

第一个被大家认可的现代嵌入式系统是麻省理工学院仪器研究室的查尔斯·斯塔克·德雷珀开发的阿波罗导航计算机。在两次月球飞行中他们在太空驾驶舱和月球登陆舱都是用了这种惯性导航系统。

在计划刚开始的时候，阿波罗导航计算机被认为是阿波罗计划风险最大的部分。为了减小尺寸和重量，而使用的当时最新的单片集成电路却加大了阿波罗计划的风险。第一款大批量生产的嵌入式系统是 1961 年发布的民兵 I 导弹上的 D-17 自动导航控制计算机。它是由独立的晶体管逻辑电路建造的，带有一个作为主内存的硬盘。当民兵 II 导弹在 1966 年开始生产的时候，D-17 由第一次使用大量集成电路的更新计算机所替代。仅仅这个项目就将与非门集成电路模块的价格从每个 1000 美元降低到了每个 3 美元，使集成电路的商用成为可能。

民兵导弹的嵌入式计算机有一个重要的设计特性：它能够在项目后期对制导算法重新编程以获得更高的导弹精度，并且能够使用计算机测试导弹，从而减少测试用电缆和接头的质量。

这些 20 世纪 60 年代的早期应用，使嵌入式系统得到长足发展，它的价格开始下降，同时处理能力和功能也获得了巨大的提高。Intel 4004 是第一款微处理器，它在计算器和其他小型系统中找到了用武之地。但是，它仍然需要外部存储设备和外部支持芯片。1978 年，国家工程制造商协会发布了可编程微控制器的"标准",包括几乎所有以计算机为基础的控制器,如单片机、数控设备,以及基于事件的控制器。

随着微控制器和微处理器的价格下降,一些消费性产品用使用微控制器的数字电路取代如分压计和可变电容这样的昂贵模拟元件成为可能。

到了20世纪80年代中期,许多以前是外部系统的元件被集成到了处理器芯片中,这种结构的微处理器得到了更广泛的应用。到了20世纪80年代末期,微处理器已经出现在几乎所有的电子设备中。

集成化的微处理器使得嵌入式系统的应用扩展到传统计算机无法涉足的领域。对多用途和相对低成本的微控制器进行编程,往往可成为各种不同功能的组件。虽然要做到这一点,嵌入式系统比传统的解决方案要复杂,最复杂的是在微控制器本身。但是嵌入式系统很少有额外的元件,大部分设计工作是软件部分。而非物质性的软件不管是建立原型还是测试新修改,相对于硬件来说,都要容易很多的,并且设计和建造一个新的电路不会修改嵌入式处理器。

习　题

一、判断题

1. 嵌入式系统本质上也是属于计算机系统。　　　　　　　　　　　　　　　　(　　)

2. 只有使用了高性能处理器的产品才属于嵌入式设备,而使用单片机的设备不能称为嵌入式设备。　　　　　　　　　　　　　　　　　　　　　　　　　　(　　)

二、问答题

1. 什么叫嵌入式系统?具有什么特点?

2. 目前嵌入式系统广泛应用于哪些领域?并举出嵌入式系统的应用例子。

3. 什么叫嵌入式微处理器?嵌入式微处理器分为哪几类?

4. 目前主流的嵌入式微处理器有哪些?

5. 嵌入式系统的发展呈现哪些特征?

第 **2** 章

嵌入式微处理器核心

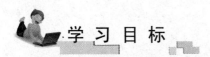

学 习 目 标

了解 ARM 处理器指令集体系的发展历程；
熟悉典型 ARM 处理器内核的结构；
理解 ARM 处理器的异常机制、工作状态和运行模式；
掌握 ARM 体系结构的寄存器组织和存储格式。

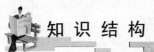

知 识 结 构

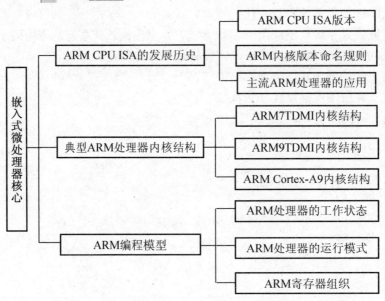

图 2.1 嵌入式微处理器核心知识结构图

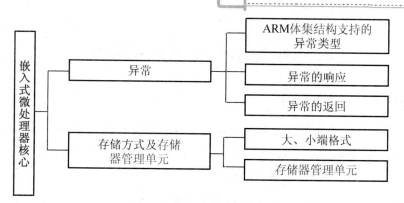

图 2.1　嵌入式微处理器核心知识结构图(续)

 导入案例

在第 1 章中，介绍了目前广泛使用的主流嵌入式微处理器。其中以 32 位的嵌入式微处理器为主，而在 32 位嵌入式微处理器中又以 ARM(Advanced RISC Machine)处理器为主，所以本书以 ARM 处理器为核心，介绍嵌入式系统开发的相关软硬件基础知识。

ARM 公司是全球领先的半导体知识产权(IP)提供商，并因此在数字电子产品的开发中处于核心地位。ARM 公司于 1990 年 11 月在英国剑桥成立，公司合作伙伴如图 2.2 所示。

图 2.2　ARM 公司合作伙伴

ARM 的商业模式主要涉及 IP 的设计和许可，而非生产和销售实际的半导体芯片，向合作伙伴网络(包括世界领先的半导体公司和系统公司)授予 IP 许可证。正因为 ARM 的 IP 多种多样以及支持基于 ARM 的解决方案的芯片和软件体系十分庞大，全球领先的原始设备制造商(OEM)都在广泛使用 ARM 技术，应用领域涉及手机、数字机顶盒以及汽车制动系统和网络路由器等。当今，全球 95%以上的手机以及超过四分之一的电子设备都在使用 ARM 技术。

本章着眼于以 ARM 处理器为核心，讲解 ARM CPU ISA 的发展历程，着重介绍典型 ARM 处理器内核的结构，ARM 处理器的编程模型、异常机制和存储格式等。

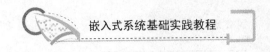

2.1 ARM CPU ISA 的发展历史

2.1.1 ARM CPU ISA 版本

ARM 处理器的指令集体系结构(Instruction Set Architecture，ISA)从最初的 V1 版本发展到现在，先后出现了 V1、V2、V3、V4、V5、V6、V7 七个主要的版本，在 2011 年 10 月，ARM 公开了最新的 ARM V8 架构的技术细节，如表 2-1 所示。

表 2-1 ARM 体系结构的发展

体系结构	ARM 处理器核
V1	ARM1
V2	ARM2
V2a	ARM2AS、ARM3
V3	ARM6、ARM600、ARM610
V3	ARM7、ARM700、ARM710
V4T	ARM7TDMI、ARM710T、ARM720T、ARM740T
V4	Strong ARM、ARM8、ARM810
V4T	ARM9TDMI、ARM920T、ARM940T
V5TE	ARM9E-S、ARM946E-S、ARM968E-S
V5TE	ARM10TDMI、ARM1020E
V5TEJ	ARM9EJ-S、ARM926EJ-S、ARM7EJ-S、ARM1026EJ-S
V6	ARM1156T2-S、ARM1136J(F)-S、ARM1176JZ(F)-S、ARM11 MPCore
V7	ARM Cotex-A 系列、ARM Cotex-R 系列、ARM Cotex-M 系列
V8	尚未推出处理器

ARM V1～V3 版本的处理器未得到大量应用，而 ARM 处理器的大量广泛应用是从其 V4 版本开始的。下面对 V4 及以上版本的基本特点作简要介绍。

1. ARM V4 版本

版本 4 在前面版本的基础上增加了下列指令：

➢ 有符号和无符号的半字读取和写入指令；
➢ 带符号的字节读取和写入指令；
➢ 增加了处理器的系统模式，在该模式下，使用的是用户模式下的寄存器；
➢ 版本 4 中明确定义了哪些指令会引起未定义指令异常，不再强制要求与以前的 26 位地址空间兼容。

ARMV4T 版本："T"扩展表示 Thumb 指令集。ARMV4T 在 ARM V4 的基础上增加了 16 位的 Thumb 指令集。处理器有了 Thumb 状态，并且有了在 ARM 状态和 Thumb 状态切换的指令，处理器在 ARM 状态执行 ARM 指令集，在 Thumb 状态执行 Thumb 指令集。

2．ARM V5 版本

版本 5 在版本 4 的基础上增加或修改以下指令：
➤ 提高了 T 变种中 ARM/Thumb 混合使用的效率；
➤ 增加了前导零计数(CLZ)指令，该指令可以使整数除法和中断优先级排队操作更为有效；
➤ 增加了软件断点(BKPT)指令；
➤ 为协处理器设计提供了更多可选择的指令；
➤ 更加严格地定义了乘法指令对条件标志位的影响；
➤ 带状态切换的子程序调用(BLX)指令。

ARMV5TE 版本："E"扩展表示在通用的 CPU 上扩展了增强的 DSP 指令集，增强的 DSP 指令包括支持饱和算术(Saturated Arithmetic)，并且针对 Audio DSP 应用提高了 70%性能。ARMV5TE 增强了 Thumb 体系，同时提高了 Thumb/ARM 指令交互的性能，从而大大提高了编译器的能力，能够更好地平衡代码量与性能，更好地优化 ARM/Thumb 程序。

ARMV5TEJ 版本："J"扩展表示 Java 加速器 Jazelle 技术，将 Java 的优势与先进的 32 位 RISC 芯片完美结合到一起。与普通的 Java 虚拟机相比，Jazelle 使 Java 代码的运行速度提高了 8 倍，功耗却降低了 80%。

3．ARM V6 版本

版本 6 是 2001 年发布的，其目标是在有效的芯片面积上为嵌入式系统提供更高的性能。ARM V6 包含了 ARMV5TEJ 的所有指令。为了使现有的软件、开发方法、设计技术可再利用，ARM V6 兼容了 ARM V5 的内存管理和异常处理。ARM V6 主要在多媒体处理、存储器管理、多处理器支持、数据处理、异常和中断响应等方面做了改进。
➤ SIMD(单指令多数据)指令，可使音视频处理能力提高 2～4 倍；
➤ Thumb-2 新指令集，混合执行 ARM 和 Thumb 代码，可以提供 ARM 指令级别的性能和 Thumb 指令级别的代码密度；
➤ 混合大小端和非对齐存储访问支持；
➤ TrustZone 安全技术。

4．ARM V7 版本

版本 7 是 2004 年发布的。全新的 ARM V7 是基于 ARM V6 的，ARM V7 采用了 Thumb-2 技术，体积比 32 位 ARM 代码减小 31%，性能比 16 位 Thumb 代码高出 38%。同时，ARM V7 保持了对已有 ARM 代码的兼容性。

ARM V7 的增加的特性有以下几方面。
➤ 改进的 Thumb-2 指令集。
➤ NEON 多媒体技术，将 DSP 和多媒体处理能力提高了近 4 倍。
➤ 改良的浮点运算，满足下一代 3D 图形、游戏物理应用以及传统嵌入式控制应用的需求。
➤ ARM V7 定义了三种不同的处理器配置(Processor Profiles)：Profile A 是面向复杂、基于虚拟内存的 OS 和应用的；Profile R 是针对实时系统的；Profile M 是针对低成本应用的优化的微控制器的。

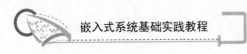

5. ARM V8 版本

2011 年 10 月 31 日，ARM 公司公开了新的 ARM V8 架构的技术细节，这是首款包含 64 位指令集的 ARM 架构。ARM V8 拓展了现有的 32 位 ARM V7 架构，引入了 64 位处理技术，并扩展了虚拟寻址。

ARM V8 架构包含两个执行状态，即 AArch64 和 AArch32。AArch64 执行态针对 64 位处理技术引入了一个全新指令集 A64；而 AArch32 执行态将支持现有的 ARM 指令集。目前 ARM V7 架构的主要特性都将在 ARM V8 架构中得以保留或进一步拓展。

2.1.2 ARM 内核版本命名规则

每一种指令集体系版本可以由多种处理器实现，如表 2-1 所示。ARM 使用如下命名规则来描述一个处理器，命名格式如下：

```
ARM{x}{y}{z}{T}{D}{M}{I}{E}{J}{F}{-S}
```

大括号中的字母是可选的，各个字母的含义如表 2-2 所示。

表 2-2 ARM 内核版本命名规则中的字母含义

字母	含义	字母	含义
x	处理器系列，如 ARM7	I	支持 Embedded ICE，支持嵌入式跟踪调试
y	内存管理/保护单元，如 ARM920T 中的 2 表示有内存管理单元	E	支持增强型 DSP 指令
z	内部含有 Cache	J	支持 Java 加速器 Jazelle
T	支持 Thumb 指令集	F	具备向量浮点单元 VFP
D	支持 JTAG 片上调试	—S	可综合版本
M	支持快速乘法器		

说明：

1) ARM7TDMI 之后的所有 ARM 内核，即使"ARM"标志后没有包含"TDMI"字符，也都默认包含了 TDMI 的功能特性。

2) JTAG 是由 IEEE 1149.1 标准测试访问端口和边界扫描结构来描述的，它是 ARM 用来发送和接收处理器内核与测试仪器之间调试信息的一系列协议。

3) 嵌入式 ICE 宏单元是建立在处理器内部用来设置断点和观察点的调试硬件。

4) 可综合，意味着处理器内核是以源代码形式提供的。这种源代码形式可被编译成一种易于 EDA 工具使用的形式。

2.1.3 主流 ARM 处理器的应用

ARM 处理器的产品系列非常丰富，目前市场上流通使用的 ARM 微处理器主要包括 ARM7、ARM9、ARM11 和 ARM Cortex 系列，以及专门为安全设备设计的 SecurCore 系列。

1. ARM7 系列

ARM7 系列是世界上使用范围最广的 32 位嵌入式处理器系列，是 ARM 面向通用应用的经典处理器系列；具有 170 多个芯片授权使用方，自 1994 年推出以来已销售了 100 多亿台。ARM7 系列具有以下特点：

➤ 低功耗的 32 位 RISC 处理器，冯·诺依曼结构，极低的功耗，适合便携式产品；
➤ 具有嵌入式 ICE-RT 逻辑，调试开发方便；
➤ 三级流水线结构，能够提供 0.9MIPS 的三级流水线结构；
➤ 代码密度高，兼容 16 位的 Thumb 指令集；
➤ 对操作系统的支持广泛，包括 Windows CE、Linux、Palm OS 等；
➤ 指令系统与 ARM9 系列兼容，便于用户的产品升级换代；
➤ 主频最高可达 130MIPS。

主要应用领域包括工业控制、Internet 设备、网络和调制解调器设备、移动电话等多种多媒体和嵌入式应用。

2. ARM9 系列

ARM9 系列微处理器是迄今最受欢迎的 ARM 处理器，是基于 ARM V5 架构的常用处理器系列，在高性能和低功耗特性方面提供最佳的性能。ARM9 系统具有以下特点：

➤ 五级整数流水线；
➤ 哈佛体系结构；
➤ 支持 32 位 ARM 指令集和 16 位 Thumb 指令集；
➤ 全性能的 MMU，支持 Windows CE、Linux、Palm OS 等多种主流嵌入式操作系统；
➤ 支持数据 Cache 和指令 Cache，具有更高的指令和数据处理能力。

主要应用包括无线设备、仪器仪表、安全系统、机顶盒、高端打印机、数码照相机和数码摄像机。

3. ARM11 系列

ARM11 处理器系列是基于 ARM V6 架构的高性能处理器，所提供的引擎可用于当前生产领域中的很多智能手机；该系列还广泛用于消费类、家庭和嵌入式应用领域。ARM11 系列具有以下特点：

➤ 强大的 ARM V6 指令集体系结构；
➤ ARM /Thumb 指令集可以减少高达 35%的内存带宽和大小需求；
➤ 用于执行高效嵌入式 Java 的 ARM Jazelle 技术；
➤ ARM DSP 扩展；
➤ SIMD(单指令多数据)媒体处理扩展可提供高达两倍的视频处理性能；
➤ Thumb-2 技术(仅 ARM1156(F)-S)，可提高性能、能效和代码密度。

主要应用包括消费类、无线和汽车信息娱乐、数据存储、图像和嵌入式控制等领域。

4. ARM Cortex 系列

Cortex 系列是 ARM 最新的处理器系列，包括 Cortex-A、Cortex-R 和 Cortex-M 三个系

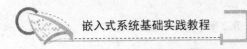

列，分别用于不同的领域。

Cortex-A 处理器适用于具有高计算要求、运行丰富操作系统以及提供交互媒体和图形体验的应用领域，从最新技术的移动 Internet 必备设备(如手机和超便携的上网本或智能本)到家用网关和下一代数字电视系统等。

Cortex-R 实时处理器为具有严格的实时响应限制的深层嵌入式系统提供高性能计算解决方案。目标应用包括智能手机和基带调制解调器中的移动手机处理；企业系统，如硬盘驱动器、联网和打印；家庭消费性电子产品、机顶盒、数字电视、媒体播放器和照相机；汽车制动系统等。

Cortex-M 系列处理器是 ARM 专门针对需要低功耗和高性能的嵌入式控制市场而开发的，目标应用为智能传感器、人机接口设备、汽车电子和安全气囊、大型家用电器、混合信号设备和微控制器等。

Cortex 系列处理器包括 Cortex-A9、Cortex-M3、Cortex-R4 等。

5．SecurCore 系列

SecurCore 处理器系列是面向高安全性应用的处理器。提供功能强大的 32 位安全解决方案，该系列处理器具有体积小、功耗低、代码密度大和性能高等特点。

➤ 支持 ARM 指令集和 Thumb 指令集，以提高代码密度和系统性能；
➤ 采用软内核技术以提供最大限度的灵活性，可防止外部对其进行扫描探测；
➤ 提供面向智能卡和低成本的存储保护单元 MPU；
➤ 可以灵活地集成用户自己的安全特性和其他的协处理器。

SecurCore 系列包括 SC000、SC100 和 SC300 处理器。

SecurCore 处理器可用于各种安全应用，如银行业、付费电视、公共交通、电子政务、SIM 卡和证件应用等。

2.2　典型 ARM 处理器内核结构

2.2.1　ARM7TDMI 内核结构

ARM7TDMI 基于 ARM 体系结构 V4T 版本，是目前低端的 ARM 核，具有广泛的应用，其最显著的应用是数字移动电话。基于 ARM7TDMI 的嵌入式处理器有三星公司的 S3C44B0X、飞利浦公司的 LPC2110 等。

ARM7TDMI 是一款 32 位嵌入式 RISC 处理器，能够提供 0.9MIPS 的三级流水线结构，支持 64 位乘法指令，支持片上调试，支持 16 位压缩指令集 Thumb 和 Embedded-ICE 调试单元。ARM7TDMI 内核采用冯·诺依曼体系结构，即数据和指令使用同一个存储器，经由同一条总线传输。

ARM7TDMI 内核结构如图 2.3 所示。

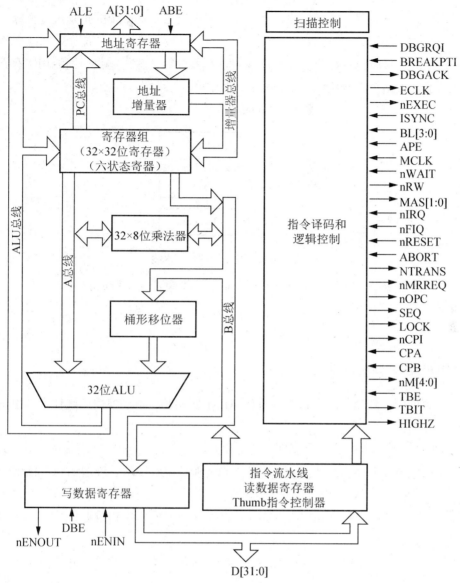

图 2.3　ARM7TDMI 核内部结构

ARM7 系列内核采用了三级流水线的内核结构，三级流水线分别为取指(Fetch)、译码(Decode)、执行(Execute) ，如图 2.4 所示。

图 2.4　ARM7 3 级流水线操作

➢　取指：将指令从存储器中取出，放入指令 Cache 中。

➤ 译码：由译码逻辑单元完成，是将在上一步指令 Cache 中的指令进行解释，告诉 CPU 将如何操作。

➤ 执行：这阶段包括移位操作、读通用寄存器内容、输出结果、写通用寄存器等。

ARM7 的三级指令流水线如图 2.5 所示，图中 PC 为程序计数器。

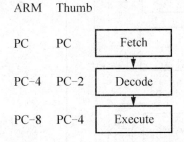

图 2.5　ARM7 的三级指令流水线

注：程序计数器 PC 指向被取指的指令，而不是指向正在执行的指令。

在正常操作的过程中，在执行一条指令的同时，对下一条指令进行译码，并将第三条指令从存储器中取出。

2.2.2　ARM9TDMI 内核结构

ARM9 系列微处理器是迄今最受欢迎的 ARM 处理器，本书使用的硬件平台也是基于 ARM9 处理器的。

ARM9TDMI 核将 ARM7TDMI 的功能显著提高到更高、更强的水平。ARM9TDMI 也支持 Thumb 指令集，并支持片上调试。最显著的区别是流水线从三级增加到 1.1MIPS/MHz 的五级；并且 ARM9 内核采用哈佛体系结构，即使用两个独立的存储模块分别存储指令和数据，每个模块都不允许指令和数据并存，具有独立的地址总线和数据总线。ARM9TDMI 的组织结构如图 2.6 所示。

ARM9TDMI 是一款 32 位嵌入式 RISC 处理器内核。在指令操作上采用五级流水线，其各级操作功能如图 2.7 所示。

➤ 取指：从指令 Cache 中读取指令。

➤ 译码：对指令进行译码，识别出是对哪个寄存器进行操作并从通用寄存器中读取操作数。

➤ 执行：进行 ALU 运算和移位操作，如果是对存储器操作的指令，则在 ALU 中计算出要访问的存储器地址。

➤ 存储器访问：如果是对存储器访问的指令，用来实现数据缓冲功能(通过数据 Cache)。

➤ 寄存器回写：将指令运算或操作结果写回到目标寄存器中。

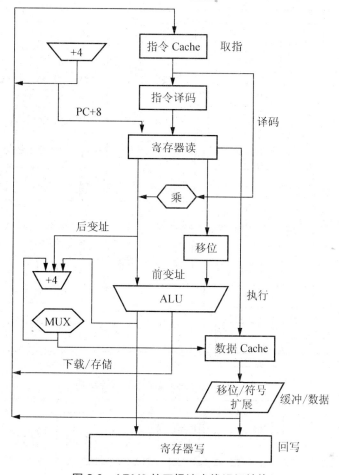

图 2.6　ARM9 的五级流水线组织结构

图 2.7　ARM9 的五级流水线操作

2.2.3　ARM Cortex-A9 内核结构

Cortex-A9 属于 ARM Cortex-A 系列微处理器,是性能最高的 ARM 处理器,可实现受到广泛支持的 ARM V7 体系结构的丰富功能。Cortex-A9 微体系结构既可用于传统的单核处理器,也可用于可伸缩的多核处理器(Cortex-A9 MPCore 多核处理器,最多设计四个处理器内核)。目前市场上如 Samsung Galaxy S II 智能手机、iPhone 4S 都采用了 Cortex-A9 处理器。

Cortex-A9 处理器的设计基于最先进的推测型八级流水线,该流水线具有高效、动态长度、多发射超标量及无序完成等特征。这款处理器的性能、功效和功能均达到了前所未有的水平。根据实测,Cortex-A9 处理器可在 2GHz 主频下保持极低的功耗,完全能够满足消费、网络、企业和移动应用等领域对于 MID(Mobile Internet Device)产品的性能要求。Cortex-A9 单核处理器及多核处理器结构如图 2.8 和图 2.9 所示。

嵌入式系统基础实践教程

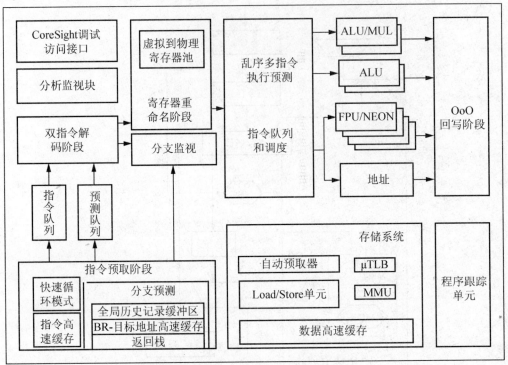

图 2.8　Cortex-A9 单核处理器结构

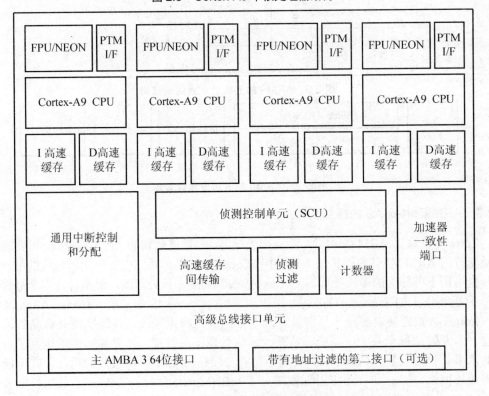

图 2.9　Cortex-A9 多核处理器结构

2.3　ARM 编程模型

在本节，将具体讲解 ARM 处理器编程模型的相关基本概念，包括 ARM 处理器的工作状态、运行模式及 ARM 体系结构的寄存器组织等。

2.3.1　ARM 处理器的工作状态

ARM 处理器有以下两种工作状态。

➢ ARM：32 位，这种状态下执行字对准的 ARM 指令；

➢ Thumb：16 位，这种状态下执行半字对准的 Thumb 指令。

在程序执行的过程中，微处理器可以随时在两种状态之间切换。

注：处理器工作状态的转变并不影响处理器运行模式和相应寄存器的内容。

ARM 指令集和 Thumb 指令集均有切换处理器状态的指令。

➢ 进入 Thumb 状态：执行 BX 指令，并设置操作数寄存器的状态(位[0])为 1，可以使微处理器从 ARM 状态切换到 Thumb 状态；此外，在 Thumb 状态进入异常，处理器会切换到 ARM 状态，当异常处理返回时自动转换到 Thumb 状态。

➢ 进入 ARM 状态：执行 BX 指令，并设置操作数寄存器的状态(位[0])为 0，可以使微处理器从 Thumb 状态切换到 ARM 状态；此外，处理器进行异常处理时，将 PC 放入异常模式链接寄存器中，从异常向量地址开始执行也可进入 ARM 状态。

2.3.2　ARM 处理器的运行模式

ARM 处理器共有七种运行模式，如表 2-3 所示。

表 2-3　ARM 处理器七种运行模式

处理器模式	说明
用户模式(User，usr)	正常程序执行模式，用于应用程序
快速中断模式(FIQ，fiq)	FIQ 异常响应时，进入此模式，用于支持高速数据传送或通道处理
外部中断模式(IRQ，irq)	IRQ 异常响应时，进入此模式，用于一般中断处理
管理模式(Supervisor，svc)	系统复位和软件中断响应时，进入此模式，用于系统初始化或操作系统功能
数据访问中止模式(Abort，abt)	存储器保护异常处理
未定义指令中止模式(Undefined，und)	未定义指令异常处理
系统模式(System，sys)	运行特权操作系统任务(ARM V4 以上版本)

在以上模式中除了用户模式以外，其他模式都属于特权模式。在特权模式下，程序可以访问所有的系统资源，也可以进行任意的处理器模式切换。除系统模式的其他五种特权模式又称异常模式。

处理器模式可以通过软件控制和异常处理过程进行切换。大多数程序在用户模式下运行，这时应用程序不能访问一些受系统保护的资源，且应用程序也不能直接进行处理器模式切换。当应用程序发生异常中断时，处理器进入相应的异常模式。在每一种异常模式中都有一组寄存器，供相应的异常处理程序使用，这样可以保证在进入异常模式时，用户模式下的寄存器不被破坏。寄存器的详细说明见 2.3.3 节。

系统模式并不是通过异常进入的，它和用户模式具有完全一样的寄存器。但系统模式属于特权模式，不受用户模式限制。有了这个模式，操作系统要访问用户模式的寄存器就比较方便。同时，操作系统的一些特权任务可以使用系统模式，以访问一些受控资源，而不必担心异常出现时的任务状态变得不可靠。

2.3.3　ARM 寄存器组织

ARM 处理器有 37 个 32 位的寄存器。
- 31 个通用寄存器：包括程序计数器 PC、堆栈指针及其他通用寄存器；
- 6 个状态寄存器。

这些寄存器不能被同时看到，在 ARM 处理器的七种运行模式下，每种模式都有一组与之对应的寄存器组。在任意处理器模式下，可见的(即可编程的)寄存器包括通用寄存器(R0～R14)、一个或两个状态寄存器及程序计数器 PC。在所有的寄存器中，有些是各模式共用的同一个物理寄存器；有些是各模式自己独有的物理寄存器，如表 2-4 所示。

表 2-4　ARM 寄存器组织

寄存器类别	各模式实际访问的物理寄存器						
	用户模式	系统模式	管理模式	中止模式	未定义模式	IRQ 模式	FIQ 模式
通用寄存器	R0						
	R1						
	R2						
	R3						
	R4						
	R5						
	R6						
	R7						
	R8						R8_fiq
	R9						R9_fiq
	R10						R10_fiq
	R11						R11_fiq
	R12						R12_fiq
	R13	R13_svc	R13_abt	R13_und	R13_irq	R13_fiq	
	R14	R14_svc	R14_abt	R14_und	R14_irq	R14_fiq	
	R15(PC)						
状态寄存器	CPSR						
	无	SPSR_svc	SPSR_abt	SPSR_und	SPSR_irq	SPSR_fiq	

1．通用寄存器

通用寄存器可分成三类：不分组寄存器 R0~R7、分组寄存器 R8~R14、程序计数器 R15，下面分别加以介绍。

(1) 不分组寄存器 R0~R7

R0~R7 是不分组寄存器。这意味着在所有处理器模式下，它们每一个都访问的是同一个物理寄存器，是真正并且在每种状态下都统一的通用寄存器。

不分组寄存器没有被系统用于特别的用途，任何可采用通用寄存器的应用场合都可以使用不分组寄存器，但必须注意对同一寄存器在不同模式下使用时的数据保护。

(2) 分组寄存器 R8~R14

寄存器 R8~R14 为分组寄存器。它们所对应的物理寄存器取决于当前的处理器模式。

寄存器 R8~R12 有两个分组的物理寄存器。一组用于除 FIQ 模式之外的所有模式(R8~R12)；另一组用于 FIQ 模式(R8_fiq~R12_fiq)，这样的结构设计有利于加快 FIQ 的处理速度。

寄存器 R13、R14 分别有六个分组的物理寄存器。一组用于用户和系统模式，其余五组分别用于五种异常模式。

R13 常用作堆栈指针，称做 SP。处理器的每种异常模式下都有自己独立的物理寄存器 R13，所以在用户应用程序的初始化部分，一般要初始化每种模式下的 R13，使其指向该异常向量专用的栈地址。在异常处理程序入口处，将用到的其他寄存器的值保存在堆栈中。返回时，重新将这些值加载到寄存器，起到保护程序现场的作用。

R14 用作子程序链接寄存器(Link Register)，也称为 LR，在结构上有两个特殊功能。

➢ 在每种处理器模式下，模式自身的 R14 用于保存子程序返回地址。当使用 BL 或 BLX 指令调用子程序时，R14 被设置成子程序返回地址。子程序返回通过将 R14 复制到程序计数器 PC 来实现，如执行"MOV PC，LR"或者"BX LR"两条指令之一。还有一种方式如下。

在子程序入口，使用以下指令将 R14 存入堆栈：

```
STMFD  SP!,{<registers>,LR}
```

对应地，使用以下指令可完成子程序返回：

```
LDMFD  SP!,{<registers>,PC}
```

➢ 当发生异常时，该模式下对应的 R14 被设置为异常返回地址(有些异常有一个小的固定偏移量，在 2.4.3 中介绍)。

在其他情况下 R14 可作为通用寄存器使用。

(3) 程序计数器 R15

寄存器 R15 被用作程序计数器，也称为 PC。由于 ARM 处理器采用流水线机制，当正确读取 PC 时，该值为当前指令地址值加 8 字节。也就是说对于 ARM 指令来说，PC 指向当前指令的下两条指令的地址。在 ARM 状态下，PC 的第 0 位和第 1 位总是为 0；在 Thumb 状态下，PC 值的第 0 位总是为 0。当成功向 PC 写入一个地址数值时，程序将跳转到该地址执行。

PC 虽然也可作为通用寄存器，但一般不这样使用。因为对于 R15 的使用有一些特殊限制，违反了这些限制，程序执行结果未知。

2. 程序状态寄存器

CPSR(当前程序状态寄存器)可以在任何处理器模式下被访问，它包含了条件标志位、中断使能位、当前处理器模式标志以及其他的一些控制和状态位。

每一种异常模式下又都有一个专用的物理状态寄存器，称为程序状态备份寄存器(SPSR)。当特定的异常发生时，SPSR 用于保存 CPSR 的当前值，在异常中断程序退出时，可以用 SPSR 中保存的值来恢复 CPSR。

CPSR 和 SPSR 格式相同，它们的格式如图 2.10 所示。

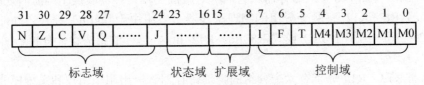

图 2.10 程序状态寄存器的格式

(1) 标志域

➢ 条件标志位。N(Negative)、Z(Zero)、C(Carry)、V(Overflow)均为条件标志位。它们的值可被算术或逻辑运算的结果所改变，并且大部分的 ARM 指令可以根据 CPSR 中的这些条件标志位来选择是否执行。各条件标志位的具体含义如表 2-5 所示。

表 2-5 条件标志位的具体含义

标志位	含义
N	符号标志位。本位设置成当前指令运算结果的 bit[31]的值。 当两个补码表示的有符号整数运算时，N=I 表示运算的结果为负数；N=0 表示结果为正数或零
Z	结果为 0 标志位。Z=1 表示运算的结果为零；Z=0 表示运算的结果不为零。 对于 CMP 指令，Z=1 表示进行比较的两个数大小相等
C	进位或借位标志位。下面分四种情况讨论 C 的设置方法。 在加法指令中(包括比较指令 CMN)，当结果产生了进位，则 C=1，表示无符号数运算溢出；其他情况下 C=0。 在减法指令中(包括比较指令 CMP)，当运算中发生借位，则 C=0，表示无符号数运算溢出；其他情况下 C=1。 对于包含移位操作的非加/减法运算指令，C 被置为移出值的最后 1 位。 对于其他非加/减法运算指令，C 位的值通常不受影响
V	溢出标志位。对于加/减法运算指令，当操作数和运算结果为二进制的补码表示的带符号数时，V=1 表示符号位溢出。 通常其他的指令不影响 V 位，具体可参考各指令的说明

➢ Q 标志位。在 ARM V5 的 E 系列处理器中，CPSR 的 bit[27]称为 Q 标志位，主要用于指示增强的 DSP 指令是否发生了溢出。

在 ARM V5 以前的版本及 ARM V5 的非 E 系列的处理器中，Q 标志位没有被定义。

➢ J 标志位。该标志位为 Jazelle 状态标志位，在 V5TEJ 架构及以后被定义。J=1 表示处理器处于 Jazelle 状态。

(2) 控制域

CPSR 的低 8 位(包括 I、F、T 及 M[4:0])称为控制位，当发生异常时这些位发生变化。如果处理器运行特权模式，这些位也可以由程序修改。

➢ 运行模式控制位 M[4:0]。控制位 M[4:0]控制处理器模式，具体含义如表 2-6 所示

表 2-6　运行模式控制位 M[4:0]的具体含义

M[4:0]	模式	可见的 ARM 状态寄存器
10000	用户模式	R0~R14，PC，CPSR
10001	FIQ 模式	R0~R7，R8_fiq~R14_fiq，PC，CPSR，SPSR_fiq
10010	IRQ 模式	R0~R12，R13_irq，R14_irq，PC，CPSR，SPSR_irq
10011	管理模式	R0~R12，R13_svc，R14_svc，PC，CPSR，SPSR_svc
10111	数据访问中止模式	R0~R12，R13_abt，R14_abt，PC，CPSR，SPSR_abt
11011	未定义指令中止模式	R0~R12，R13_und，R14_und，PC，CPSR，SPSR_und
11111	系统模式	R0~R14，PC，CPSR

注：处理器模式既可以通过程序直接改写 CPSR(特权模式下)来切换，也可以当内核响应异常时由硬件切换。

➢ 中断禁止位 I、F。当 I=1 时，禁止 IRQ 中断；当 F=1 时，禁止 FIQ 中断。
➢ T 控制位。指令执行状态控制位，用来说明本指令是 ARM 指令还是 Thumb 指令。对于 ARM V4 以及更高版本的 T 系列的 ARM 处理器：T=0 表示执行 ARM 指令；T=1 表示执行 Thumb 指令。

对于 ARM V5 以及更高版本的非 T 系列的 ARM 处理器：T=0 表示执行 ARM 指令；T=1 表示强制下一条执行的指令产生未定义指令中断。

CPSR 中的其他位用于 ARM 版本的扩展。

2.4　异　　常

异常通常的定义是处理器中止正常的程序执行流程并转向相应的处理。例如，处理一个外设的中断请求或者读写数据时发生存储器故障都会引起异常处理。在处理异常之前，当前的状态应该保留，这样当异常处理完成后，当前的程序可以继续执行。处理器允许多个异常同时发生，它们会按照固定的优先级顺序进行处理。在本节中将对 ARM 的异常机制作简要介绍。

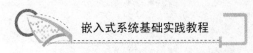

2.4.1 ARM 体系结构支持的异常类型

在 ARM 体系结构中，存在七种异常处理，它们分别是复位、未定义指令、软件中断(SWI)、指令预取中止、数据中止、外部中断请求(IRQ)和快速中断请求(FIQ)。当异常发生时 CPU 自动到指定的向量地址读取指令并且执行，即 ARM 的向量地址处存放的是一条指令(一般是一条跳转指令)，跳转到专门处理某个异常的子程序。

当多个异常同时发生时，处理器会按照固定的优先级顺序来处理异常。表 2-7 列出了ARM 的七种异常及它们的优先级顺序。

表 2-7　ARM 的七种异常

异常类型	处理器模式	优先级	向量表偏移
复位	管理模式	1	0x00000000
未定义指令	未定义指令中止模式	6	0x00000004
软件中断 SWI	管理模式	6	0x00000008
指令预取中止	数据访问中止模式	5	0x0000000c
数据中止	数据访问中止模式	2	0x00000010
保留	/	/	0x00000014
外部中断请求(IRQ)	外部中断模式	4	0x00000018
快速中断请求(FIQ)	快速中断模式	3	0x0000001c

1. 复位

复位具有最高的优先级。当处理器的复位引脚有效时，系统产生复位异常。转到复位异常处理程序处执行，复位异常通常用在两种情况：系统加电时；系统复位时。

复位异常处理程序将进行一些初始化工作，如实现设置异常中断向量表、初始化所有模式下的堆栈及寄存器、初始化存储系统及初始化关键的 I/O 设备等功能。

2. 未定义指令

当 ARM 处理器遇到一条不属于 ARM 或 Thumb 指令集的指令时，ARM 会"询问"协处理器，看它能否将其当成一条协处理器指令来处理。如果这条指令不属于任何一个协处理器，则会产生未定义指令异常。

在没有物理协处理器(硬件)的系统上，在未定义指令异常处理程序中可对协处理器进行软件仿真，或者在软件仿真时进行指令扩展。

3. 软件中断 SWI

软件中断 SWI 异常发生时，处理器进入管理模式，用于用户模式下的程序调用特权操作指令。在实时操作系统中可以通过该机制实现系统功能调用。

4. 指令预取中止

如果处理器预取的指令的地址不存在，或者该地址不允许当前指令访问，存储器系统向 ARM 处理器发出存储器中止(Abort)信号，预取的指令被记为无效。但只有当处理器试图执行无效指令时，指令预取中止异常才会发生，如果指令未被执行，例如，在指令流水线中发生了跳转，则预取指令中止异常不会发生。

5. 数据中止

如果存储器访问指令(Load/Store)的目标地址不存在，或者该地址不允许当前指令访问，处理器产生数据访问中止异常中断。

6. 外部中断请求(IRQ)

当处理器的 IRQ 引脚有效，而且 CPSR 寄存器的 I 控制位被清除时，处理器产生外部中断异常。系统中各外部设备通常通过该异常中断请求处理器服务。

7. 快速中断请求(FIQ)

FIQ 异常是为了支持数据传输或者通道处理而设计的。当处理器的 FIQ 引脚有效，而且 CPSR 寄存器的 F 控制位被清除时，处理器产生 FIQ。

以下两个特性能够让处理器尽快地响应 FIQ。

1) 如表 2-7 所示，FIQ 中断向量在异常向量表的最后，这样使 FIQ 处理程序可以直接从 FIQ 向量处开始，省去了跳转的时间开销。

2) FIQ 模式下有五个私有寄存器(R8_fiq～R12_fiq)，对于这些寄存器在进入和退出 FIQ 时无须保存和恢复，节省了时间。

2.4.2　异常的响应

ARM 处理器响应异常的过程如下。

1) 将下一条指令的地址存入相应的异常模式的链接寄存器 LR，以便程序在处理异常返回时能从正确位置重新开始执行。

2) 复制 CPSR 寄存器的内容至对应模式下的 SPSR_<mode>寄存器中。

3) 对 CPSR 寄存器的一些控制位进行设置：

无论发生异常时处理器处于 Thumb 状态还是 ARM 状态，响应异常后处理器都会切换到 ARM 状态，即 CPSR[5]=0；

将模式控制位 CPSR[4:0]设置为被响应异常的模式编码；

CPSR[7]=1，禁止 IRQ 中断；

如果异常模式为复位模式或 FIQ 模式，则 CPSR[6]=1，禁止 FIQ 中断。

4) 将程序计数器(PC)设置为异常向量的地址，使程序从相应的异常向量地址开始执行异常处理程序。一般来说，向量地址处将包含一条指向相应异常处理程序的转移指令，从而可以跳转到相应异常处理程序处。

注：以上操作都是 ARM 处理器核硬件逻辑自动完成。

2.4.3　异常的返回

复位异常无需返回，因为系统复位后将开始整个用户程序的执行。其他异常在返回时，异常处理程序应实现下列操作：

➤ 将 SPSR_<mode>中的内容恢复到 CPSR 中；
➤ 将 LR 的值减去偏移量后送入 PC，偏移量根据异常类型不同而有所区别，如表 2-8 所示；
➤ 若在进入异常处理时设置了中断禁止位，要在此清除。

1. 异常返回指令

具体的异常返回指令如表 2-8 所示。

表 2-8　异常和返回地址

异常类型	返回指令	含义
软件中断 SWI	MOVS　PC，R14_svc	指向 SWI 指令的下一条指令
未定义指令	MOVS　PC，R14_und	指向未定义指令的下一条指令
指令预取中止	SUBS　PC，R14_abt，#4	指向导致预取指令中止异常的那条指令
快速中断请求	SUBS　PC，R14_fiq，#4	FIQ 处理程序的返回地址
外部中断请求	SUBS　PC，R14_irq，#4	IRQ 处理程序的返回地址
数据中止	SUBS　PC，R14_abt，#8	指向导致数据中止异常的那条指令
复位	无	没有定义 LR

表 2-8 中，MOV 指令和 SUB 指令尾部有一个"S"，并且 PC 是目的寄存器，表示 CPSR 将自动从 SPSR 中恢复。

返回的另外一种方法：如果 LR 寄存器已经被修正，而且异常处理程序已经把返回地址保存到堆栈，也可以使用堆栈操作指令来恢复用户寄存器并实现返回，举例如下：

```
SUB     LR,LR,#8         ;修正返回地址
STMFD   SP!,{R0-R4, LR}  ;保存使用到的寄存器及返回地址到堆栈
...                      ;异常处理代码
LDMFD   SP!,{R0-R4, PC}^ ;中断返回
```

其中，中断返回指令的寄存器列表(必须包含 PC)后的"^"符号表示这条指令在装载 PC 的同时，CPSR 的值也从 SPSR 中得到恢复。这里使用的堆栈指针 SP(R13)属于异常模式的寄存器，每个异常模式有自己的堆栈指针。

2. 返回地址的修正

在异常响应时，处理器会对 LR 做一次自动调整：ARM 状态下设置 LR_<mode>=PC-4，其中 PC 指向当前正在取指的指令；而在 Thumb 状态下，LR_<mode>会被自动修正。

自动调整完成后，可以根据具体的异常类型进一步修正返回地址，如下所述。

(1) 从 SWI 和未定义指令返回

SWI 和未定义指令异常中断是由当前执行的指令自身产生的，当 SWI 和未定义指令异常中断产生时，程序计数器 PC 的值还未更新，它指向当前正在执行指令后面第 2 条指令(对于 ARM 指令来说+8 字节，对于 Thumb 指令来说+4 字节)。这时处理器自动修正后即指向返回后将要执行的指令，无需再修正。

		ARM	Thumb	
	SWI	PC-8	PC-4	;异常发生处
指令 1	▲	PC-4	PC-2	;LR=将要执行指令地址
指令 2		PC	PC	

返回操作可以通过下面的指令来实现：

```
MOVS  PC, LR
```

▲ 表示异常返回后将要执行的指令。

(2) 从 FIQ、IRQ 异常返回

FIQ 与 IRQ 异常中断一样，在处理器执行完当前指令后，查询 FIQ 及 IRQ 中断引脚，如果中断引脚有效，并且系统允许该中断产生，处理器将产生 FIQ 或 IRQ 异常中断。此时，PC 的值已经更新，它指向当前指令后面第三条指令(对于 ARM 指令，它指向当前指令地址+12 字节；对于 Thumb 指令，它指向当前指令地址+6 字节)。这时在处理器自动修正后再减 4 字节即为返回后将要执行的指令的地址。

		ARM	Thumb	
指令 1		PC-12	PC-6	;指令执行结束后产生异常
指令 2	▲	PC-8	pc-4	
指令 3		PC-4	PC-2	;ARM:LR=下一条指令地址
指令 4		PC	PC	;Thumb:LR=下两条指令地址

返回操作可以通过下面的指令来实现：

```
SUBS  PC, LR, #4
```

▲ 表示异常返回后将要执行的指令。

(3) 从指令预取中止异常返回

当发生指令预取中止异常中断时，程序要返回到该有问题的指令处，重新读取并执行该指令。这种异常是由当前执行的指令自身产生的，程序计数器 PC 的值还未更新，它指向当前指令后面第二条指令。这时在处理器自动修正后再减 4 字节即为返回后将要执行的指令的地址。

		ARM	Thumb	
指令 1	▲	PC-8	PC-4	;异常发生在此指令执行期间
指令 2		PC-4	PC-2	;ARM:LR=下一条指令地址
指令 3		PC	PC	;Thumb:LR=下两条指令地址

返回操作可以通过下面的指令来实现：

```
SUBS  PC, LR, #4
```

▲ 表示异常返回后将要执行的指令。

(4) 从数据中止异常返回

发生数据访问异常中断时，程序要返回到该有问题的指令处，重新访问该数据。数据访问中止异常中断发生时，程序计数器 PC 的值已经更新，它指向当前指令后面第 3 条指令(对于 ARM 指令，它指向当前指令地址+12 字节；对于 Thumb 指令，它指向当前指令地址+6 字节)。这时需在处理器自动修正后再减 8 字节即为返回后将要执行的指令的地址。

```
              ARM       Thumb
指令 1    ▲   pC-12     pC-6      ;异常发生处
指令 2        pC-8      pC-4
指令 3        pC-4      pC-2      ;ARM:LR=下两条指令地址
指令 4        pc        pc
指令 5        pc+4      pc+2      ;Thumb:LR=下四条指令地址
```

返回操作可以通过下面的指令来实现：

```
SUBS  PC,LR,#8
```

▲ 表示异常返回后将要执行的指令。

2.5 存储方式及存储器管理单元

2.5.1 大、小端格式

ARM 处理器将存储器看做是一个从 0 开始的线性递增的字节集合。字节 0～3 保存第 1 个存储的字，字节 4～7 保存第 2 个存储的字，字节 8～11 保存第三个存储的字，依此排列。作为 32 位的微处理器，ARM 体系结构所支持的最大寻址空间为 4GB。

ARM 处理器对存储器操作的数据类型包括字节(8 位)、半字(16 位)和字(32 位)。

在 ARM 中，要求地址 A 是字对齐的，有下面几种：

➤ 地址为 A 的字单元包括字节单元 A，A+1，A+2，A+3；

➤ 地址为 A 的半字单元包括字节单元 A，A+1；

➤ 地址为 A+2 的半字单元包括字节单元 A+2，A+3；

➤ 地址为 A 的字单元包括半字单元 A，A+2。

ARM 体系结构可以用两种方式存储数据，称之为小端格式(Little-Endian)和大端格式(Big-Endian)。

1. 小端格式

在小端存储格式中，低地址中存放的是字数据或半字数据的低字节，而高地址中存放的是字数据或半字数据的高字节，如图 2.11 所示。

31	24 23	16 15	8 7	0
字单元A				
半字单元A+2		半字单元A		
字节单元A+3	字节单元A+2	字节单元A+1	字节单元A	

图 2.11 以小端格式存储数据

2. 大端格式

在大端存储格式中，与小端存储格式相反，低地址中存放的是字数据或半字数据的高字节，而高地址中存放的是字数据或半字数据的低字节，如图 2.12 所示。

图 2.12　以大端格式存储数据

【例 2-1】存储一个 32 位数 0x2356873 到 3000H～3003H 四个字节单元中，分别以大端格式和小端格式存储，试分析 3000H 存储单元的内容。

解：采用小端格式存储数据如图 2.13(a)所示，(3000H)=73H；采用大端格式存储数据如图 2.13(b)所示，(3000H)=02H。

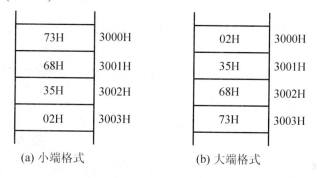

图 2.13　大、小端格式存储示意图

一个基于 ARM 内核的芯片可以只支持大端格式或小端格式，也可以两者都支持。通常，小端格式是 ARM 处理器的默认形式。

在 ARM 指令集中不包含任何直接选择大小端的指令，但是一个同时支持大小端格式的 ARM 芯片可以通过硬件配置(一般使用芯片的引脚来配置)来匹配存储器系统所使用的规则。

2.5.2　存储器管理单元

针对各种 CPU，存储器管理单元(Memory Management Unit，MMU)是个可选的配件。MMU 提供的一个关键的服务是使各个任务作为各自独立的程序在其自己的私有存储空间中运行。在带有 MMU 的操作系统控制下，运行的任务无须知道其他与之无关的任务的存储需求情况，这就简化了各个任务的设计。

操作系统通过使用处理器的 MMU 功能，可以实现虚拟内存，可以在处理器上运行比实际物理内存大的应用程序。MMU 作为转换器，将程序和数据的虚拟地址转换成实际的物理地址，即在物理主存中的地址。这个转换过程允许运行的多个程序使用相同的虚拟地址，而各自存储在物理存储器的不同位置。

在 ARM 处理器系列中，ARM7 系列一般不含有 MMU 单元(ARM720T 除外)；ARM9

系列一般是含有 MMU 单元的，但 ARM940T 只有 MPU(Memory protection unit，存储保护单元)，不是一个完整的 MMU；ARM11 系列均含有 MMU 单元；在 ARM Cortex 系列中，Cortex-A 系列处理器均有 MMU 单元，而 Cortex-R 系列和 Cortex-M 系列一般具有可选 MPU 单元，无 MMU 单元；SecurCore 系列均支持 MPU，无 MMU 单元。

2.6 案 例 分 析

本章导入案例中介绍了 ARM 处理器在全球范围内的广泛应用，ARM 处理器的广泛应用与其设计思想密不可分，ARM 内核采用 RISC 体系结构。RISC 是一种设计思想，其目标是设计出一套能在高时钟频率下单周期执行，简单而有效的指令集。下面用本章所学知识结合 RISC 思想对 ARM 的设计思想作简单分析。

2.6.1 RISC 思想在 ARM 处理器设计中的体现

1. 流水线

指令的处理过程被拆分成几个更小的、能够被流水线并行执行的单元。在理想情况下，流水线每周期前进一步，可获得最高的吞吐率。基本上每一种 ARM 处理器内核都支持流水线机制，如 ARM7 的三级流水线，ARM9 的五级流水线，而 Cortex-A9 处理器的设计基于最先进的推测型八级流水线，该流水线具有高效、动态长度、多发射超标量及无序完成等特征，使得时钟主频进一步提高。

2. 寄存器

RISC 处理器拥有大量的寄存器，每个寄存器都可存放数据或地址。ARM 处理器具有 31 个通用寄存器，有些是各模式共用的同一个物理寄存器，有些是各模式自己独有的物理寄存器。

3. 指令集

RISC 处理器减少了指令种类。RISC 的指令种类只提供简单的操作，使一个周期就可以执行一条指令。编译器或者程序员通过几条简单指令的组合来实现一个复杂的操作。每条指令的长度都是固定的，允许流水线在当前指令译码阶段去取下一条指令。在 ARM 指令集中，每条指令都为 32 位。

4. Load/Store 结构

处理器只处理寄存器中的数据。独立的 Load/Store 指令用来完成数据在寄存器和外部存储器之间的传送。ARM 处理器的指令中包含单寄存器传送的 Load/Store 指令、多寄存器传送的 LDM/STM 指令及交换指令完成存储器访问操作，这将在下一章中做详细介绍。

2.6.2 ARM 设计思想中的改进之处

1. 一些特定指令的周期数可变

并不是所有的 ARM 指令都是单周期。例如，多寄存器 Load/Store 指令的执行周期就

42

是不确定的，须根据被传送的寄存器个数而定，ARM 多寄存器指令允许一条指令最多传送 16 个寄存器。

2. 内嵌桶形移位器产生了更为复杂的指令

内嵌桶形移位器是一个硬件部件，在一个输入寄存器被一条指令使用之前，内嵌桶形移位器可以处理该寄存器中的数据。它扩展了许多指令的功能，以此改善了内核性能，提高了代码密度。

3. Thumb 16 位指令集

ARM 内核增加了一套称之为 Thumb 指令的 16 位指令集，使得内核既能够执行 16 位指令，也能够执行 32 位指令，从而增强了 ARM 内核的性能。16 位指令与 32 位的定长指令相比较，代码密度可提高约 30%。

4. 条件执行

只有当某个特定条件满足时指令才会被执行。这个特性可以减少分支指令的数目，从而改善性能，提高代码密度。ARM 指令集中几乎所有的指令都支持条件执行，下一章中会作介绍。

5. 增强指令

一些功能强大的数字信号处理器(DSP)指令被加入到标准的 ARM 指令之中，以支持快速的 16×16 位乘法操作及饱和运算。

这些增加的特性使得 ARM 处理器成为当今最通用的 32 位嵌入式处理器内核之一。

本 章 小 结

目前 32 位的嵌入式微处理器以 ARM 为核心，本章介绍了 ARM 处理器指令集体系的发展历史，以及各个版本的典型处理器及应用情况和性能分析；分析了 ARM 处理器的内核结构；讲解了 ARM 处理器的编程模型及异常机制；最后介绍了 ARM 处理器的存储格式。

(1) ARM CPU 的指令集体系 ISA 从最初的 V1 版本发展到现在，先后出现了 V1，V2，V3，V4，V5，V6，V7，V8 等版本。每一种指令集体系版本可以由多种处理器实现。目前市场上流通使用的 ARM 微处理器主要包括 ARM7、ARM9、ARM11 和 ARM Cortex 系列，以及专门为安全设备设计的 SecurCore 系列。

(2) 典型 ARM 处理器的内核结构：介绍了 ARM7TDMI、ARM9TDMI 及 ARM Cortex-A9 三种处理器内核的结构。ARM7 内核采用冯·诺依曼体系结构、9MIPS 的三级流水线；而 ARM9 内核采用哈佛体系结构，流水线也从三级增加到 1.1MIPS/MHZ 的五级；而 Cortex-A9 处理器的设计基于最先进的推测型八级流水线。

(3) ARM 的编程模型：介绍了 ARM 处理器的 ARM 和 Thumb 两种工作状态；分析了 ARM 的七种运行模式；介绍了 ARM 处理器的寄存器组织，包括 31 个通用寄存器及六个

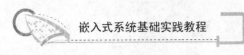

状态寄存器。

(4) 异常：介绍了 ARM 体系结构的异常机制。ARM 处理器支持七种异常类型，介绍了每种异常的产生、异常响应的过程及从异常返回时处理器执行的操作和异常返回指令。

(5) 存储格式及 MMU：主要介绍了 ARM 处理器存储数据的两种格式，大端格式和小端格式；简要叙述了 MMU 的功能。

 阅读材料

1. CISC 和 RISC 指令集

常见的 CPU 指令集分为 CISC 和 RISC 两种。

CISC(Complex Instruction Set Computer)是"复杂指令集"。自 PC 诞生以来，32 位以前的处理器都采用 CISC 指令集方式。由于这种指令系统的指令不等长，因此指令的数目非常多，编程和设计处理器时都较为麻烦。但由于基于 CISC 指令架构系统设计的软件已经非常普遍了，所以包括 Intel、AMD 等众多厂商至今使用的仍为 CISC。

RISC(Reduced Instruction Set Computing)是"精简指令集"。研究人员在对 CISC 指令集进行测试时发现，各种指令的使用频度相当悬殊，其中最常使用的是一些比较简单的指令，它们仅占指令总数的 20%，但在程序中出现的频度却占 80%。RISC 正是基于这种思想提出的。采用 RISC 指令集的微处理器处理能力强，并且还通过采用超标量和超流水线结构，大大增强并行处理能力。

2. NEON 多媒体技术

NEON 技术在 ARM V7 内核版本引入，可加速多媒体和信号处理算法(如视频编码/解码、2D/3D 图形、游戏、音频和语音处理、图像处理技术、电话和声音合成)，其性能至少为 ARM V5 性能的三倍，为 ARM V6 SIMD 性能的两倍。

NEON 技术具有以下优点：支持用于 Internet 应用程序范围广泛的多媒体编解码器；NEON 可使复杂视频编解码器的性能提高 60%～150%，单个简单 DSP 算法可实现更大的性能提升(4～8 倍)，处理器可更快进入睡眠状态，从而在整体上节约了动态功耗；NEON 技术的大量元素能够提高性能并简化软件开发过程。

3. TrustZone 安全技术

ARM TrustZone 技术是系统范围的安全方法，在 ARM V6 内核版本引入，针对高性能计算平台上的大量应用，包括安全支付、数字版权管理(DRM)和基于 Web 的服务。

TrustZone 安全技术通过以下方式确保系统安全：隔离所有 SoC 硬件和软件资源，使它们分别位于两个区域(用于安全子系统的安全区域以及用于存储其他所有内容的普通区域)中。硬件逻辑可确保普通区域组件无法访问任何安全区域资源，从而在这两个区域之间构建强大边界。将敏感资源放入安全区域的设计，以及在安全的处理器内核中可靠运行软件可确保资产能够抵御众多潜在攻击，包括那些通常难以防护的攻击(例如，使用键盘或触摸屏输入密码)。

支持 TrustZone 技术的 ARM 处理器包括 ARM Cortex-A15、ARM Cortex-A9、ARM Cortex-A8、ARM Cortex-A5 及 ARM1176。

4. Jazelle 技术

Jazelle 是 ARM 体系结构的一种相关技术，用于在处理器指令层次对 Java 加速。首颗具备 Jazelle 技术的 ARM 处理器是 ARM926EJ-S，包含 Jazelle 技术的处理器以一个英文字母"J"标示于 CPU 名称中。

ARM Jazelle 软件包括在任何现有 JVM 和 Java 平台中支持 Jazelle 硬件的技术。它还包括功能丰富的多任务虚拟机(MVM)，领先的手机供应商和 Java 平台软件供应商提供的许多 Java 平台中均集成了此类虚拟机。通过利用基础 Jazelle 技术体系结构扩展，ARM MVM 软件解决方案可提供高性能应用程序和游戏，快速启动和应用程序切换，并且使用的内存和功耗预算非常低。

习　　题

一、选择题

1. 存储一个 32 位数 0x2168465 到 2000H～2003H 四个字节单元中，若以大端格式存储，则 2000H 存储单元的内容为(　　)。

  A. 0x21   B. 0x68   C. 0x65   D. 0x02

2. 寄存器 R13 除了可以做通用寄存器外，可还以做(　　)。

  A. 程序计数器   B. 链接寄存器

  C. 栈指针寄存器   D. 基址寄存器

3. ARM 公司专门从事(　　)。

  A. 基于 RISC 技术芯片设计开发 B. ARM 芯片生产

  C. 软件设计   D. ARM 芯片销售

二、判断题

1. ARM7TDMI 内核采用哈佛体系结构。   (　　)

2. 寄存器 R15 被用作程序计数器 PC。   (　　)

3. 当多个异常同时发生时，处理器会按照固定的优先级顺序来处理异常，指令预取中止异常的优先级高于数据中止异常。   (　　)

三、问答题

1. 简述 ARM 有几种运行模式？

2. ARM 有哪几种异常类型？

3. ARM 处理器数据的存储格式有哪两种？有什么区别？

4. ARM7TDMI 采用几级流水线？每一级完成什么样的功能？

5. CPSR 中哪些位用来定义处理器状态？

6. 各种异常的返回指令是什么？

第 **3** 章
ARM 嵌入式微处理器指令集

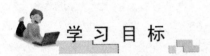

学 习 目 标

理解 ARM 处理器指令集的特点及条件执行的含义;
熟悉 ARM 指令集的寻址方式、指令、伪指令及伪操作;
掌握 ARM 汇编语言程序的设计方法。

知 识 结 构

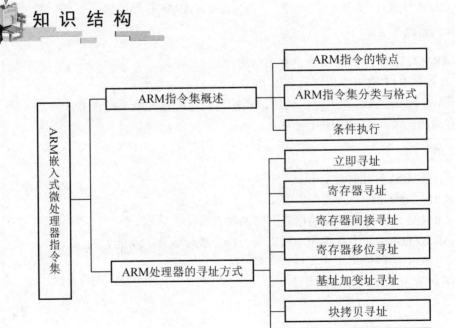

图 3.1　ARM 嵌入式微处理器指令集知识结构图

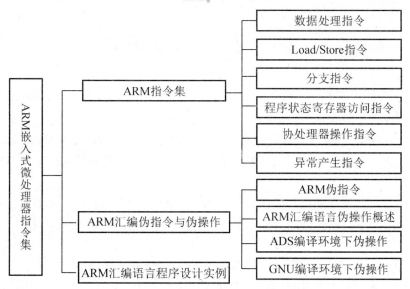

图 3.1　ARM 嵌入式微处理器指令集知识结构图(续)

导入案例

在基于 ARM 的嵌入式软件开发中，即使大部分程序使用高级语言完成，但与处理器硬件相关的部分还是必须使用汇编语言来编写。例如，ARM 启动代码使用汇编语言初始化处理器模式、设置堆栈、初始化变量等，这些操作均与处理器体系结构和硬件控制器相关。

本案例以在 S3C2410 上的启动代码为例介绍 ARM 汇编语言的应用。所谓启动代码，就是系统上电或复位后进入 C 语言的函数 main( )前执行的一段代码，如我们熟知的 BIOS 引导程序的功能。ARM 启动代码从系统上电开始接管 CPU，依次需要负责设置中断向量表、系统寄存器配置、CPU 在各种模式下的堆栈空间、设定 CPU 的内存映射、对 CPU 的外部存储器进行初始化、设定各外围设备的基地址、为 C 代码执行创建 ZI 区，然后进入到 C 代码。启动代码的一般流程如图 3.2 所示。

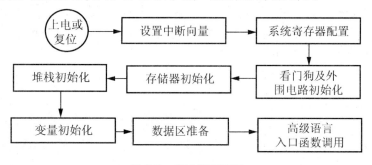

图 3.2　启动代码流程

前面以 μC/OS-II 在 S3C2410 上的启动代码为例体现了 ARM 汇编语言在嵌入式软件开发中的必要性。本章将着眼于 ARM 指令集，讲解 ARM 指令集的语法格式、寻址方式，分类介绍 ARM 指令、伪指令及伪操作的详细功能以及在使用中的注意事项，并给出 ARM 汇编语言编程的实例，为后续嵌入式软件开发奠定汇编语言基础。

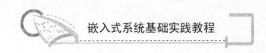

3.1　ARM 指令集概述

3.1.1　ARM 指令的特点

ARM 处理器支持 ARM 指令集、Thumb 指令集和 Thumb-2 指令集。

从 ARM7TDMI 开始，ARM 处理器一直支持两种形式上相对独立的指令集，它们分别为 32 位的 ARM 指令集和 16 位的 Thumb 指令集。对应处理器状态分别为 ARM 状态和 Thumb 状态。

ARM 指令具有很高的执行效率。但是由于每条指令都要占用 4 个字节，对于存储空间的要求较高。为了压缩代码的存储，增加代码存储密度，ARM 公司设计了 16 位的 Thumb 指令集。

严格来讲，Thumb 不是一个完整的指令体系，Thumb 指令集实现的功能只是 32 位 ARM 指令集的子集，它仅仅把常用的 ARM 指令压缩成 16 位的指令编码方式，不能期望处理器只执行 Thumb 指令而不支持 ARM 指令集。因此，Thumb 指令只需要支持通用功能，必要时可以借助完善的 ARM 指令集。这时就要涉及处理器状态的切换。

从 ARM 体系结构 V6 版本开始，支持 Thumb-2 指令集。例如，ARM1156T2-S 内核便支持 Thumb 和 Thumb-2 两种指令集。Thumb-2 是一种新型混合指令集，融合了 16 位和 32 位指令，用于实现密度和性能的最佳平衡。在同时支持 16 位和 32 位指令之后，就无需在 Thumb 状态和 ARM 状态之间来回切换了。

本章重点介绍 32 位的 ARM 指令集。

3.1.2　ARM 指令集分类与格式

ARM 指令集总体可以分为六大类，具体指令功能见 3.3 节：

➢ 数据处理指令；
➢ Load/Store 指令；
➢ 分支指令；
➢ 程序状态寄存器访问指令；
➢ 协处理器操作指令；
➢ 异常产生指令。

ARM 指令字长为固定的 32 位，一条典型的 ARM 指令的格式为

```
< opcode > { < cond > } {s}  < Rd >, < Rn >{, < operand2 >}
```

其中，<>内的项是必需的，{}内的项是可选的。例如，< opcode >是指令操作码，这是必须书写的；而{< cond >}为指令执行条件，是可选项，若不书写则无条件执行。

opcode　　指令操作码，如 ADD、MOV 等。
cond　　　指令执行条件，如 EQ、NE 等。
S　　　　　决定指令的操作结果是否影响 CPSR 寄存器的值。书写 S 时影响 CPSR。

Rd　　　目标寄存器。

Rn　　　包含第一个操作数的寄存器。

operand2　第二个操作数。采用的寻址方式可以为立即寻址、寄存器寻址及寄存器移位寻址。详见 3.2 节寻址方式部分。

3.1.3　条件执行

几乎所有的 ARM 指令均可以包含一个可选的条件码,而对于 Thumb 指令集,只有分支指令 B 具有条件码,语法说明中以{<cond>}表示。只有在 CPSR 中的条件码标志满足指定的条件时,带条件码的指令才能执行;否则指令被忽略。使用指令条件码可实现高效的逻辑操作,提高代码效率。可以使用的指令条件码如表 3-1 所示。

表 3-1　指令条件码表

操作码	条件码助记符后缀	标志	含义
0000	EQ	Z=1	相等
0001	NE	Z=0	不相等
0010	CS/HS	C=1	无符号数大于或等于
0011	CC/LO	C=0	无符号数小于
0100	MI	N=1	负数
0101	PL	N=0	正数或零
0110	VS	V=1	溢出
0111	VC	V=0	没有溢出
1000	HI	C=1 且 Z=0	无符号数大于
1001	LS	C=0 且 Z=1	无符号数小于或等于
1010	GE	N=V	有符号数大于或等于
1011	LT	N!=V	有符号数小于
1100	GT	Z=0 且 N=V	有符号数大于
1101	LE	Z=1 且 N!=V	有符号数小于或等于
1110	AL	任何	无条件执行(默认)
1111	NV	任何	从不执行

【例 3-1】比较 R0 和 10 的大小,并进行相应的赋值处理。

```
CMP     R0,#10      ;R0 与 10 比较
MOVHI   R1,#1       ;若 R0 > 10,则 R1=1
MOVLS   R1,#0       ;若 R0 ≤ 10,则 R1=0
```

3.2　ARM 处理器的寻址方式

寻址方式是根据指令中给出的地址码字段来寻找真实操作数地址的方式。ARM 处理器支持的基本寻址方式有以下几种。

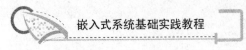

3.2.1　立即寻址

立即寻址是一种特殊的寻址方式。操作数本身在指令中直接给出，取出指令也就取出了操作数，这样的操作数被称为立即数。对应的寻址方式被称为立即寻址方式。例如，以下指令：

```
MOV   R1,#0x10        ;R1←0x10
```

其中，用#开始表示立即数，0x 表示十六进制数。

合法的立即数由一个 8 位的常数进行 32 位循环右移偶数位得到，其中循环右移的位数由一个 4 位二进制的两倍表示。如果立即数记作< immediate >，8 位常数记作 immed_8，4 位循环右移值记作 rotate_imm，则有< immediate >=immed_8 进行 32 位循环右移(2 * rotate_imm)，只有能够通过上面的构造方法得到的立即数才是合法的立即数。例如，0xFF，0xFF00 是合法的立即数；0xFF01，0x101 是不合法的立即数。

3.2.2　寄存器寻址

在寄存器寻址方式下，寄存器中的数值即为操作数。这种寻址方式是各类微处理器经常采用的一种寻址方式。例如，以下指令：

```
MOV   R1,R2            ;R1←R2
ADD   R0,R1,R2         ;R0←R1+R2
```

3.2.3　寄存器间接寻址

在寄存器间接寻址方式下，寄存器中的数值作为操作数的地址，而所需操作数是存放在该地址指定的存储单元中。例如，以下指令：

```
STR   R0,[R1]         ;将 R0 寄存器的值保存至 R1 指定的存储单元
LDR   R0,[R1]         ;将 R1 指定的存储单元的内容读出,保存至 R0 中
```

3.2.4　寄存器移位寻址

寄存器移位寻址方式是 ARM 指令集所特有的。指令中的第二操作数是寄存器的数值进行相应的移位而得到的，移位位数可以用立即数方式或者寄存器方式给出。可采用的移位操作有以下几种，如图 3.3 所示。

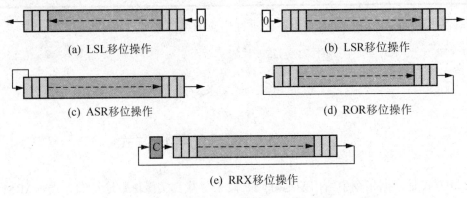

图 3.3　移位操作过程

LSL：逻辑左移，空出的最低有效位用 0 填充。

LSR：逻辑右移，空出的最高有效位用 0 填充。

ASL：算术左移，由于左移空出的有效位用 0 填充，因此，它与 LSL 同义。

ASR：算术右移，对象是带符号数，移位过程中必须保持操作数的符号不变。如果源操作数是正数，空出的最高有效位用 0 填充，如果是负数用 1 填充。

ROR：循环右移，移出的最低有效位依次填入空出的最高有效位。

RRX：带扩展循环右移。将寄存器内容循环右移 1 位，空位用原来 C 标志位填充，移出的最低有效位填入 C 标志位。

寄存器移位方式举例如下：

```
MOV   R0,R1,LSL # 2         ;R0=R1 * 4
MOV   R0,R1,ASR # 2         ;R0=带符号数 R1/4
ADD   R0,R0,R1,LSL R3       ;R1 的值左移 R3 位,然后和 R0 相加,结果放入 R0
MOV   R0,R1,ROR R3          ;R0=R1 循环右移 R3 位
```

3.2.5 基址加变址寻址

基址加变址寻址就是将寄存器(该寄存器一般称作基址寄存器)的内容与指令中给出的地址偏移量相加，从而得到一个操作数的有效地址。这种寻址方式常用来访问某个基址附近的存储单元。

基址加变址的寻址方式又可以分成以下几种寻址方式。

1. 前变址法

基址寄存器中的值和地址偏移量先作加减运算，生成的操作数作为内存访问的地址。举例如下：

```
LDR     R0,[ R1,# 4]          ;R0 ←[R1+4]
LDR     R0,[ R1,# 4] !        ;R0 ←[R1+4],R1=R1+4
```

在第一条指令中，将基址寄存器 R1 的内容加上偏移量 4 形成操作数的有效地址，然后从中取出操作数存入寄存器 R0 中。指令执行完毕后基址寄存器的内容不变。

在第二条指令中，将基址寄存器 R1 的内容加上偏移量 4 形成操作数的有效地址，从而取出操作数存入寄存器 R0 中；然后将 R1 的内容加 4。

注："!"表示在完成数据传送后将更新基址寄存器。

2. 后变址法

将基址寄存器中的值直接作为内存访问的地址进行操作，内存访问完毕后基址寄存器中的值和地址偏移量作加减运算，并更新基地址寄存器。举例如下：

```
LDR     R0,[ R1],# 4              ;R0 ←[R1],R1=R1 + 4
```

在这条指令中，基址寄存器 R1 的值作为操作数的有效地址，从中取出操作数存入寄存器 R0 中，然后将 R1 的内容加 4 来更新基址寄存器。

在上述两种变址方法的举例中，地址偏移量是用立即数表示，事实上它也可以是另一个寄存器或者是寄存器移位的方式。举例如下：

```
LDR    R0,[ R1,R2 ] !        ;R0 ←[R1+R2],R1=R1+R2
LDR    R0,[ R1],R2           ;R0 ←[R1],R1=R1+R2
LDR    R0,[ R1],R2,LSL #2    ;R0 ←[R1],R1=R1+R2 * 4
```

3.2.6 块拷贝寻址

块拷贝寻址也叫多寄存器寻址，可以在存储器中的数据块和寄存器组之间进行数据传递。允许一条指令最多完成传送 16 个寄存器的值。块拷贝寻址的地址变化方式有以下四类型。

1) 后增 IA(Increment After) ：每次数据传送后地址加 4。
2) 先增 IB (Increment Before) ：每次数据传送前地址加 4。
3) 后减 DA(Decrement After) ：每次数据传送后地址减 4。
4) 先减 DB (Decrement Before) ：每次数据传送前地址减 4。

块拷贝指令举例如下：

```
STMIA R0, {R1-R3, R8}       ;[ R0 ]←R1
                            ;[ R0+4 ]←R2
                            ;[ R0+8 ]←R3
                            ;[ R0+12 ]←R8
LDMIA R0, {R1-R3, R8}       ;R1←[ R0 ]
                            ;R2←[ R0+4 ]
                            ;R3←[ R0+8 ]
                            ;R8←[ R0+12 ]
```

使用块拷贝寻址方式的指令时，寄存器组的顺序由小到大排列，连续的寄存器可用"-"连接，或用"，"分隔。

3.2.7 堆栈寻址

堆栈是一种数据结构，按先进后出(First In Last Out，FILO)的方式工作，使用一个称做堆栈指针的专用寄存器指示当前的操作位置，堆栈指针总是指向栈顶，在 ARM 中常用 R13 作为栈指针(SP)。

根据堆栈指针的指向位置不同可将堆栈分为满堆栈和空堆栈。

➢ 满堆栈(Full Stack)：当堆栈指针指向最后压入堆栈的数据时；
➢ 空堆栈(Empty Stack)：当堆栈指针指向下一个将要放入数据的空位置时。

根据堆栈的生成方式，又可以分为递增堆栈和递减堆栈。

➢ 递增堆栈(Ascending Stack)：当堆栈由低地址向高地址生成时；

➤ 递减堆栈(Descending Stack)：当堆栈由高地址向低地址生成时。
ARM 处理器支持以下四种类型的堆栈工作方式。

➤ 满递增堆栈 FA(Full Ascending)：堆栈指针指向最后压入的数据，且由低地址向高地址生成；

➤ 满递减堆栈 FD(Full Descending)：堆栈指针指向最后压入的数据，且由高地址向低地址生成；

➤ 空递增堆栈 EA(Empty Ascending)：堆栈指针指向下一个将要放入数据的空位置，且由低地址向高地址生成；

➤ 空递减堆栈 ED(Empty Descending)：堆栈指针指向下一个将要放入数据的空位置，且由高地址向低地址生成。

堆栈寻址指令举例如下：

```
STMFD  SP!,{R1-R3,R8}      ；将 R1-R3、R8 共四个寄存器依次入栈
```

栈操作其实也是块拷贝操作，每一条栈操作指令都相应与一条块拷贝操作相对应，其对应关系如表3-2 所示。

表 3-2　块拷贝与栈操作的对应关系

		递增		递减	
		满	空	满	空
增	先增	STMIB STMFA			LDMIB LDMED
	后增		STMIA STMEA	LDMIA LDMFD	
减	先减		LDMDB LDMEA	STMDB STMFD	
	后减	LDMDA LDMFA			STMDA STMED

3.2.8　相对寻址

相对寻址方式以程序计数器 PC 的当前值为基地址，指令中的地址标号作为偏移量，两者相加后的地址即为操作数的有效地址。举例如下：

```
        BL  SUB1              ;跳转到子程序 SUB1 处执行
        …
SUB1    .                    ;子程序入口
        …
        MOV  PC,LR            ;从子程序返回
```

以上程序段完成了子程序的调用和返回，跳转指令 BL 采用了相对寻址方式。

3.3 ARM 指令集

3.3.1 数据处理指令

ARM 的数据处理指令包括数据传送指令、算术运算指令、逻辑运算指令、比较指令和乘法指令，下面分别加以介绍。

1. 数据传送指令

数据传送指令是最简单也是最常用的 ARM 指令，常用于赋初值及寄存器间的数据传送。ARM 数据传送指令如表 3-3 所示。

表 3-3　数据传送指令

助记符	说明	操作
MOV{cond}{S}　Rd，operand2	数据传送	Rd←operand2
MVN{cond}{S}　Rd，operand2	数据非传送	Rd←(～operand2)

(1) 数据传送指令 MOV

MOV 指令的格式为

```
MOV{cond}{S}  Rd,operand2
```

MOV 指令可以将第二操作数 operand2 表示的数据传送到目标寄存器 Rd 中；其中 S 选项决定指令的操作是否影响 CPSR 中条件标志位的值，当没有 S 时，指令不更新 CPSR 中的条件标志位的值。

MOV 指令举例如下：

```
MOV  R0,R1          ;R0←R1
MOV  R1,#0x20       ;R1←0x20
MOV  R1,R2,LSL #2   ;R1←R2 * 4
```

注：当 PC 寄存器作为目标寄存器时可以实现程序跳转。这种跳转可以实现子程序调用以及从子程序中返回，如"MOV PC，LR"。

当 PC 寄存器作为目标寄存器且指令中包含 S 后缀时，指令在执行跳转操作的同时，将当前处理器模式的 SPSR 寄存器内容复制到 CPSR 中。这样可以实现从某些异常中断中返回，如"MOVS PC，LR"。但对于用户模式和系统模式，指令执行结果未知，因为这两种模式下无寄存器 SPSR。

(2) 数据非传送指令 MVN

MVN 指令的格式为

```
MVN{cond}{S}  Rd,operand2
```

MVN 指令可以将第二操作数 operand2 表示的数据进行按位逻辑"非"操作后传送到目标寄存器 Rd 中。

MVN 指令举例如下：

```
MVN  R1,#0                   ;将立即数 0 按位取反后传送到 R1 中，完成后 R1=-1
```

2. 算术运算指令

算术运算指令用于实现 32 位有符号或无符号数的加法和减法运算，如表 3-4 所示。

表 3-4　算数运算指令

助记符	说明	操作
ADD{cond}{S}　Rd，Rn，operand2	加法运算指令	Rd←Rn + operand2
SUB{cond}{S}　Rd，Rn，operand2	减法运算指令	Rd←Rn−operand2
RSB{cond}{S}　Rd，Rn，operand2	逆向减法指令	Rd←operand2−Rn
ADC{cond}{S}　Rd，Rn，operand2	带进位加法指令	Rd←Rn + operand2+Carry
SBC{cond}{S}　Rd，Rn，operand2	带借位减法指令	Rd←Rn−operand2−(NOT)Carry
RSC{cond}{S}　Rd，Rn，operand2	带借位逆向减法指令	Rd←operand2−Rn−(NOT)Carry

其中，S 选项决定指令的操作是否影响 CPSR 中条件标志位的值，当没有 S 时，指令不更新 CPSR 中的条件标志位的值。

【例 3-2】算术运算指令举例。

```
ADD    R0,R1,R2             ;R0←R1+R2
ADDS   R1,R0,R0,LSL #1      ;R1←R0*3,并根据运算结果更新 CPSR
SUB    R1,R0,#0x20          ;R1←R0-0x20
SUBS   R1,R0,R2,LSL #2      ;R1←R0-R2*4,并根据运算结果更新 CPSR
RSB    R1,R0,#0x20          ;R1←0x20-R0
RSBS   R1,R0,R2,LSL #2      ;R1←R2*4-R0,并根据运算结果更新 CPSR
```

【例 3-3】ADC 指令可以实现高于 32 位数的加法运算。

本例实现将 R0 和 R1 中的 64 位整数(R0 中存放低 32 位)与 R2 和 R3 中的 64 位整数(R2 中存放低 32 位)相加，结果存放在 R4 和 R5 中(R4 中存放低 32 位)。

```
ADDS   R4,R0,R2             ;低 32 位相加并影响标志位
ADC    R5,R1,R3             ;高 32 位相加再加上进位标志位
```

【例 3-4】SBC 指令可以实现高于 32 位数据的减法运算。

本例实现将 R0 和 R1 中的 64 位整数(R0 中存放低 32 位)与 R2 和 R3 中的 64 位整数(R2 中存放低 32 位)相减，结果放在 R4 和 R5 中(R4 中存放低 32 位)

```
SUBS   R4,R0,R2             ;低 32 位相减并影响标志位
SBC    R5,R1,R3             ;高 32 位相减再减去 C 标志位的反码
```

【例 3-5】使用 RSC 指令实现求 64 位数值的负数

```
RSBS   R2,R0,#0
RSC    R3,R1,#0             ;使用 RSC 指令实现求 64 位数值的负数
```

注：当指令包含 S 选项时，如果减法运算有借位，则 C=0，否则 C=1。

3. 逻辑运算指令

逻辑运算指令可对两个操作数按位作逻辑操作，如表 3-5 所示。

表 3-5　逻辑运算指令

助记符	说明	操作
AND{cond}{S}　Rd，Rn，operand2	逻辑"与"操作指令	Rd←Rn & operand2
ORR{cond}{S}　Rd，Rn，operand2	逻辑"或"操作指令	Rd←Rn | operand2
EOR{cond}{S}　Rd，Rn，operand2	逻辑"异或"操作指令	Rd←Rn^ operand2
BIC{cond}{S}　Rd，Rn，operand2	位清除指令	Rd←Rn &(∼operand2)

其中，S 选项决定指令的操作是否影响 CPSR 中条件标志位的值，当没有 S 时，指令不更新 CPSR 中的条件标志位的值。

(1) 逻辑"与"操作指令 AND

AND 指令的格式为

```
AND{cond}{S}  Rd,Rn,operand2
```

AND 指令可用于提取寄存器中某些位的值而将其他位清 0。将某一位与 1 作逻辑与操作，该位值将不变；将某位与 0 作逻辑与操作，该位值被清 0。

AND 指令举例如下

```
AND  R0,R0,#0xFF          ;将寄存器 R0 低 8 位保持不变,高 24 位清 0
```

(2) 逻辑"或"操作指令 ORR

ORR 指令的格式为

```
ORR{cond}{S}  Rd,Rn,operand2
```

ORR 指令可用于提取寄存器中某些位的值而将其他位置 1。将某一位与 1 作逻辑或操作，该位值将被置 1；将某位与 0 作逻辑或操作，该位值不变。

ORR 指令举例如下：

```
ORR  R0,R0,#0xFF          ;将寄存器 R0 低 8 位置 1,高 24 位保持不变
```

(3) 逻辑"异或"操作指令 EOR

EOR 指令的格式为

```
EOR{cond}{S}  Rd,Rn,operand2
```

EOR 指令可用于将寄存器中某些位的值取反而其他位保持不变。将某一位与 1 作异或操作，该位值将被取反；将某位与 0 作异或操作，该位值不变。

EOR 指令举例如下：

```
EOR  R0,R0,#0xFF          ;将寄存器 R0 低 8 位按位取反,高 24 位保持不变
```

(4) 位清除指令 BIC

BIC 指令的格式为

```
BIC{cond}{S}  Rd,Rn,operand2
```

BIC 指令将第二操作数 operand2 表示的数据的反码和寄存器 Rn 的值按位作逻辑"与"操作,并将结果保存至目标寄存器 Rd 中。

BIC 指令可用于提取寄存器中某些位的值而将其他位清 0。将寄存器的某一位与 1 作 BIC 操作,该位值将被清 0;将某位与 0 作 BIC 操作,该位值不变。

BIC 指令举例如下:

```
BIC  R0,R0,#0xFF           ;将寄存器 R0 低 8 位清 0,高 24 位保持不变
```

注:BIC 在清除标志位时是非常有用的,也经常用来清除 CPSR 中的中断控制位。

4. 比较指令

比较指令的共同特点是不保存运算结果,只用作更新 CPSR 中的条件标志位,指令操作码无需加 S 后缀。后面的指令可以根据相应的条件标志位来判断是否执行。ARM 比较指令如表 3-6 所示。

表 3-6　比较指令

助记符	说明	操作
CMP{cond}{S}　Rn,operand2	比较指令	标志 N、Z、C、V←Rn-operand2
CMN{cond}{S}　Rn,operand2	负数比较指令	标志 N、Z、C、V←Rn+operand2
TST{cond}{S}　Rn,operand2	位测试指令	标志 N、Z、C、V←Rn & operand2
TEQ{cond}{S}　Rn,operand2	相等测试指令	标志 N、Z、C、V←Rn ^ operand2

(1) 比较指令 CMP

CMP 指令的格式为

```
CMP{cond}{S} Rn,operand2
```

CMP 指令用寄存器 Rn 的值减去第二操作数 operand2 表示的数值,根据操作结果来更新 CPSR 中的条件标志位,但不保存减法结果。

CMP 指令举例如下:

```
CMP  R0,#10               ;R0 与 10 相比较,并更新相关标志位
```

注:CMP 指令与 SUBS 指令的区别在于 CMP 指令不保存结果。在进行两个数据的大小关系比较时,常用 CMP 指令及相应的条件码来判断。

(2) 负数比较指令 CMN

CMN 指令的格式为

```
CMN{cond}{S}  Rn,operand2
```

CMN 指令用寄存器 Rn 的值加上第二操作数 operand2 表示的数值,根据操作结果来更新 CPSR 中的条件标志位,但不保存运算结果。

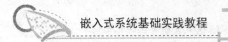

CMN 指令举例如下：

```
CMN  R0,#10              ;R0 的值与 10 相加,并更新相关标志位.这条指令可以判断
                        ;R0 的值是否为 10 的补码,若是,则 Z=1
```

注：CMN 指令与 ADDS 指令的区别在于 CMN 指令不保存结果。

(3) 位测试指令 TST

TST 指令的格式为

```
TST{cond}{S}  Rn, operand2
```

TST 指令用寄存器 Rn 的值与第二操作数 operand2 表示的数值按位作逻辑"与"操作，根据操作结果更新 CPSR 中的条件标志位，但不保存运算结果。

TST 指令举例如下：

```
TST  R0,#0x01              ;判断 R0 寄存器的最低位是否为 0,如果是,则 Z=1
TST  R0,#0x0F              ;判断 R0 寄存器的低 4 位是否为 0,如果是,则 Z=1
```

注：TST 指令与 ANDS 指令的区别在于 TST 指令不保存相"与"的结果。在判断寄存器中某些位是否为 0 时，常用 TST 指令及相应的条件码来判断。

(4) 相等测试指令 TEQ

TEQ 指令的格式为

```
TEQ{cond}{S}  Rn,operand2
```

TEQ 指令用寄存器 Rn 的值与第二操作数 operand2 表示的数值按位作逻辑"异或"操作，根据操作结果更新 CPSR 中的条件标志位，但不保存运算结果。

TEQ 指令举例如下：

```
TEQ  R0,R1                ;判断 R0 的值与 R1 的值是否相等(不影响 V 位和 C 位)
```

注：TEQ 指令与 EORS 指令的区别在于 TEQ 指令不保存两个操作数"异或"的结果。TEQ 指令可用来判断两个操作数的值是否相等，若相等，则 Z=1；CPSR 中的 N 位为两个操作数的符号位作异或操作的结果。

5. 乘法指令

ARM 乘法指令完成两个寄存器中数据的乘法，按照保存结果的数据长度可以分两类：一类为 32 位的乘法指令，即乘法操作的结果为 32 位；另一类为 64 位的乘法指令，即乘法操作的结果为 64 位，如表 3-7 所示。

表 3-7　ARM 乘法指令

助记符	说明	操作
MUL{cond}{S}　　Rd，Rm，Rs	32 位乘法	Rd←Rm * Rs　　(Rd ≠ Rm)
MLA{cond}{S}　　Rd，Rm，Rs，Rn	32 位乘加	Rd←Rm * Rs + Rn　(Rd ≠ Rm)
UMULL{cond}{S}　RdLo，RdHi，Rm，Rs	64 位无符号数乘法	RdHi：RdLo←Rm * Rs

续表

助记符	说明	操作
UMLAL{cond}{S}　RdLo，RdHi，Rm，Rs	64 位无符号数乘加	RdHi：RdLo=Rm * Rs +(RdHi：RdLo)
SMULL{cond}{S}　RdLo，RdHi，Rm，Rs	64 位有符号数乘法	RdHi：RdLo←Rm * Rs
SMLAL{cond}{S}　RdLo，RdHi，Rm，Rs	64 位无符号数乘加	RdHi：RdLo=Rm * Rs +(RdHi：RdLo)

说明：

RdLo、RdHi 寄存器：ARM 结果寄存器。R15 不能用作 RdLo，RdHi，Rm 或 Rs，否则指令执行的结果不可预测。

在 MUL 和 MLA 指令中，Rd 和 Rm 不能为同一个寄存器；在 UMULL、UMLAL、SMULL 和 SMLAL 指令中，RdLo，RdHi 和 Rm 不能为同一个寄存器，否则指令执行的结果不可预测。

S 后缀决定指令的操作是否影响 CPSR 中的 N 位和 Z 位，当有 S 后缀时指令更新 CPSR 中条件标志位。

乘法指令举例如下：

```
MUL     R0,R1,R2        ;R0←R1 * R2
MLAS    R0,R1,R2,R3     ;R0←R1 * R2 + R3,同时设置 CPSR 中相关条件标志位
UMULL   R0,R1,R2,R3     ;(R1:R0)←R2 * R3
UMLAL   R0,R1,R2,R3     ;(R1:R0)←R2 * R3 +(R1:R0)
SMULL   R0,R1,R2,R3     ;(R1:R0)←R2 * R3
SMLAL   R0,R1,R2,R3     ;(R1:R0)←R2 * R3 +(R1:R0)
```

注：两个 32 位数相乘的结果为 64 位，但由于 MUL 和 MLA 指令只保存了 64 位结果的低 32 位，所以不管操作数为有符号数或无符号数，MUL 和 MLA 指令的结果相同。

6. 其他数据处理指令

从 ARMV5 版本指令系统开始支持前导零计数指令 CLZ，其指令的格式为

```
CLZ{<cond>} Rd,Rm
```

其中，Rd 不允许是 R15。这条指令主要用于计算 32 位寄存器 Rm 操作数从第 31 位开始连续 "0" 的个数，直到遇到 "1" 停止计数并将 "0" 的个数送回目标寄存器 Rd。

3.3.2　Load/Store 指令

Load/Store 内存访问指令用于在寄存器和存储器之间传送数据，ARM 处理器对存储器的访问只能使用 Load/Store 指令。ARM 指令集中有三种基本的 Load/Store 内存访问指令。

➤ 单寄存器传送指令：LDR/STR 指令可以把单一的数据传入或传出一个寄存器，支持字(32 位)、半字(16 位)和字节操作；

➤ 多寄存器传送指令：LDM/STM 指令可实现一条指令 Load/Store 多个寄存器的内容；

➤ 交换指令：该指令可实现把一个存储单元的内容和寄存器内容相交换。

1. 单寄存器传送 LDR 和 STR 指令

单寄存器传送指令如表 3-8 所示。

表 3-8　LDR/STR 指令

助记符	说明	操作
LDR{cond}　　Rd，addressing	加载字数据	Rd←[addressing]
LDR{cond}B　Rd，addressing	加载无符号字节数据	Rd←[addressing]
LDR{cond}T　Rd，addressing	以用户模式加载字数据	Rd←[addressing]
LDR{cond}BT　Rd，addressing	以用户模式加载无符号字节数据	Rd←[addressing]
LDR{cond}H　Rd，addressing	加载无符号半字数据	Rd←[addressing]
LDR{cond}SB　Rd，addressing	加载有符号字节数据	Rd←[addressing]
LDR{cond}SH　Rd，addressing	加载有符号半字数据	Rd←[addressing]
STR{cond}　　Rd，addressing	存储字数据	[addressing]←Rd
STR{cond}B　Rd，addressing	存储字节数据	[addressing]←Rd
STR{cond}T　Rd，addressing	以用户模式存储字数据	[addressing]←Rd
STR{cond}BT　Rd，addressing	以用户模式存储字节数据	[addressing]←Rd
STR{cond}H　Rd，addressing	存储半字数据	[addressing]←Rd

(1) 字和无符号字节访问指令

LDR 指令从内存中将一个 32 位的字数据或一个 8 位的字节数据读取至寄存器中，STR 指令将一个 32 位的寄存器中的字数据或一个寄存器的低 8 位写入到指令指定的内存单元中。

指令的格式为

```
LDR{cond}{T}    Rd,addressing    ;加载指定存储单元中的 32 位字数据到寄存器 Rd
STR{cond}{T}    Rd,addressing    ;存储 Rd 中的字数据到指定的存储单元中
LDR{cond}B{T}   Rd,addressing    ;加载字节数据至 Rd 的低 8 位，高 24 位清零
STR{cond}B{T}   Rd,addressing    ;将 Rd 的低 8 位写入指定的字节存储单元中
```

说明：

1) addressing 为访问的内存单元地址构成形式，它可采用的寻址方式有寄存器间接寻址和基址加变址寻址，详见 3.2 节 ARM 指令集的寻址方式。

2) T 为可选后缀，若指令有 T，则表示即使处理器是在特权模式下，存储系统也将访问看成是在用户模式下。T 在用户模式下无效，T 不能与前变址形式一起使用。

3) 当 LDR 指令的目标寄存器是 PC 时，可实现程序跳转功能。

加载/存储字和无符号字节指令举例如下：

```
LDR     R0,[R1]            ;将存储单元地址为 R1 中的字数据读入寄存器 R0 中
LDR     R1,[R0,#4]         ;将存储单元地址为 R0+4 中的字数据读入寄存器 R1 中
LDRB    R1,[R0,R2]         ;将存储单元地址为 R0+R2 中的字节数据读入寄存器 R1
                           ;的低 8 位,高 24 位清零
LDR     R1,[R0,R2,LSL #2]  ;将存储单元地址为 R0+4*R2 中的字数据读入寄存器 R1
```

中

```
STR    R0,[R1]        ;将 R0 中的字数据写入以 R1 为地址的字存储单元中
STRB   R1,[R0,#4]     ;将 R1 的低 8 位写入以 R0+4 为地址的字节存储单元中
```

(2) 半字和有符号字节访问指令

这类 LDR/STR 指令可实现加载有符号字节数据，加载有符号半字数据，Load/Store 无符号半字数据。

其指令的格式为

```
LDR{cond}SB   Rd,addressing   ;加载有符号字节数据至 Rd 低 8 位,高 24 位符号扩展
LDR{cond}SH   Rd,addressing   ;加载有符号半字数据至 Rd 低 16 位,高 16 位符号扩展
LDR{cond}H    Rd,addressing   ;加载无符号半字数据至 Rd 低 16 位,高 16 位清零
STR{cond}H    Rd,addressing   ;将 Rd 的低 16 位写入指定的内存单元
```

说明：

1) addressing 为访问的内存单元地址构成形式，它可采用的寻址方式有寄存器间接寻址和基址加变址寻址，详见 3.2 节 ARM 指令集的寻址方式。

2) 地址对齐：对半字传送的内存地址必须为半字对齐，否则指令会产生不可预知的后果。

3) 当 LDR 指令的目标寄存器是 PC 时，可实现程序跳转功能。

Load/Store 字和无符号字节指令举例如下：

```
LDRSB  R0,[R1]          ;将存储单元地址为 R1 中的有符号字节数据读入寄存器 R0
                        ;中,R0 的高 24 位用符号位扩展
LDRSH  R1,[R0,#4]       ;将存储单元地址为 R0+4 中的有符号半字数据读入寄存器
                        ;R1 中,R1 的高 16 位用符号位扩展
LDRH   R1,[R0,R2]       ;将存储单元地址为 R0+R2 中的无符号半字数据读入寄存器
                        ;R1 中,R1 的高 16 位清零
LDRH   R1,[R0,R2,LSL #2];将存储单元地址为 R0+4*R2 中的无符号半字数据读入寄
                        ;存器 R1 中,R1 的高 16 位清零
STRH   R0,[R1]          ;将 R0 的低 16 位写入以 R1 为地址的存储单元中
STRH   R1,[R0,#4]       ;将 R1 的低 16 位写入以 R0+4 为地址的存储单元中
```

2. 多寄存器传送 LDM 和 STM 指令

多寄存器 Load/Store 指令可实现在一组寄存器和连续的内存单元之间的数据传输。LDM 指令将连续内存单元数据加载到若干个寄存器中，而 STM 指令将若干个寄存器的值存放到连续的内存单元中。允许一条指令传送 16 个寄存器(R0～R15)的任意子集(或全部)。LDM/STM 指令的主要用途有现场保护、数据复制和参数传递等。

LDM 和 STM 指令功能如表 3-9 所示。

表 3-9　LDM/STM 指令

助记符	说明	操作
LDM{cond}{mode}　Rn{!},reglist{^}	多寄存器加载	reglist←[Rn…], {Rn 回写}
STM{cond}{mode}　Rn{!},reglist{^}	多寄存器存储	[Rn…]←reglist, {Rn 回写}

说明：

mode 有八种，前面四种为块拷贝操作，后面四种是堆栈操作，如下所示。

- IA：每次数据传送后地址加 4；
- IB：每次数据传送前地址加 4；
- DA：每次数据传送后地址减 4；
- DB：每次数据传送前地址减 4；
- FA：满递增堆栈；
- FD：满递减堆栈；
- EA：空递增堆栈；
- ED：空递减堆栈。

Rn 为基址寄存器，装有传送数据的初始地址，Rn 不允许为 R15。

"!" 为可选后缀，若有 "!"，则基址寄存器的值随着传送过程递增或递减；如果没有 "!"，则基址寄存器的值保持不变。

Reglist 为 Load/Store 的寄存器列表，可包含多于一个寄存器或寄存器范围，使用 "," 隔开，如{R1，R2，R6-R9}，寄存器排列由小到大排列。

"^" 后缀不能在用户模式或系统模式下使用。该后缀表示当指令为 LDM 且寄存器列表中包含 PC 时，选用该后缀表示除了正常数据传送外，还将 SPSR 复制到 CPSR，可用于异常处理返回；如果不包括 R15，选用该后缀还表示传入传出的是用户模式下的寄存器，而不是当前模式下的寄存器。

注：指令中寄存器和连续内存单元的对应关系，即编号低的寄存器对应内存低地址单元，编号高的寄存器对应内存高地址单元。

LDM 和 STM 指令举例如下：

```
STMFD   R13!,{R1-R3,R8}        ;将 R1-R3、R8 共 4 个寄存器依次入栈
LDMFD   R13!,{R1-R3,R8}        ;是上面指令的出栈指令
STMIA   R0!,{R5-R7}            ;将 R5-R7 的数据存储到 R0 指向的存储区域，R0 更新
LDMIA   R1!,{R5-R7}            ;加载 R1 指向的存储区域的多字数据至 R5-R7 中
```

多寄存器传送指令示意图如图 3.4 所示，图中表明了 R5-R7 三个寄存器如何存到存储器中，以及基址寄存器的值如何自动修改。其中 R0 为指令执行前的基址寄存器，R0'为指令执行后的基址寄存器。

3. 交换指令

交换指令能在一条指令内完成寄存器和存储器之间的数据交换。使用交换指令可实现信号量操作。交换指令在执行期间不能被其他任何指令或其他任何总线访问打断，在此期间系统占据总线，直至交换完成。交换指令功能如表 3-10 所示。

表 3-10　交换指令

助记符	说明	操作
SWP{cond}　Rd，Rm，[Rn]	寄存器和存储器字数据交换	Rd← [Rn]，[Rn]←Rm(Rn≠ Rd 或 Rm)
SWP{cond}B　Rd，Rm，[Rn]	寄存器和存储器字节数据交换	Rd 低 8 位←[Rn]，[Rn]←Rm 低 8 位(Rn≠Rd 或 Rm)

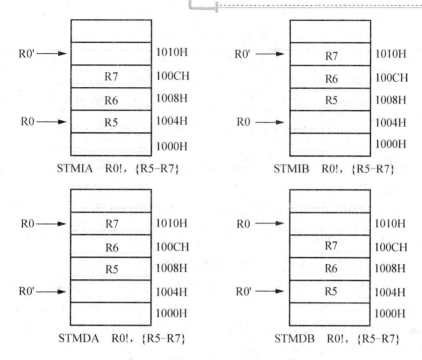

图 3.4　多寄存器传送指令示意图

其中，Rn 和 Rd 不能为同一个寄存器，Rn 和 Rm 也不能为同一个寄存器；当 Rd 和 Rm 为同一个寄存器时，SWP 指令将寄存器和内存单元的内容互换，SWPB 指令将寄存器低 8 位和内存字节单元内容互换。

交换指令举例如下：

SWP	R0,R2,[R3]	;将 R3 指向的存储单元中的字数据传送至 R0 中,同时将 R2 中的 ;值存放到 R3 指向的存储单元中
SWP	R2,R2,[R3]	;将 R3 指向的存储单元中的字数据和 R2 中的字数据互换
SWPB	R0,R2,[R3]	;将 R3 指向的存储单元中的字节数据传送至 R0 的低 8 位,R0 高 ;24 位清 0;同时将 R2 的低 8 位存放到 R3 指向的字节存储单元中
SWPB	R2,R2,[R3]	;将 R3 指向的存储单元中的字数据和 R2 中的低 8 位数据互换

3.3.3　分支指令

ARM 分支指令可以改变指令执行的顺序。在 ARM 程序中有两种方式可以实现指令的跳转：一种是使用专门的分支指令；一种是直接向程序计数器 PC 写入跳转地址值。

直接向 PC 写入跳转地址值，可以实现在 4GB 地址空间中任意跳转，如果在跳转之前使用“MOV LR”等指令，可以保存程序的返回地址值，也就实现了在 4GB 地址空间中的子程序调用。

ARM 分支指令包括分支指令 B、带链接的分支指令 BL、带返回和状态切换的分支指令 BLX 以及带状态切换的分支指令 BX。ARM 分支指令如表 3-11 所示。

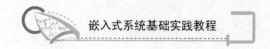
嵌入式系统基础实践教程

表 3-11　ARM 分支指令

助记符	说明	操作
B{cond}　target_address	分支指令	PC←target_address
BL{cond}　target_address	带链接的分支指令	PC←target_address，LR←PC
BLX　target_address 或 BLX {cond}　Rm	带链接和状态切换的分支指令	PC←target_address，LR←PC，切换处理器状态
BX{cond}　Rm	带状态切换的分支指令	PC←target_address，切换处理器状态

(1) 分支指令 B

B 指令使程序跳转到指定的地址执行程序。B 指令的格式为

```
B{cond}    target_address
```

target_address 存储在分支指令中的实际值是相对当前 PC 值的一个偏移量，而不是一个绝对地址。它的值由汇编器计算，它是 24 位有符号数，左移两位后有符号扩展为 32 位，表示的有效偏移为 26 位，也就是说 B 指令跳转范围为当前指令±32MB 地址空间。

B 指令和目标地址处的指令都要属于 ARM 指令集；B 指令加上{cond}后可以根据 CPSR 中的条件标志位决定指令是否执行。

B 指令应用举例如下：

```
1)  B      LABLE              ;程序无条件转移至标号 LABLE 处执行
    MOV    R0,#0x10
    …
LABLE
    SUB    R2,R1,# 4
    …
2)  CMP    R0,#0
    BNE    LABLE1             ;当 R0≠0 时,程序跳转至标号 LABLE1 处执行
```

(2) 带链接的分支指令 BL

带链接的分支指令 BL 将程序计数器 PC 的值保存至 R14(LR)中，然后跳转到指定的地址执行程序。

BL 指令的格式为

```
BL{cond}   target_address
```

target_address 的计算方法及 BL 指令的跳转范围同 B 指令。

BL 指令和目标地址处的指令都要属于 ARM 指令集；BL 指令加上{cond}后可以根据 CPSR 中的条件标志位决定指令是否执行。

BL 指令用于实现子程序调用。子程序的返回可以通过将 LR 寄存器的值复制到 PC 寄存器来实现。

【例 3-6】使用 BL 指令跳转到一个子程序，再通过复制 LR 来返回。

```
        BL      func            ;调用 func 子程序
        CMP     R0,#10          ;比较 R0 和 10 的大小
        MOVLO   R1,#1           ;若 R0<10,则 R1=1
        ...
func
        ...                     ;子程序代码
        MOV     PC,LR           ;返回
```

(3) 带状态切换的分支指令 BX

BX 指令使程序跳转到指令指定的地址执行程序,目标地址处的指令既可以是 ARM 指令,也可以是 Thumb 指令。

BX 指令的格式为

```
    BX{cond}    Rm
```

BX 指令跳转到 Rm 指定的地址执行,并根据 Rm 中的 bit[0]切换处理器的状态。若 Rm 中的 bit[0]为 1,则跳转时自动将 CPSR 中的 T 控制位置位,即把目标地址的代码解释为 Thumb 代码;若 Rm 中的 bit[0]为 0,则跳转时自动将 CPSR 中的 T 控制位清零,即把目标地址的代码解释为 ARM 代码。

注: 当 Rm[1:0]=0b10 时, 由于 ARM 指令是字对齐的, 指令执行的结果会不可预知。

BX 指令应用举例如下:

```
    BX    R0        ;程序无条件跳转 R0 指定的地址,并根据 R0 的 bit[0]切换处理器状态
```

(4) 带链接和状态切换的分支指令 BLX

BLX 指令从 ARM 指令集跳转到指令中所指定的目标地址,并完成处理器工作状态的切换,该指令同时将程序计数器 PC 的当前内容保存到链接寄存器 R14 中。

根据目标地址的形式不同,BLX 指令有两种格式。

1) 由程序标号给出目标地址, 指令的格式为

```
    BLX    target_address
```

无条件执行指令,目标地址始终为 Thumb 指令。该指令跳转范围为当前指令±32MB 地址空间。

2) 寄存器的内容作为目标地址, 指令的格式为

```
    BLX{cond}    Rm
```

有条件执行指令,跳转到 Rm 指定的地址执行,并根据 Rm 中的 bit[0]来切换处理器的状态,切换方法同 BX 指令。

BLX 指令举例如下:

```
    BLX    R0        ;程序无条件跳转 R0 指定的地址,并根据 R0 的 bit[0]切换处理器状态
    BLX    thumbsub  ;调用 Thumb 代码子程序
```

当子程序使用 Thumb 指令集,而调用者使用 ARM 指令集时,可以通过 BLX 指令实现子程序调用和处理器状态切换。返回时要使用"BX　R14"指令来完成处理器状态切换。

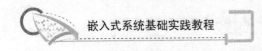

3.3.4 程序状态寄存器访问指令

ARM 指令集提供了两条指令可以直接控制程序状态寄存器 PSR：MRS 指令用于将状态寄存器 CPSR 或 SPSR 的值读出到通用寄存器中；MSR 用于将一个寄存器的内容或一个立即数传送到 CPSR 或 SPSR 中。程序状态寄存器访问指令如表 3-12 所示。

表 3-12　程序状态寄存器访问指令

助记符	说明	操作
MRS{cond}　Rd，PSR	读状态寄存器	Rd←PSR，PSR 为 CPSR 或 SPSR
MSR{cond}　PSR_fields, Rm/immed_8r	写状态寄存器	PSR_fields←Rm/ immed_8r, PSR 为 CPSR 或 SPSR

1. 读程序状态寄存器指令 MRS

MRS 指令用于将状态寄存器的内容传送到通用寄存器中。这是程序获得程序状态寄存器 PSR 值的唯一方法。

MRS 指令的格式为

```
MRS{cond}  Rd,PSR
```

其中，Rd 不允许为 R15。PSR 为 CPSR 或 SPSR。

通过 MRS 指令可以取得程序状态寄存器的当前值，可以比较相应标志位了解当前 CPU 的状态及工作模式。

MRS 指令举例如下：

```
MRS    R0,CPSR      ;读取 CPSR 状态寄存器的值,保存到 R0 中
MRS    R1,SPSR      ;读取 SPSR 状态寄存器的值,保存到 R1 中
```

2. 写程序状态寄存器指令 MSR

在 ARM 处理器中，只有 MSR 指令可以直接设置状态寄存器 CPSR 或 SPSR。MSR 可以将一个寄存器的内容或一个立即数传送到 CPSR 或 SPSR 中。

MSR 指令的格式为

```
MSR{cond}  PSR_fields,Rm
MSR{cond}  PSR_fields,immed_8r
```

其中，PSR 为 CPSR 或 SPSR。

fields　　状态寄存器中需要设置的区域。fields 可以是以下一种或多种：

　　　　c 控制域　PSR[7..0]

　　　　x 扩展域　PSR[15..8]

　　　　s 状态域　PSR[23..16]

　　　　f 标志域　PSR[31..24]

immed_8r 要传送到状态寄存器指定域的立即数，8 位

Rm　　　要传送到状态寄存器指定域的源寄存器

MSR 指令举例如下：

```
MSR      CPSR_c,#0xD3                ;CPSR[7:0]= 0xD3
MSR      CPSR_cxsf,R1               ;CPSR=R1
```

注：区域名必须为小写字母。向对应区域执行写入时，使用 PSR_fields 可以指定写入区域，而不影响状态寄存器其他位。

只有在特权模式下才能修改状态寄存器。

不能通过 MSR 指令直接修改 CPSR 中 T 位实现 ARM 状态和 Thumb 状态切换，必须使用 BX 指令来完成处理器状态切换。MRS 和 MSR 配合使用，可以实现对 CPSR 或 SPSR 寄存器的读—修改—写操作，可以切换处理器模式，或者允许/禁止 IRQ/FIQ 中断等。

【例 3-7】编写汇编语言程序段实现如下功能。

1) 切换处理器模式到 IRQ 模式。

```
MRS      R0,CPSR                    ;R0←CPSR
BIC      R0,R0,#0x1F                ;R0 低 5 位清零
ORR      R0,R0,#0x12                ;设置为 IRQ 模式
MSR      CPSR_c,R0                  ;传送回 CPSR
```

2) 禁止 IRQ 中断。

```
MRS      R0,CPSR                    ;R0←CPSR
ORR      R0,R0,#0x80                ;禁止 IRQ 中断
MSR      CPSR_c,R0                  ;传送回 CPSR
```

3.3.5　协处理器操作指令

ARM 的协处理器指令主要用于 ARM 处理器初始化 ARM 协处理器的数据处理操作；在 ARM 处理器的寄存器和协处理器的寄存器之间传送数据；以及在 ARM 协处理器的寄存器和存储器之间传送数据。这里对协处理操作指令作简要说明。ARM 协处理器操作指令如表 3-13 所示。

表 3-13　ARM 协处理器操作指令

助记符	说明	操作
CDP{cond}　coproc，opcode1，CRd，CRn，CRm{，opcode2}	协处理器数据操作指令	取决于协处理器
LDC{cond}{L}　coproc，CRd，<addr>	协处理器数据读取指令	取决于协处理器
STC{cond}{L}　coproc，CRd，<addr>	协处理器数据写入指令	取决于协处理器
MCR{cond}　coproc，opcode1，Rd，CRn，CRm{，opcode2}	ARM 寄存器到协处理器寄存器的数据传送指令	取决于协处理器
MRC{cond}　coproc，opcode1，Rd，CRn，CRm{，opcode2}	协处理器寄存器到 ARM 寄存器的数据传送指令	取决于协处理器

说明：

coproc   指令操作的协处理器名，标准名为 pn，n 为 0~15

opcode1   协处理器执行操作的第一操作码

opcode2   可选的协处理器的第二操作码

CRd   作为目标寄存器的协处理器寄存器

CRn   存放第一操作数的协处理器寄存器

CRm   存放第二操作数的协处理器寄存器

Rd   作为目的寄存器的 ARM 寄存器

协处理器指令举例如下：

```
CDP    p3,2,C8,C9,C5,6      ;协处理器 p3 初始化
LDC    p3,C2,[R0]           ;将 ARM 处理器的 R0 所指向的存储单元中数据传送到
                            ;协处理器 p3 的 C2 寄存器中
MCR    p3,2,R0,C1,C2,6      ;ARM 寄存器 R0 中数据传送到协处理器 p3 的寄存器中
```

注：协处理器操作指令只用于带协处理器的 ARM 核。

3.3.6 异常产生指令

ARM 指令集提供了两条异常产生指令，可以用软件的方法实现异常。ARM 异常产生指令如表 3-14 所示。

表 3-14 ARM 异常产生指令

助记符	说明	操作
SWI{cond}　immed_24	软中断指令	产生软件中断，处理器进入管理模式
BKPT　immed_16	断点中断指令	处理器产生软件断点

(1) 软件中断指令 SWI

SWI 指令用于产生软件中断，从而实现从用户模式变换到管理模式，CPSR 保存到管理模式的 SPSR 中，执行转移到 SWI 中断向量地址 0x08。ARM 通过这种机制使得用户程序可以调用操作系统的系统程序。

SWI 指令的格式为

```
SWI{cond}  immed_24
```

其中，immed_24 为 24 位立即数，指定了操作系统的服务类型，即软中断号。

使用 SWI 指令时，通常使用以下两种方法进行参数传递，SWI 异常中断处理程序就可以提供相关的服务。

1) 24 位立即数指定了用户程序调用系统例程的类型，相关参数通过通用寄存器传递。举例如下：

```
MOV  R0,#34      ;设置子功能号为 34
SWI  12          ;调用中断号为 12 的软中断
```

2) 当指令中的 24 位的立即数被忽略时，用户程序调用系统例程的类型由通用寄存器 R0 的内容决定，同时，其他参数通过其他通用寄存器传递。举例如下：

```
MOV    R0,#12              ;设置 12 号软中断
MOV    R1,#34              ;设置子功能号为 34
SWI    0
```

(2) 断点中断指令 BKPT

断点中断指令可引起处理器进入调试模式，它使处理器停止执行正常指令而进入相应的调试程序。仅用于 V5T 体系。

断点中断指令 BKPT 的格式为

```
BKPT    immed_16
```

其中，immed_16 为 16 位的立即数，该立即数被调试程序用来保存额外的断点信息。BKPT 指令举例如下：

```
BKPT    0x3202
```

3.4　ARM 汇编伪指令与伪操作

在进行 ARM 汇编语言编程时，除了要求掌握 3.3 节介绍的 ARM 指令集，还必须掌握 ARM 汇编伪操作和伪指令。本章将介绍进行 ARM 汇编语言程序设计时常用的伪指令，由 ARM 公司推出的开发工具所支持的伪操作及 GNU ARM 开发工具所支持的伪操作。

3.4.1　ARM 伪指令

伪指令不在处理器运行期间由机器执行，只是在汇编时被合适的机器指令代替成 ARM 或 Thumb 指令，从而实现真正的指令操作。ARM 伪指令包括 LDR、ADRL、ADR 和 NOP。

1.　大范围地址读取伪指令 LDR

LDR 伪指令将一个 32 位的立即数或者一个地址值读取到寄存器中。LDR 伪指令的格式为

```
LDR{cond}    register,=expr
```

其中，expr 可以是一个 32 位常数，也可以是程序代码中的标号。

在汇编编译源程序时，LDR 伪指令被编译器替换成一条合适的指令。若加载的常数未超出 MOV 或 MVN 的范围，则使用 MOV 或 MVN 指令代替该 LDR 伪指令；否则汇编器将常量放入文字池，并使用一条程序相对偏移的 LDR 伪指令从文字池读出常量，这时需要在 LDR 伪指令附近使用 LTORG 伪操作声明文字池。

【例 3-8】利用 LDR 伪指令加载立即数和标号地址。

```
    LDR R1,= 0xAABBCCDD        ;将立即数 0xAABBCCDD 放入 R1 中
    LDR R0,= place             ;将标号 place 地址放入 R0 中
    …
    LTORG                      ;声明文字池
    …
```

注：LDR 伪指令处的 PC 值到文字池中的目标数据所在地址之间的偏移量必须小于 4KB 大小。

2. 中等范围地址读取伪指令 ADRL

ADRL 伪指令将基于 PC 相对偏移的地址值或基于寄存器相对偏移的地址值读取到寄存器中。在汇编编译器编译源程序时，ADRL 伪指令被编译器替换成两条合适的指令(通常是 ADD 或 SUB)。若不能用两条指令实现，则产生错误，编译失败。ADRL 伪指令的格式为

```
    ADRL{cond}  register, expr
```

其中，expr 为地址表达式。当地址值是非字对齐时，取值范围为-64～64KB 之间；当地址值是字对齐时，取值范围为-256～256KB 之间。当地址是 16 字节对齐时，取值范围更大。

【例 3-9】 ADRL 伪指令使用示例。

```
    start
        MOV    R0,#0x10
        ADRL   R0,start        ;汇编后本条语句被 SUB   R0,PC,#12 及
                               ;NOP 两条语句替代
```

3. 小范围地址读取伪指令 ADR

它将基于 PC 相对偏移的地址值或基于寄存器相对偏移的地址值读取到寄存器中。通常，编译器用一条 ADD 指令或 SUB 指令来实现该 ADR 伪指令的功能，若不能用一条指令实现，则产生错误，编译失败。ADR 伪指令的格式为

```
    ADR{cond}   register, expr
```

其中，expr 为地址表达式。当地址是字节对齐时，取值范围为-255～+255KB；当地址是字对齐时，取值范围是-1020～1020KB。当地址是 16 字节对齐时，取值范围更大。

【例 3-10】 ADR 伪指令使用示例。

```
    start
        MOV    R0,#0x10
        ADR    R0,start            ;汇编后本条语句被 SUB   R0,PC,#0x0c 所替代
```

4. 空操作伪指令 NOP

NOP 在汇编时将会被替代成 ARM 中的空操作指令，如指令"MOV R0，R0"等。NOP 伪指令的格式为

```
    NOP
```

NOP 伪指令可用作延时操作。

3.4.2　ARM 汇编语言伪操作概述

伪操作(Directive)是 ARM 汇编语言程序中的一些特殊的指令助记符，其作用主要是为完成汇编程序做各种准备工作，而不是在计算机运行期间由处理器执行。

伪操作只是在汇编过程中起作用，一旦汇编结束，伪操作也就随之消失。

伪操作与编译程序有关，在不同的编译环境下有不同的编写形式和规则。目前常用的 ARM 汇编程序的编译环境有两种。

> ADS/SDT、RealView MDK 等 ARM 公司推出的开发工具。ADS 由 ARM 公司开发，使用了 CodeWarrior 公司的编译器。MDK 是 Keil 公司(现已被 ARM 收购)开发的 ARM 开发工具，是用来开发基于 ARM 核的系列微控制器的嵌入式应用程序的开发工具。

> 集成了 GNU 工具的 IDE 编译环境。GNU 是"GNU's Not UNIX"的递归缩写。1983 年 9 月 27 日由 Richard Stallman 公开发起 GNU 计划，它的目标是创建一套完全自由的操作系统。

GNU 格式 ARM 汇编语言程序主要是面对在 ARM 平台上移植嵌入式 Linux 操作系统，GNU 组织开发的基于 ARM 平台的编译工具有主要由 GNU 的汇编器 as，交叉汇编器 gcc 和连接器 ld 等组成。

两种编译环境(本章简称 ADS 编译环境和 GNU 编译环境)下的伪操作不同，3.4.3 节和 3.4.4 节分别针对这两种编译环境下常用的伪操作进行简要介绍。

3.4.3　ADS 编译环境下的伪操作

ARM 公司推出的开发工具所支持的汇编伪操作主要包括符号定义伪指令、数据定义伪指令、汇编控制伪操作及其他功能伪操作。

1. 符号定义伪操作

符号定义伪操作用于在 ARM 汇编程序中定义变量、为变量赋值和为寄存器定义别名等操作。ADS 下常用的符号定义伪操作如表 3-15 所示。

表 3-15　ADS 下常用的符号定义伪操作

操作符	语法格式	作用
GBLA	GBLA　variable	声明一个全局的算术变量，并将其初始化成 0
GBLL	GBLL　variable	声明一个全局的逻辑变量，并将其初始化成{FALSE}
GBLS	GBLS　variable	声明一个全局的字符串变量，并将其初始化成空串
LCLA	LCLA　variable	声明一个局部的算术变量，并将其初始化成 0
LCLL	LCLL　variable	声明一个局部的逻辑变量，并将其初始化成{FALSE}
LCLS	LCLS　variable	声明一个局部的串变量，并将其初始化成空串
SETA	variable　SETA　expr	给一个全局或局部算术变量赋值
SETL	variable　SETL　expr	给一个全局或局部逻辑变量赋值

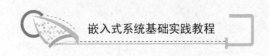

续表

操作符	语法格式	作用
SETS	variable SETS expr	给一个全局或局部字符串变量赋值
RLIST	name RLIST {list of registers}	为一个通用寄存器列表定义名称

【例 3-11】声明一个局部算术变量 S1 并将其赋值为 0xaa；声明一个全局逻辑变量 S2 并将其赋值为{TRUE}；声明一个全局的字符串变量 S3 并将其赋值为"Testing"。

```
LCLA    S1
GBLL    S2
GBLS    S3
S1  SETA    0xaa
S2  SETL    {TRUE}
S3  SETS    "Testing"
```

【例 3-12】将寄存器列表 R0-R6，R8、R9 的名称定义为 Regilist。

```
Regilist    RLIST   {R0-R6,R8,R9}
```

注：LCLA、LCLL、LCLS 定义的局部变量在其作用范围内变量名必须唯一。GBLA、GBLL、GBLS 定义的全局变量在整个程序范围内变量名必须唯一。SETA、SETL、SETS 对变量进行赋值前必须声明变量。

2. 数据定义伪操作

数据定义伪操作一般用于为特定的数据分配存储单元，同时可完成已分配的存储单元的初始化。常见的数据定义伪操作如表 3-16 所示。

表 3-16 常用数据定义伪操作

操作符	语法格式	作用
DCB	{label} DCB expr {, expr}…	分配一段字节内存单元，并用 expr 初始化
DCW	{label} DCW expr {, expr}…	分配一段半字内存单元(半字对齐)
DCWU	{label} DCWU expr {, expr}…	分配一段半字内存单元(不要求半字对齐)
DCD	{label} DCD expr {, expr}…	分配一段字内存单元(字对齐)
DCDU	{label} DCDU expr {, expr}…	分配一段字内存单元(不要求字对齐)
DCQ	{label} DCQ expr {, expr}…	分配一个或多个双字内存块(字对齐)
DCQU	{label} DCQU expr {, expr}…	分配一个或多个双字内存块(不要求字对齐)
LTORG	LTORG	声明一个数据缓冲池(literal pool)
SPACE	{label} SPACE expr	分配一块连续字节内存单元，并用 0 初始化。

【例 3-13】数据定义伪操作使用示例。

```
Data    DCB  0x01,0x02,0x03      ;分配一段字节内存单元,并用1,2,3初始化
Str     DCB "Hello World! "      ;分配一段字节内存单元,并用字符串
                                 ;"Hello World"初始化
```

```
Data1    DCD    2,4,6                ;分配一段字内存单元,并用2,4,6初始化
Dataspace    SPACE    100           ;分配连续100字节的存储单元并初始化为0
```

注：DCB 也可用 "=" 代替；DCD 也可用 "&" 代替；SPACE 也可用 "%" 代替。

【例 3-14】LTORG 伪操作使用示例。

```
LDR    R0,=0X12345678
ADD    R1,R1,R0
MOV    PC,LR
LTORG                    ;声明文字池,此地址存储0x12345678
```

在使用 LDR 伪指令时，要在适当的位置加入 LTORG 声明数据缓冲池，这样就会把要加载的数据保存到缓存池中，再使用 ARM 加载指令读出，如果没有使用 LTORG 声明数据缓冲池，则汇编器会在程序末尾自动声明。

注：LTORG 在子程序返回或无条件转移指令后使用。汇编程序对文字池中数据字对齐。

3. 汇编控制伪操作

汇编器在对程序代码进行编译时，根据汇编控制伪操作的定义情况对程序进行编译，常用的有条件编译、重复汇编和宏定义，如表 3-17 所示。

表 3-17　汇编控制伪操作

操作符	语法格式	作用

IF
ELSE
ENDIF
	IF logical expression
	　…
	　{ELSE
	　…}
	ENDIF
		能够根据条件成立与否把一段源代码包括在汇编语言程序内或者将其排除在程序之外。其中，ELSE 及其后指令序列可以没有

WHILE WEND	WHILE logical expression 　… WEND	能够根据条件重复汇编相同的一段源代码
MACRO MEND MEXIT	MACRO {$label} macroname 　{$parameter {, $parameter} …} 　… ; 宏代码 MEND	用 MACRO 和 MEND 定义的一段代码，称为宏定义体。通过宏名称来调用宏。MEXIT 用于从宏中跳转出去

【例 3-15】条件编译。

```
    GBLA val1
val1 SETA 6
IF val1 < 5
    MOV R0,#0                ;条件成立则R0=0
ELSE
    MOV R1,#0                ;条件不成立则R1=0
ENDIF
```

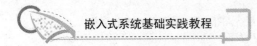

【例3-16】重复汇编,实现一段程序代码循环编译五次。

```
          GBLA  Count
Count     SETA 1
WHILE     Count    <=5
…
Count     SETA Count+1
WEND
```

【例3-17】带参数的宏定义。

```
MACRO                                    ;宏定义
$HandlerLabel    HANDLER  $HandleLabel
$HandlerLabel
        sub sp,sp,#4
        stmfd    sp!,{r0}
        ldr      r0,=$HandleLabel
        …
MEND                                     ;宏定义结束
```

4. 杂项伪操作

ARM汇编中还有一些其他的伪操作,在汇编程序中会经常被使用,如表3-18所示。

表3-18　杂项伪操作

操作符	语法格式	作用
CODE16	CODE16	告诉编译器将要处理的为16位的Thumb指令
CODE32	CODE32	告诉编译器将要处理的为32位的ARM指令
EQU	name　EQU　expr｛，type｝	为程序中的常量、标号等定义一个等效的字符名称。EQU可用"*"代替
AREA	AREA　sectionname｛，attr｝｛，attr｝…	定义一个代码段或数据段
ENTRY	ENTRY	声明程序的入口点
END	END	通知汇编程序已到达源程序的结尾
EXPORT/ GLOBAL	EXPORT {symbol}　｛[WEAK｛，attr｝]｝	声明一个符号可以被其他文件引用
IMPORT	IMPORT　symbol　｛[WEAK]｝	告诉编译器当前的符号不是在本源文件中定义的,而是在其他源文件中定义的,在本源文件中可以引用该符号。不论本源文件是否实际引用该符号,该符号将被加入到本源文件的符号表中
EXTERN	EXTERN　symbol　[WEAK｛，attr｝]	告诉编译器当前的符号不是在本源文件中定义的,而是在其他源文件中定义的。如果本源文件没有实际引用该符号,该符号不会被加入到本源文件的符号表中
GET/ INCLUDE	GET　filename	将一个源文件包含到当前源文件中,并将被包含的文件在其当前位置进行汇编处理

续表

操作符	语法格式	作用
INCBIN	INCBIN　filename	将一个目标文件或数据文件包含到当前源文件中，被包含的文件不进行汇编处理
ALIGN	ALIGN　{expr {，offset {，pad}}}	通过添加字节的方式，使当前位置满足一定的对齐方式

(1) AREA 伪操作

AREA 伪操作用于定义一个代码段或数据段。语法格式为

```
AREA  sectionname {,attr} {,attr} …
```

其中，sectionname 指定所定义段的段名。段名若以数字开头，则该段名需用"|"括起来，如|1_test|。

attr 指定代码段或数据段的属性。各属性之间用逗号隔开，属性说明如表 3-19 所示。

表 3-19　段属性列表

段属性	说明
ALING=expr	在默认时，ELF (可执行连接文件)的代码段和数据段是按字对齐的，expr 可以取 0～31 的数值，相应的对齐方式为 2^{expr} 次方。例如，表达式=3 时为 8 字节对齐。expr 不能为 0 或 1
ASSOC=section	指定与本段相关的 ELF 段。任何时候连接 section 段也必须包括 sectionname 段
CODE	指定该段为代码段，默认为 READONLY 属性
COMDEF	该属性定义一个通用的段，该段可以包含代码或数据。在各源文件中，同名的 COMDEF 段必须相同
COMMON	定义一个通用数据段，不包含任何的用户代码和数据。连接器将其初始化为 0。各源文件中同名 COMMON 段共享同一段内存单元，连接器为其分配最大尺寸内存
DATA	指定该段为数据段，默认为 READWRITE
NOALLOC	指定该段为虚段，并不为其在目标系统上分配内存
NOINIT	指定本数据段不被初始化或仅初始化为 0。该操作仅为 SPACE/DCB/DCD/DCDU/DCQ/DCQU/DCW/DCWU 伪操作保留了内存单元
READONLY	指定该段不可写，为程序代码段
READWRITE	指定可读可写段，数据段的默认属性

注：通常可以用 AREA 伪操作将程序分为多个 ELF 格式的段。段名称可以相同，这时这些同名的段被放在同一个 ELF 段中。一个大的程序可以包括多个代码段和数据段，一个汇编语言程序至少要包含一个段。

(2) ENTRY 伪操作

ENTRY 伪操作声明程序的入口点。语法格式为

```
ENTRY
```

在一个完整的汇编程序中至少要有一个 ENTRY(也可以有多个，当有多个 ENTRY 时，程序的真正入口点由链接器指定)，但在一个源文件里最多只能有一个 ENTRY(可以没有)。

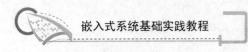

(3) EXPORT 伪操作

EXPORT(或 GLOBAL)伪操作用于在程序中声明一个全局的标号，该标号可在其他文件中引用，标号区分大小写。GLOBAL 是 EXPORT 的同义词。语法格式为

```
EXPORT {symbol} {[WEAK {,attr}]}
```

其中，symbol 是要导出的符号名称，它是区分大小写的。如果省略 symbol，则导出所有符号。

WEAK 用于声明其他的同名标号优先该标号被引用。

attr 符号属性。用于定义符号对其他文件的"可见性"，如表 3-20 所示。

表 3-20 attr 属性

attr 属性	含义
DYNAMIC	符号可以被其他文件引用，且可以在其他文件中被重新定义
HIDDEN	符号不能被其他组件引用
PROTECTED	符号可以被其他文件引用，但不可重新定义

(4) END 伪操作

END 伪操作通知汇编程序已达到源程序的末尾。语法格式如下：

```
END
```

每一个汇编源文件必须以 END 结束。如果汇编文件通过伪操作 GET 被指定了一个"父文件"，当汇编器遇到 END 伪操作时将返回到"父文件"继续汇编。

【例 3-18】杂项伪操作使用示例。

```
NUM EQU    0x1f                    ;定义 NUM 的值为 0x1f
         IMPORT   SVCStack         ;SVCStack 标号在其他源文件中定义
EXPORT   Boot                      ;声明一个可全局引用标号 boot
         AREA init,CODE,READONLY   ;定义一个代码段 init,属性为只读
         ENTRY                     ;指定程序入口点
         CODE32                    ;通知编译器后面的指令为 32 位 ARM 指令
START
         MOV R0, #NUM              ;R0=0x1f
         ...
         END                       ;文件结束
```

3.4.4 GNU 编译环境下的伪操作

在 GNU 编译环境下的伪操作包括符号定义伪操作、数据定义伪操作、代码控制伪操作和预定义控制伪操作。

1. 符号定义伪操作

GNU 编译环境下的符号定义伪操作如表 3-21 所示。

表 3-21　符号定义伪操作

伪操作	语法格式	说明
. equ	. equ　symbol，expr	将 symbol 定义为 expr
. set	. set　symbol，expr	作用同 . expr
. equiv	. equiv　symbol，expr	symbol 定义为 expr，若 symbol 已定义过则出错
. global	. global　symbol	将 symbol 定义为全局标号
. globl	. globl　symbol	作用同 . global
. extern	. extern　symbol	声明 symbol 为一个外部变量

【例 3-19】符号定义伪操作使用示例。

```
. equ       aa, 0xff           @将 0xff 定义成符号 aa
. global    start              @声明全局标号 start
. extern    main               @外部变量 main 在其他文件中声明
```

2. 数据定义伪操作

GNU 编译环境下的数据定义伪操作如表 3-22 所示。

表 3-22　数据定义伪操作

伪操作	语法格式	说明
. byte	.byte　expr {，expr}…	分配一段字节内存单元，并用 expr 初始化
. hword/. short	. hword　expr {，expr}…	分配一段半字内存单元，并用 expr 初始化(16bit)
.word/.long /.int	. word　expr {，expr}…	分配一段字内存单元，并用 expr 初始化(32bit)
. quad	. quad　expr {，expr}…	定义一段双字内存空间
. octa	. octa　expr {，expr}…	定义一段四字内存空间
. ascii	. ascii　expr {，expr}…	定义字符串 expr(非零结束符)
. asciz /. string	. asciz　expr {，expr}…	定义字符串 expr(以 0 为结束符)
. float/. single	. float　expr {，expr}…	定义一个 32bit IEEE 单精度浮点数 expr
. double	. double expr {，expr}…	定义 64bit IEEE 双精度浮点数 expr
. fill	. fill　repeat {，size}{，value}	分配一段字节内存单元,用 size 长度 value 填充 repeat 次。size 默认为 1，value 默认为 0
. zero	. zero size	分配一段字节内存单元，并用 0 填充(size 个字节)
. space/. skip	. space　size {，value}	用 value 填充 size 个字节，value 默认为 0
. ltorg	. ltorg	声明一个数据缓冲池

【例 3-20】数据定义伪操作使用示例。

```
. byte   20,0xFF,'A'          @分配一段字节内存单元,并用 20,0xFF,'A'初始化
. long   0x12345678,23545     @分配一段字内存单元,并用 0x12345678,23545 初始化
. ascii  "Testing"            @定义一个非 0 结束符字符串"Testing"
. fill   10,2,0x1111          @分配一段内存单元,并用两字节数据 0x1111 填充 10 次
```

【例3-21】声明一个数据缓冲池来存储 0x12345678。

```
LDR R0,=0x12345678
ADD R1,R1,R0
B        Handler
.ltorg                          @声明文字池,此地址存储 0x12345678
```

注：.ltorg 伪操作在子程序返回或无条件转移指令后使用，这样处理器不会将缓冲池中的内容当做指令来执行。

3. 代码控制伪操作

GNU 编译环境下的代码控制伪操作如表 3-23 所示。

表 3-23 代码控制伪操作

伪操作符	语法格式	说明
.section	.section expr	定义域中包含的段
.text	.text {subsection}	将操作符开始的代码编译到代码段或代码段子段
.data	.data {subsection}	将操作符开始的数据编译到数据段或数据段子段
.bss	.bss {subsection}	将变量存放到.bss 段或.bss 段的子段
.code 16/.thumb	.code 16 / .thumb	表明当前汇编指令的指令集选择 Thumb 指令集
.code 32/.arm	.code 32 / .arm	表明当前汇编指令的指令集选择 ARM 指令集
.align/.balign	.align {alignment}{, fill}{, max}	通过添加填充字节使当前位置满足一定的对齐方式
.end	.end	标记汇编文件的结束行，即标号后的代码不作处理
.org	.org offset {, expr}	指定从当前地址加上 offset 开始存放代码，并且从当前地址到当前地址加上 offset 之间的内存单元，用零或指定的数据进行填充

【例3-22】代码控制伪操作使用示例。

```
.global    _start           @定义全局标号_start
.include   "2410addr.inc"   @包含外部文件 2410addr.inc
.equ       NUM, 0x1f
.text                       @声明代码段开始
.arm                        @声明 32 位 arm 指令
_start:
        MOV R0, #NUM        @R0=0x1f
        ...
.end                        @文件结束
```

4. 预定义控制伪操作

汇编器在对程序代码进行编译时，会根据预定义控制伪操作的定义情况对程序进行编译，常用的有文件包含、条件编译和宏定义，如表 3-24 所示。

表 3-24　预定义控制伪操作

伪操作符	语法格式	说明
.include	.include "filename"	将一个源文件包含到当前源文件中
.macro .exitm .endm	.macro { macroname { parameter { , parameter} …} … .endm	.macro 伪操作标识宏定义的开始，.endm 标识宏定义的结束。用.macro 及.endm 定义一段代码，称为宏定义体 .exitm 伪操作用于提前退出宏
.if .else .endif	.if　condition … {.else …} .endif	当满足某条件时对一组语句进行编译，而当条件不满足时则编译另一组语句。其中.else 可以缺省

【例 3-23】条件编译。

```
.if val1 < 5
        MOV     R0,#0           @条件成立则 R0=0
.else
        MOV     R1,#0           @条件不成立则 R1=0
.endif
```

【例 3-24】带参数的宏定义。

```
.macro  HANDLER HandleLabel     @宏定义
        sub     sp,sp,#4
        stmfd   sp!,{r0}
        ldr     r0, =\HandleLabel  @宏字符参数可使用"\字符"直接使用
        …
.endm                           @宏定义结束
```

3.5　ARM 汇编语言程序设计实例

一般来说，在嵌入式系统编程中，系统启动、初始化代码必须用汇编语言来编写。本节将介绍若干 ARM 汇编语言编程实例，意在帮助读者为嵌入式汇编语言编程打下良好基础。

【例 3-25】实现将寄存器高位和低位对称互换。

将一个寄存器的第 0 位和第 31 位互换，第 1 位和第 30 位互换，第 2 位和第 29 位互换，……，第 15 位和第 16 位互换。

解：可通过移位的方法依次从低位到高位取出源数据的各个位，然后将其放置到目标寄存器的最低位，再通过移位操作，送入相应位，程序代码如下：

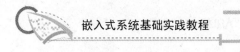

1) GNU 编译环境下：

```
    . global    _start              @定义全局标号_start
    . text                          @声明代码段开始
    . arm                           @声明 32 位 arm 指令
    _start:
        LDR    R0, = 0x12345678     @输入数据
        MOV    R2, #0               @目标寄存器清 0
exchange:
        MOV    R1, #32              @计数器
bit_shift:
        AND    R3, R0, #1           @取出源数据最低位送 R3
        ORR    R2, R3, R2, LSL #1   @目标数据左移 1 位，并将取出数据送至其最低位
        MOV    R0, R0, LSR #1       @源数据右移 1 位
        SUBS   R1, R1, #1           @计数值减 1
        BNE    bit_shift            @若互换未完成，继续
stop:
        B      stop
. end
```

2) ADS 编译环境下：

```
        AREA bit_exc,CODE,READONLY   ;定义了一个只读的叫 bit_exc 的代码段
        ENTRY                        ;程序入口
        CODE32                       ;声明 32 位 arm 指令
START
        LDR    R0,= 0x12345678       ;输入数据
        MOV    R2,#0                 ;目标寄存器清 0
Exchange
        MOV    R1,#32                ;计数器
Bit_shift
        AND    R3,R0,#1              ;取出源数据最低位送 R3
        ORR    R2,R3,R2,LSL #1       ;目标数据左移 1 位,并将取出数据送至其最低位
        MOV    R0,R0,LSR #1          ;源数据右移 1 位
        SUBS   R1,R1,#1              ;计数值减 1
        BNE    Bit_shift             ;若互换未完成,继续
Stop
        B      Stop
        END
```

【例 3-26】实现字符串复制。

编写 ARM 汇编程序，实现将字符串"Testing！"复制到目标地址处。

解：在 GNU ARM 开发环境下编程，采用".string"伪操作定义字符串，每个字符占 1 个字节，而且字符串自动添加 0 结束符，所以在存数/取数时采用 LDRB/STRB 指令，并且可以根据 0 结束符判断是否到达字符串末尾，程序代码如下。

1) GNU 编译环境下：

```
    . global    _start           @定义全局标号_start
    . text                       @声明代码段开始
    . arm                        @声明32位arm指令
    _ start:
            LDR     R0,= srcstr      @源字符串指针
            LDR     R1,= dststr      @目标字符串指针
    strcopy:
            LDRB    R2,[R0],#1       @逐个复制字符串
            STRB    R2,[R1],#1
            CMP     R2,#0
            BNE     strcopy          @判断是否已到字符串末尾
    stop:
            B       stop
    srcstr:
            . string "Testing! "
    dststr:
            . string " "
    . end
```

2) ADS 编译环境下：

```
            AREA str_copy,CODE,READONLY    ;定义了一个只读的叫str_copy的代
                                           码段
            ENTRY                          ;程序入口
            CODE32                         ;声明32位arm指令
    START
            LDR     R0,= Srcstr            ;源字符串指针
            LDR     R1,= Dststr            ;目标字符串指针
    Strcopy
            LDRB    R2,[R0],#1             ;逐个复制字符串
            STRB    R2,[R1],#1
            CMP     R2,#0
            BNE     Strcopy                ;判断是否已到字符串末尾
    Stop
            B       Stop
    Srcstr
            DCB     "Testing! ",0
    Dststr
            DCB     " "
            END
```

【例3-27】用多寄存器传送指令 LDM/STM 实现内存数据区块复制操作。

请用 ARM 指令编写程序,实现将数据(20 个字)从源数据区 src 复制到目标数据区 dst,要求以 8 个字为单位进行块复制,如果不足 8 个字时则以字为单位进行复制。

解:首先应计算以 8 个字为单位的块复制的次数和单字复制的次数,在使用寄存器组时应注意保护现场,程序代码如下。

1) GNU 编译环境下:

```
        . global    _start
        . equ       NUM,    20              @设置要复制的字数
        . text
        . arm
        _start:
                LDR     R0,= src            @设置源数据区指针 R0
                LDR     R1,= dst            @设置目标数据区指针 R1
                MOV     R2,#NUM             @字单元个数
                MOV     SP,#0x9000
                MOVS    R3,R2,LSR #3        @获得块复制次数
                BEQ     copy_words
                STMFD   SP! ,{R4-R11}       @保存要使用的寄存器 R4-R11
        copy_8words:
                LDMIA   R0!,{R4-R11}        @从源数据区复制 8 个字
                STMIA   R1!,{R4-R11}        @保存到目的数据区
                SUBS    R3,R3,#1
                BNE     copy_8words
                LDMFD   SP!,{R4-R11}        @恢复寄存器组
        copy_words:
                ANDS    R2,R2,#7            @获得要复制的剩余字个数
                BEQ     stop                @判断剩余字数是否为 0
        word_copy:
                LDR     R3,[R0],#4          @从源数据区复制一个字
                STR     R3,[R1],#4          @保存到目的数据区
                SUBS    R2,R2,#1
                BNE     word_copy
        stop:
                B       stop
        . ltorg
        src:
                . long      1,2,3,4,5,6,7,8,9,0x0A,0x0B,0x0C,0x0D,0x0E,
                            0x0F,0x10,0x11,0x12,0x13,0x14
        dst:
                . long      0,0,0,0,0,0,0,0,0,0,0,0,0,0,0,0,0,0,0,0
        . end
```

2) ADS 编译环境下：

```
NUM        EQU   20                              ;设置要复制的字数
           AREA  words_copy,CODE,READONLY        ;定义代码段
           ENTRY                                 ;程序入口
           CODE32                                : 声明 32 位 arm 指令
START
           LDR   R0,= src                        ;设置源数据区指针
           LDR   R1,= dst                        ;设置目标数据区指针
           MOV   R2,#NUM                         ;字单元个数
           MOV   SP,#0x9000
           MOVS  R3,R2,LSR #3                    ;获得块复制次数
           BEQ   Copy_words
           STMFD SP! ,{R4-R11}                   ;保存要使用的寄存器 R4-R11
Copy_8words
           LDMIA R0!,{R4-R11}                     ;从源数据区复制 8 个字
           STMIA R1!,{R4-R11}                     ;保存到目的数据区
           SUBS  R3,R3,#1
           BNE   Copy_8words
           LDM   SP!,{R4-R11}                     ;恢复寄存器组
Copy_words
           ANDS  R2,R2,#7                        ;获得要复制的剩余字个数
           BEQ   stop                            ;判断剩余字数是否为 0
Word_copy
           LDR   R3,[R0],#4                      ;从源数据区复制一个字
           STR   R3,[R1],#4                      ;保存到目的数据区
           SUBS  R2,R2,#1
           BNE   Word_copy
Stop
           B     Stop
           LTORG
src
           DCD   1,2,3,4,5,6,7,8,9,0xA,0x0B,0x0C,0x0D,0x0E,0x0F,0x10,
                 0x11,0x12,0x13,0x14
dst
           DCD   0,0,0,0,0,0,0,0,0,0,0,0,0,0,0,0,0,0,0,0
           END
```

3.6 案 例 分 析

本章导入案例中介绍了 ARM 启动代码的功能及处理流程。启动代码是系统上电或复位

后首先执行的一段代码，由于启动过程的执行操作都与处理器硬件相关，所以都必须使用汇编语言实现。下面从本章所学的 ARM 指令集的角度对启动代码的部分内容作简要分析。

1. 中断向量表

因为每个中断只占据向量表中 1 个字的存储空间，只能放置一条 ARM 分支指令，使程序跳转到存储器的其他地方，再执行中断处理。

中断向量表的程序实现：

```
AREA      Boot, CODE, READONLY        ;定义了一个只读的名字为 Boot 的代码段
ENTRY                                 ;进入该代码段
B    ResetHandler                     ;跳转到复位入口
B    UndefHandler                     ;跳转到未定义异常入口
B    SWIHandler                       ;跳转到 SWI 异常入口
B    PreAbortHandler                  ;跳转到指令中止异常入口
B    DataAbortHandler                 ;跳转到数据中止异常入口
B                                     ;保留
B    IRQHandler                       ;跳转到 IRQ 中断入口
B    FIQHandler                       ;跳转到快速中断入口
```

其中关键字 ENTRY 是链接的时候要确保这段代码被链接在 0 地址处，并且作为整个程序的入口。

2. 堆栈初始化

因为 ARM 有七种运行模式，每一种模式的堆栈指针寄存器(SP)都是独立的。因此，对程序中需要用到的每一种模式都要给 SP 定义一个堆栈地址。方法是改变状态寄存器内的状态位，使处理器切换到不同的状态，然后给 SP 赋值。

这是一段堆栈初始化的代码示例，其中只定义了未定义指令中止模式的 SP 指针：

```
MRS      R0,CPSR
BIC      R0,R0,#MODEMASK         ;将 CPSR 模式控制位清 0(MODEMASK=0x1f)
ORR      R1,R0,#UNDEFMODE|NOINT  ;UNDEFMODE|NOINT=0x1b|0xc0
MSR      CPSR_cxfs,R1
LDR      SP,=UndefStack          ;初始化未定义堆栈指针
```

其中，使用 MRS 和 MSR 指令实现了 CPSR 寄存器的读—修改—写操作；利用逻辑运算指令 BIC 和 ORR 实现将 CPSR 模式位设置为未定义指令中止模式，并关闭 IRQ 和 FIQ 中断，但不影响其他位的值；利用 LDR 伪指令给堆栈指针 SP 赋值。

3. 应用程序执行环境初始化

所谓应用程序执行环境的初始化，就是完成必要的从 ROM 数据区到 RAM 的 RW 区数据传输以及整个 ZI 区清零。

下面是在 ADS 下，一种常用存储器模型的直接实现：

```
LDR    r0,=|Image$$RO$$Limit|        ;r0 为 ROM 数据区首地址
```

```
        LDR     r1,=|Image$$RW$$Base|      ;r1 指向 RAM 的 RW 区首地址
        LDR     r3,=|Image$$ZI$$Base|      ;ZI 区在 RAM 里面的起始地址
        CMP     r0,r1                      ;比较它们是否相等
        BEQ     %F1                        ;地址重合表示没有 ROM 数据复制到 RW 区
0       CMP     r1,r3                      ;完成 ROM 数据区向 RW 区数据区的复制
        LDRCC   r2,[r0],#4
        STRCC   r2,[r1],#4
        BCC     %B0                        ;r1 小于 r3 则继续循环复制
1       LDR     r1,=|Image$$ZI$$Limit|     ;r1 指向 ZI 区的结束地址
        MOV     r2,#0
2       CMP     r3,r1                      ;循环给 ZI 数据区写 0
        STRCC   r2,[r3],#4
        BCC     %B2                        ;若 r3 小于 r1 则继续循环写 0
```

其中，使用 CMP 比较指令和带 EQ(相等)条件后缀的 B 指令使程序产生分支；使用 CMP 指令和 CC(无符号数小于)后缀构成循环结构，这也是 ARM 汇编语言循环结构的一般编写方法。可以看出，ARM 指令条件码的使用可以使程序结构紧凑清晰，几乎所有的 ARM 指令都可使用条件码后缀。

4. 呼叫主应用程序

当所有的系统初始化工作完成之后，就需要把程序流程转入主应用程序。最简单的一种情况如下：

```
    IMPORT  _main           ;IMPORT 表示 _main 在外部定义
    B       _main           ;转向 C 语言的主函数
```

直接从启动代码跳转到应用程序的主函数入口，主函数名字可以由用户定义。

本 章 小 结

指令是汇编语言程序设计的基础，在基于 ARM 的嵌入式软件开发中，即使大部分程序使用高级语言完成，但系统启动、引导代码仍必须用汇编语言来编写。本章介绍了 ARM 指令集的语法格式、ARM 处理器的寻址方式，分类介绍了 ARM 指令、伪指令及伪操作的详细功能以及在使用中的注意事项，并给出汇编语言程序设计的实例分析。

(1) ARM 指令集概述：简要介绍了 ARM 指令系统的特点、ARM 指令集的基本格式和分类情况，最后介绍了 ARM 指令条件执行的含义。

(2) ARM 处理器的寻址方式：寻址方式是根据指令中给出的地址码字段来寻找真实操作数地址的方式，介绍了目前 ARM 指令系统支持的八种基本的寻址方式。

(3) ARM 指令集：ARM 微处理器指令集可以分为数据处理指令、Load/Store 指令、分支指令、程序状态寄存器访问指令、协处理器操作指令和异常产生指令六大类；分别介绍了各类指令的详细功能及应用。

(4) ARM 伪指令及伪操作：在进行汇编语言程序设计时，除了指令之外，还需要掌握 ARM 汇编伪指令和伪操作。简要介绍了 ARM 伪指令、ADS 编译环境下的伪操作及 GNU 编译环境下的伪操作的功能及使用方法。

(5) ARM 汇编语言程序设计实例：给出若干 ARM 汇编语言应用实例，为后续嵌入式软件开发打下基础。

 阅读材料

ARM 协处理器

ARM 微处理器可支持多达 16 个协处理器，用于各种协处理操作。在程序执行的过程中，每个协处理器只执行针对自身的协处理指令，忽略 ARM 处理器和其他协处理器的指令。ARM 的协处理器指令主要用于 ARM 处理器初始化 ARM 协处理器的数据处理操作，在 ARM 处理器的寄存器和协处理器的寄存器之间传送数据，以及在 ARM 协处理器的寄存器和存储器之间传送数据。当一个协处理器硬件不能执行属于它的协处理器指令时，将产生一个未定义指令异常中断，在该异常中断处理程序中，可以通过软件模拟该硬件操作。协处理器也能通过提供一组专门的新指令来扩展指令集。例如，有一组专门的指令可以添加到标准 ARM 指令集中，以处理向量浮点(VFP)运算。

Samsung 公司的 S3C2410 处理器芯片的内核为 ARM920T。ARM920T 核含有内部协处理器 CP15，即通常所说的系统控制协处理器(System Control Coprocessor)，它负责完成大部分的存储系统管理，提供附加的寄存器用来配置和控制 Cache、MMU、保护系统、时钟模式及其他的系统选项，如大小端操作。

CP15 包含 16 个 32 位寄存器，其编号为 0~15。实际上对于某些编号的寄存器可能对应多个物理寄存器，在指令中指定特定的标志位来区分这些物理寄存器。这种机制有些类似于 ARM 中的寄存器，当处于不同的处理器模式时，某些相同编号的寄存器对应于不同的物理寄存器。CP15 中的寄存器可能是只读的，也可能是只写的，还有一些是可读可写的。CP15 中的寄存器功能如表 3-25 所示。

表 3-25　ARM 处理器中 CP15 协处理器的寄存器

Register(寄存器)	Read	Write
C0	ID Code (1)	Unpredictable
C0	Cache Type (1)	Unpredictable
C1	Control	Control
C2	Translation table base	Translation table base
C3	Domain access control	Domain access control
C4	Unpredictable	Unpredictable
C5	Fault status(2)	Fault status (2)
C6	Fault address	Fault address
C7	Unpredictable	Cache operations
C8	Unpredictable	TLB operations
C9	Cache lockdown(2)	Cache lockdown (2)
C10	TLB lock down(2)	TLB lock down(2)

续表

Register(寄存器)	Read	Write
C11	Unpredictable	Unpredictable
C12	Unpredictable	Unpredictable
C13	Process ID	Process ID
C14	Unpredictable	Unpredictable
C15	Test configuration	Test configuration

说明：

上表中，(1) 表示在寄存器位置 0 可以访问两个寄存器，具体访问哪一个寄存器取决于协处理器指令中第二个操作码的值。

(2) 表示分指令寄存器和数据寄存器。

Unpredictable：从这个写方式读出的值可以是任意的。

只能在特权模式下使用 MRC 和 MCR 指令访问 CP15 的寄存器。

习　　题

一、选择题

1. 指令 LDR R0，[R1，#4]! 实现的功能是(　　　)。

　A．R0←[R1+4]　　　　　　　　　B．R0←[R1+4]，R1←R1+4

　C．R0←[R1]，R1←R1+4　　　　D．R0←[R1]，R1←R1-4

2. AND　R6，R7，#0xFF 指令中第 2 操作数#0xFF 的寻址方式是(　　　)。

　A．寄存器寻址　　　　　　　　　B．寄存器间接寻址

　C．立即寻址　　　　　　　　　　D．直接寻址

二、判断题

1. 在用户模式下，执行"MOVS　PC，LR"指令可实现异常返回。　　　　(　　)

2. CMN 指令与 ADDS 指令的区别在于 CMN 指令不保存结果。　　　　(　　)

3. LDM 指令中寄存器和连续内存单元的对应关系：编号高的寄存器对应内存低地址单元。
　　　　　　　　　　　　　　　　　　　　　　　　　　　　　　　　(　　)

三、问答题

1. 简述 ARM 指令集的分类情况。

2. BIC 指令有什么作用？

3. ARM 指令中的第二操作数有几种形式？列出三个合法的立即数。

4. 请指出 MOV 指令和 LDR 加载指令的区别及用途。

5. ARM 汇编伪指令和伪操作的区别是什么？

6. 写出一段汇编语言程序，实现将处理器模式切换到未定义指令中止模式，并关闭中断。

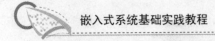

7．如何实现两个 64 位数的加法和减法操作？

8．在 GNU ARN 环境下，请用 ARM 指令编写程序，实现将数据(18 个字)从源数据区 src 复制到目标数据区 dst，要求以四个字为单位进行块复制，如果不足四个字时则以字为单位进行复制。

内存数据区定义如下：

```
src:
    DCD    1,2,3,4,5,6,7,8,9,0xA,0xB,0xC,0xD,0xE,0xF,0x10,0x11,0x12
dst:
    DCD    0,0,0,0,0,0,0,0,0,0,0,0,0,0,0,0,0,0,0,0,0
```

第 **4** 章
嵌入式系统硬件平台

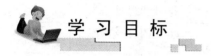

学 习 目 标

了解嵌入式系统硬件平台的基本组成;
熟悉 S3C2410X 处理器的架构和特点;
理解以嵌入式微处理器为核心的接口扩展方法。

知 识 结 构

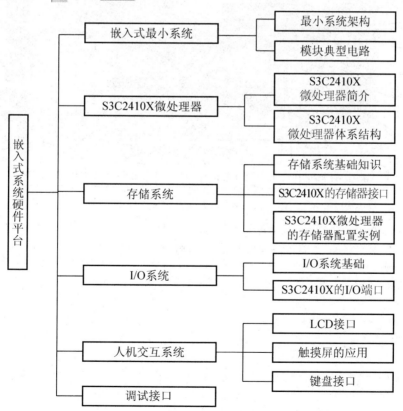

图 4.1　嵌入式系统硬件平台知识结构图

 导入案例

构建一个以 ARM 为核心的应用系统。

前面章节介绍了 ARM 体系结构和指令系统，为构建嵌入式系统应用奠定了基础。但是，ARM 只是 IP 核，要投入实际应用，尚需借助于芯片乃至板级系统。在嵌入式系统学习的初期阶段，通常需要依赖于实验系统进行微小应用开发，以熟悉嵌入式系统开发流程。

图 4.2 是武汉创维特信息技术有限公司的一款 JXARM9-2410-1 教学实验箱，该实验箱为 ARM 核工作提供了工作平台，具有嵌入到应用环境的多数接口，如 RS232/RS485 串行接口、以太网接口、USB 接口、CF 卡接口、IDE 接口、MMC/SD 卡接口、IIS 接口、I^2C 接口、CAN 总线、A/D 及 D/A 转换接口、标准计算机打印口、彩色 LCD 显示器加触摸屏、4×4 键盘、PS/2 键盘和鼠标接口等。

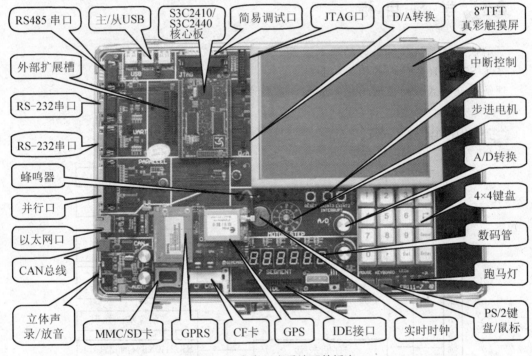

图 4.2　一个嵌入式系统硬件板卡

JXARM9-2410 教学实验系统的硬件部分包括核心模块、调试模块、通信模块、人机交互模块、IDE/CF/SD/MMC 接口模块、A/D 及 D/A 模块、工业控制模块、GPRS 模块、GPS 模块和扩展模块。

1. 核心模块

1) SDRAM 存储器；

2) Flash 存储器；

3) 串行通信口；

4) I^2S、I^2C 总线接口。

2. 调试模块

1) 标准 JTAG 接口；

2) 简易 JTAG 调试接口。

3. 通信模块

1) 以太网接口；

2）USB 接口；

3）标准计算机打印口。

4．人机交互模块

1）显示器/触摸屏；

2）按键；

3）PS/2 键盘和鼠标接口；

4）USB 鼠标和键盘接口。

5．IDE/CF/SD/MMC 接口模块

1）标准 IDE 硬盘接口；

2）标准 CF 卡接口；

3）SD/MMC 卡接口。

前面以 JXARM9-2410-1 实验箱为例，介绍了实际应用系统中的硬件平台应具备的基本要素。本章着眼于嵌入式系统的硬件平台，以最小系统为突破口，讲解以 ARM 为核心的微处理器芯片与外围设备的接口连接，逐步形成能够实际应用的硬件系统，为后续的软件编程奠定良好基础。

4.1　嵌入式最小系统

4.1.1　最小系统架构

嵌入式最小系统即是在尽可能减少上层应用的情况下，能够使系统运行的最小化模块配置。对于一个典型的嵌入式最小系统，以 ARM 处理器为例，其构成模块及其各部分功能如图 4.3 所示，其中 ARM 微处理器、Flash 和 SDRAM 模块是嵌入式最小系统的核心部分。各模块有以下基本功能。

➢ 时钟模块：通常经 ARM 内部锁相环进行相应的倍频，以提供系统各模块运行所需的时钟频率输入；

➢ Flash 存储模块：存放启动代码、操作系统和用户应用程序代码；

➢ SDRAM 模块：为系统运行提供动态存储空间，是系统代码运行的主要区域；

➢ JTAG 模块：实现对程序代码的下载和调试；

➢ UART 模块：实现对调试信息的终端显示；

➢ 复位模块：实现对系统的复位。

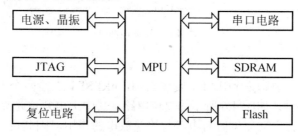

图 4.3　嵌入式最小系统结构框图

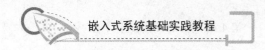

4.1.2 模块典型电路

以 S3C2410X 微处理器为例，构建嵌入式最小系统。下面是部分模块的常见参考电路。

1. 电源电路

S3C2410X 工作时内核需要 1.8V 电压，I/O 端口和外设需要 3.3V 电压。VDDi/ VDDiarm 引脚是供 S3C2410X 内核的 1.8V 电压；VDDalive 引脚是功能复位和端口状态寄存器电压。M12 引脚 RTCVDD 是 RTC 模块的 1.8V 电压，用电池供电保证系统的掉电后保持实时时钟。VDDOP 引脚是 I/O 端口 3.3V 电压；VDDMOP 引脚是存储器 I/O 端口电压；还有一系列 VSS 引脚需要接到电源地上。3.3V 电压从 5V 用 AMS1117-3.3 转换得到如图 4.4(a) 所示；1.8V 从 3.3V 通过 MIC5207-1.8 转换得到，如图 4.4(b)所示。

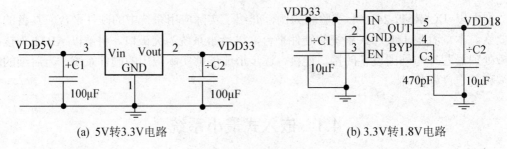

(a) 5V转3.3V电路　　　　　　　(b) 3.3V转1.8V电路

图 4.4　电源电路

2. 晶振电路

S3C2410X 内部有时钟管理模块，有两个锁相环，其中 MPLL 能够产生 CPU 主频 FCLK、AHB 总线外设时钟 HCLK 和 APB 总线外设时钟 PCLK；UPLL 产生 USB 模块的时钟。OM3、OM2 都接地时，主时钟源和 USB 模块时钟源都由外接晶振产生。在 XTIp11 和 XTOp11 之间连接主晶振，可以选择 12MHz 晶振，通过内部寄存器的设置产生不同频率的 FCLK、HCLK 和 PCLK；在 XTIrtc 和 XTOrtc 上需要接 32.768 kHz 的晶振供 RTC 模块使用。同时在 MPLLCAP 和 UPLLCAP 上也要外接 5pF 的环路滤波电容。晶振电路如图 4.5 所示。

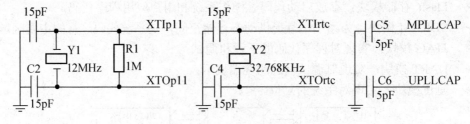

图 4.5　晶振电路

3. 复位电路

S3C2410X 的 J12 引脚为 nRESET 复位引脚，nRESET 上给四个 FCLK 时间的低电平后就可以复位。可以设计如图 4.6 所示的复位电路，其中上电复位是靠 RC 电路特性完成，开关二极管 1N4148 在手动复位时对电容起快速放电的作用，因此可以把复位电平快速拉到 0V。反响门 74HC14 可以起到延时作用，保证有足够的复位时间。

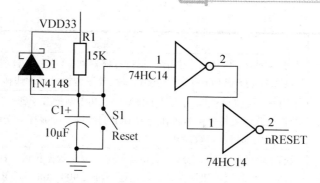

图 4.6 复位电路

4.2 S3C2410X 微处理器

4.2.1 S3C2410X 微处理器简介

三星公司推出的 16/32 位 RISC 处理器 S3C2410X 为手持设备和一般类型应用提供了低价格、低功耗、高性能小型微控制器的解决方案。S3C2410X 基于 ARM920T 内核，0.18μm 工艺的 CMOS 标准宏单元和存储器单元，采用了高级微控制器总线 (Advanced Microcontroller Bus Architecture，AMBA) 的新型总线结构，提供了丰富的片上资源，特别适用于对成本和功耗敏感的应用。

S3C2410X 微处理器提供了丰富的内部设备：双重分离的 16KB 的指令缓存和 16KB 数据缓存、MMU 虚拟存储器管理部件、LCD 控制器、支持 NAND Flash 系统引导、外部存储控制器、3 通道 UART、4 通道 DMA、4 通道 PWM 定时器、I/O 端口、定时器、8 通道 10 位 A/D 转换器、触摸屏接口、I²C 总路线接口、USB 主机端口、USB 设备端口、SD 主卡及 MMC 卡接口、2 通道 SPI 以及内部 PLL 时钟倍频器。

S3C2410X 微处理器的特征如表 4-1 所示。

表 4-1 S3C2410X 微处理器特征

特点	描述
ARM920T 架构	采用 ARM920T 作为处理器内核，因此具有 ARM920T 的所有特征
双重分离缓存	具有 64 项全相连模式，采用指令和数据双重分离的缓存技术，具有 16KB 指令缓存及 16KB 数据缓存
存储管理部件	内部集成了存储管理部件 (MMU)，配合需要 MMU 支持的嵌入式操作系统
外部存储控制器	支持大/小端格式，寻址空间每 Bank128MB (共 1GB)，支持可编程的每 Bank 8/16/32 位数据总线宽度
LCD 控制器	最大支持 4 位双扫描、4 位单扫描及 8 位单扫描三种类型的 STN LCD 显示屏。支持单色模式 4 级、16 级灰度的 STN LCD，256 色和 4096 色 STN LCD；支持 640×480、320×240、160×160 等不同尺寸的 LCD。256 色模式下支持的最大虚拟屏是 4096×1024、2048×2048 及 1024×4096
TFT 彩色显示屏	支持彩色 TFT 的 1、2、4 或 8bbp 调色显示，支持 16bbp 无调色显示，在 24bbp 模式下支持最大 16M 色的 TFT，支持不同尺寸的液晶屏

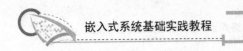
特点	描述
DMA 控制器	具有 4 通道的 DMA 控制器，支持存储器到存储器，I/O 到存储器，存储器到 I/O 以及 I/O 到 I/O 的数据传输，采用猝发传输模式加快传输速率
UART	具有 3 通道 UART，可支持 DMA 模式和中断模式工作，支持 5~8 位的串行数据格式，支持外部时钟作为 UART 的时钟，可编程，支持红外 IrDA 1.0，具有测试用的自发自收模式
I^{2}C 总线及 I^{2}S 总线接口	具有 1 通道多主 I^{2}C 总线，支持 8 位串行双向数据传输，标准模式下传输速率可达 100 kbit/s，快速模式下传输速率可达 400 kbit/s。S3C2410X 具有 1 通道音频 I^{2}S 总线接口，可基于 DMA 方式工作，可采用 I^{2}S 格式和 MSB-justified 数据格式，支持 8 位/16 位串行数据传输
定时器	有 4 通道 16 位 PWM 定时器、1 通道 16 位通用定时器及 16 位看门狗定时器各 1 个
SPI 接口	兼容并包括通道(SPI)协议 2.11 版本，发送与接收具有 2×8 位的移位寄存器，可基于 DMA 或中断模式工作
通用 I/O 端口	具有 117 个通用多功能 I/O 端口，其中有 24 个具有外部中断功能
RTC	内部集成了可以进行锁相环控制的时钟发生器，使系统可以灵活地控制适中信号的发生；内置的 RTC 模块自带日历功能，使系统在使用日历功能时可直接读取相应寄存器的值
触摸屏接口	具有 8 通道多路复用的 10 位 ADC，最大采样率为 500kSPS
SD 主机接口	兼容 SD 存储卡协议 1.0 版，兼容 SDIO 卡协议 1.0 版，接收和发送均具有 FIFO，基于 DMA 或中断模式工作，兼容 MMC 卡协议 2.11 版
USB 主机及 USB 设备	支持 2 个端口的 USB 主机和 1 个端口的 USB 设备，使系统与 USB 设备的信息交换更加方便快捷
中断控制器	有 55 个中断源，包括 1 个看门狗定时器、5 个定时器、9 个 UART、24 个外部中断、4 个 DMA、2 个 RTC、2 个 ADC、1 个 I^{2}C、2 个 SPI、1 个 SDI、2 个 USB、1 个 LCD 及 1 个电池故障。外部中断源可编程为电平和边缘触发，触发电平可编程，支持快速中断服务
额定工作参数	内核电压分别为 1.8V，I/O，存储器电压均为 3.3V，其中 S3C2410X 的工作频为 203MHz 或 266MHz

4.2.2　S3C2410X 微处理器体系结构

S3C2410X 微处理器内部体系结构如图 4.7 所示。S3C2410X 采用 ARM920T 核，而 ARM920T 又集成了 ARM9TDMI，是中高档 32 位嵌入式微处理器，由于采用 ARM920T 体系结构，因此内部具有分离的、16KB 大小的指令缓存和 16KB 大小的数据缓存，同时，S3C2410X 采用哈佛体系结构，将程序存储器与数据存储器分开，加入了 MMU，采用五级指令流水线。ARM920T 核包含系统控制协处理器 CP15，CP15 协处理器提供附加的寄存器用来配置和控制 Cache、MMU、保护系统、时钟模式以及其他系统选项(如大小端操作)。程序员可以使用协处理器操作指令访问定义在 CP15 中的寄存器。使用 ARM 公司特有的 AMHA 总线，如图 4.8 所示。对于高速设备采用 AHB 总线，而对于低速内部外设则采用 APB 总线。AHB 通过桥接器转换成 APB。

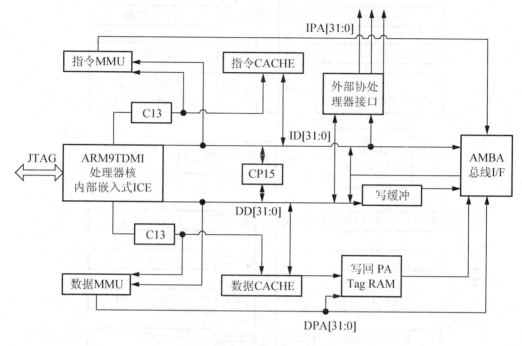

图 4.7　ARM920T 核结构示意图

地址桥为 ARM920T 核提供了透明访问每一个连接在 APB 上外设的路径。桥是一个 AHB 的从设备，为高速的 AHB 和低功耗的 APB 提供了接口。AHB 上的读写传输会转换为 APB 上等量传输。由于 APB 不是流水线方式，因此当 AHB 必须等待 APB 时，从 APB 输出与输入传输必然会增加等待状态。

桥包括以下几个模块：

1) AHB 从总线接口；

2) 独立于器件存储器映射的 APB 转移状态机；

3) APB 输出信号发生器。

APB 桥对当前 AHB 管理器的请求做出响应，将 AHB 事务转换为 APB 事务。当访问一个不能识别的地址时，系统仍然正常运行，但是不会去选择外围设备。

通过 AMBA 总线，S3C2410X 内部集成了许多外设接口，包括了 S3C44B0X 所有内部外设，还增加了许多新外设接口，主要的内部外设包括与 AHB 总线相连的高速接口，如 LCD 接口、USB 接口、中断控制接口、电源管理接口、存储器接口、Boot Loader 接口，与 APB 总线相连的低速接口，如三个通用异步通信接口(UART0、UART1、UART2)、SDI/MMC 接口、看门狗定时器、总线控制器、两个 SPI 接口、四个 PWM 定时器、实时钟、通用并行端口、I^2C 总线接口以及 I^2S 总线接口等。

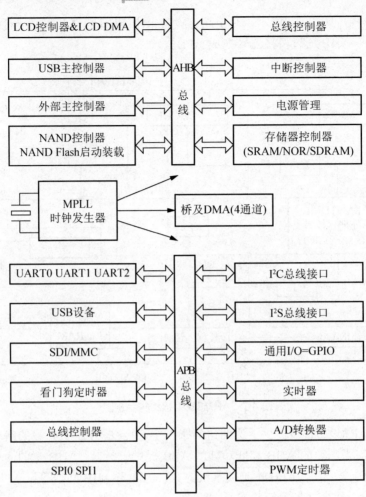

图 4.8 AMBA 总线结构示意图

4.3 存 储 系 统

4.3.1 存储系统基础知识

1. 存储器的存储容量与速度比较

计算机系统期望存储器容量大、存取速度快、成本价格低。这些要求本身是相互矛盾的，也是相互制约的，在同一存储器中难以同时满足。图 4.9 是几种不同存储器的容量、速度的层次关系。

在图 4.9 中，位于上层的存储体比位于下层的存储体访问速度快，但通常存储容量没有下层存储体大。通常，半导体存储器具有较快的存取速度，但存储容量有限；磁盘存储容量大，但存取速度慢。为了发挥它们各自的优势，按照一定的体系结构有机地组合起来，即可得到一个分级存储结构的存储系统。

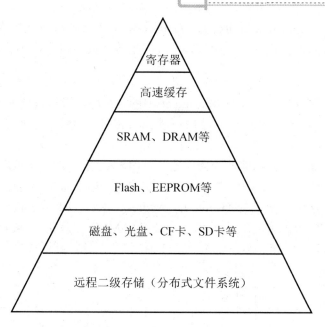

图 4.9　存储体访问速度层次图

2. 存储系统的层次结构

合理地分配存储容量、速度和成本的有效措施是实现分级存储。这是一种把几种存储技术结合起来、互相补充的折中方案。图 4.10 是一个三级存储体系的结构图。从中可看出这个层次结构的规律(从左到右):

> ➤ 价格逐次降低;
> ➤ 容量依次增加;
> ➤ 访问时间逐渐增大。

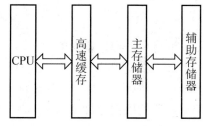

使用三层存储体系后,从 CPU 的角度看,存储速度接近于高速缓冲存储器,容量及成本却又接近辅助存储器,这样使系统获得较高的性能价格比。在三级存储体系中,各级存储器中存放的信息必须满足以下两个原则。

图 4.10　三级存储体系结构示意图

1) 一致性原则:同一个信息会同时存放在多个级别的存储器中,而这一信息在多个级别的存储器中必须保持相同的值。

2) 包含性原则:处在内层(靠近 CPU)的存储器中的信息一定包含在各外层的存储器中,即内层存储器中的信息一定是各外层存储器中所存信息的子集,这是保证程序正常运行、实现信息共享、提高系统资源利用率的必要条件,反之则不成立。

分层结构的存储体系的理论基础是程序局部性原理,该原理主要体现在以下两个方面。

1) 时间方面:在一小段时间内,最近被访问过的程序和数据很可能再次被访问。即当前正在使用的信息很可能是后面立刻就要使用的信息,程序循环和堆栈等操作中的信息便是如此。

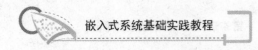

2) 空间方面：这些最近被访问过的程序和数据，往往集中在一小片存储区域中。例如，以顺序执行为主流的程序和数据。指令顺序执行比转移执行的可能性要大(大约5∶1)。

3. MMU

虚拟存储管理(Virtual Memory Management)机制在现代操作系统中广泛使用，其实现需要处理器中的存储管理部件(Memory Management Unit，MMU)提供支持，这里简要介绍MMU的作用。

首先引入两个概念：虚拟地址和物理地址。如果处理器没有MMU，或者有MMU但没有启用，如图4.11(a)所示，CPU执行单元发出的内存地址将直接传送到芯片引脚，驱动物理内存或设备，这称为物理地址(Physical Address，PA)。如果处理器启用了MMU，如图4.11(b)所示，CPU执行单元发出的内存地址将被MMU"截获"，从CPU到MMU的地址称为虚拟地址(Virtual Address，VA)，而MMU将这个地址翻译成物理地址发到CPU芯片的外部地址引脚上。

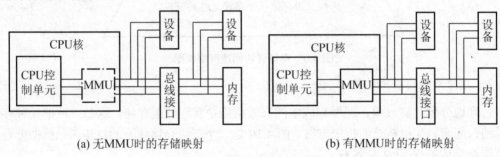

(a) 无MMU时的存储映射   (b) 有MMU时的存储映射

图 4.11　MMU 存储映射示意图

读者可以通过下面的例子，加深对虚拟地址、物理地址的理解。图4.11(b)中，如果是32位处理器，则内地址总线是32位的，与CPU执行单元相连，而经过MMU转换之后的外地址总线则不一定是32位的。也就是说，虚拟地址空间和物理地址空间是独立的，32位处理器的虚拟地址空间是4GB，而物理地址空间既可以大于也可以小于4GB。

MMU将VA映射到PA是以页(Page)为单位的，32位处理器的页尺寸通常是4KB。例如，MMU可以通过一个映射项将VA的一页0xB7001000～0xB7001FFF映射到PA的一页0x4000～0x4FFF，如果CPU执行单元要访问虚拟地址0xB7001008，那么实际访问到的物理地址是0x2008。物理内存中的页称为物理页面或者页帧(Page Frame)。虚拟内存的页面与物理内存的页帧之间的映射关系是通过页表(Page Table)来描述的，页表保存在物理内存中，MMU会查找页表来确定一个VA应该映射到什么PA。

MMU除了做地址转换之外，还提供内存保护机制。很多体系结构都有用户模式(User Mode)和特权模式(Privileged Mode)之分，操作系统可以在页表中设置每个内存页面的访问权限，访问权限又分为可读、可写和可执行三种。当CPU要访问一个VA时，MMU即检查CPU当前处于用户模式还是特权模式，访问内存的目的是读数据、写数据还是取指令。如果和操作系统设定的页面权限相符，就允许访问，把它转换成PA，否则不允许访问，产生异常(Exception)。

通常操作系统把虚拟地址空间划分为用户空间和内核空间，例如，x86 平台的 Linux 系统虚拟地址空间是 0x00000000～0xFFFFFFFF，前 3GB(0x00000000～0xbFFFFFFFF)是用户空间，后 1GB(0xc0000000～0xFFFFFFFF)是内核空间。用户程序加载到用户空间，在用户模式下执行，不能访问内核中的数据，也不能跳转到内核代码中执行。这样可以保护内核，如果一个进程访问了非法地址，最坏情况是该进程崩溃，而不会影响到内核和整个系统的稳定性。

4.3.2　S3C2410X 微处理器的存储器接口

1. S3C2410X 的存储器接口

　　目前的嵌入式应用系统中，通常使用三种存储器接口电路：NOR Flash 接口、NAND Flash 接口和 SDRAM 接口。引导程序既可存储在 NOR Flash 中，也可存储在 NAND Flash 中，而 SDRAM 中存储的是执行中的程序和产生的数据。存储在 NOR Flash 中的程序可直接执行，与在 SDRAM 执行相比速度较慢。存储在 NAND Flash 中的程序，需要复制到 RAM 中去执行。

　　S3C2410X 的存储系统具有以下主要特征。

　　1) 支持数据存储的大/小端选择(通过外部引脚进行选择)。

　　2) 地址空间：具有 8 个存储体，每个存储体可达 128MB，共计可达 1GB。

　　3) 对存储体的访问位数可变(8 位/16 位/32 位)。

　　4) 8 个存储体中，Bank0～Bank5 支持 ROM、SRAM；Bank6、Bank7 可支持 ROM、SRAM、SDRAM 等。

　　5) 7 个存储体的起始地址固定，一个存储体的起始地址可变。

2. 存储映射

　　S3C2410X 的存储映射如图 4.12 所示，映射关系分两种情况：NOR Flash 启动和 NAND Flash 启动。从哪种存储器启动取决于系统设计，OM[1:0]引脚用于配置启动方式和数据宽度。当 OM[1:0]等于 01b 或 10b 时，系统从 NOR Flash 启动；OM[1:0]等于 00b 时，系统从 NAND Flash 启动。

　　图 4.12 中，可以看出 S3C2410X 的存储空间被分成 8 个 Bank，每个 Bank 可达 128MB，由片选信号 nGCSx 选择，存储体支持的存储器类型不尽相同，其中 SROM 表示 SRAM 和 ROM。硬件设计员在扩展存储器时，应特别注意每个 Bank 支持的存储器类型、地址范围等。软件程序员在移植 U-boot 时，需要配置 SDRAM 和 Flash 的 Bank 数，这时可查看电路图，依实际情况配置。例如，SDRAM 或者 Flash 只接了一个片选，那么 Bank 数配置为 1 即可。

　　当系统从 NOR Flash 启动时，NOR Flash 被映射到 0x0000_0000 地址上，因其支持在片执行，系统可从 NOR Flash 上获得启动代码并且直接执行，而内部的 SRAM 被映射到 0x4000_0000 地址上。当系统从 NAND Flash 启动时，内部 SRAM 被映射到 0x0000_0000 上，系统上电后，芯片固化代码会将 NAND Flash 上的前 4KB 启动代码搬运到内部 SRAM 中，然后从内部 SRAM 启动系统。

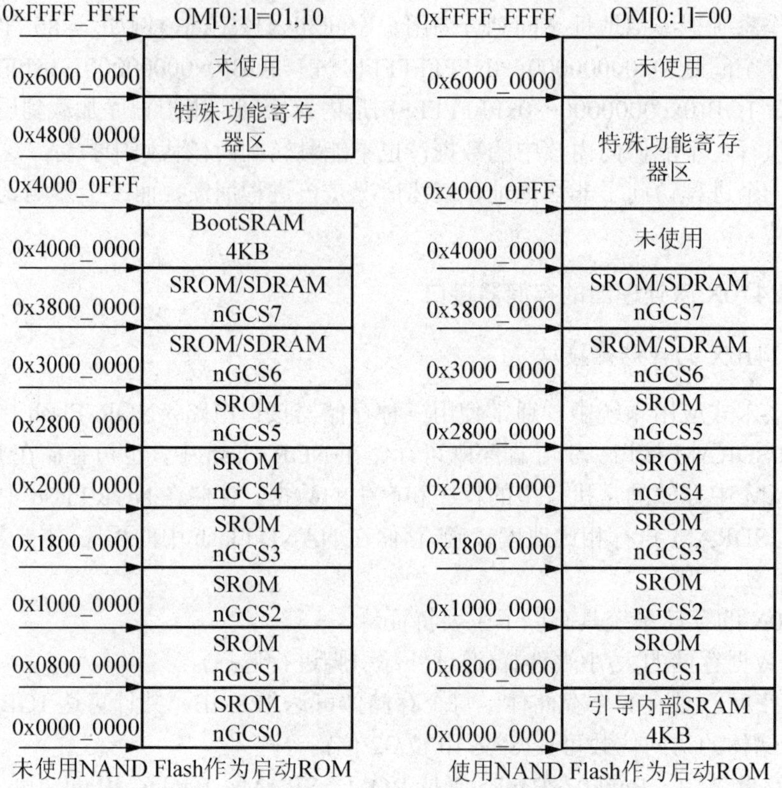

图 4.12　S3C2410X 存储映射

图 4.12 中，特殊功能寄存器区定义了配置存储器、内部外设等的寄存器。S3C2410X 的数据手册对这些寄存器进行了详细描述，程序员在配置系统时，可对照数据手册查阅头文件 s3c2410.h 中的定义。

4.3.3　S3C2410X 微处理器的存储器配置实例

以 SDRAM 配置为例，介绍 S3C2410X 微处理器存储器的配置方法。系统使用 SDRAM 之前，需要对 S3C2410X 的存储器控制器进行初始化，核心工作是对 SDRAM(这里使用 Bank6)相关的寄存器进行特殊配置，以使 SDRAM 能够正常工作。由于 C 语言程序使用的数据空间和堆栈空间都定位在 SDRAM 上，因此，如果没有对 SDRAM 的正确初始化，系统就无法正确启动。下面介绍与 SDRAM 相关的寄存器配置。

1. BWSCON 寄存器

BWSCON 寄存器主要用来配置外接存储器的总线宽度和等待状态。在 BWSCON 中，除了 Bank0，其他 7 个 bank 都各对应 4 个相关位的配置，分别为 STn，WSn 和 DWn。这里只需要对 DWn 进行设置，例如，SDRAM(Bank6)采用 32 位总线宽度，因此，DW6=10，其他 2 位采用默认值。BWSCON 寄存器在 Bank6 上的位定义如表 4-2 所示。

表 4-2 BWSCON 寄存器在 Bank6 上的位定义

BWSCON	位	描述	初始状态
ST6	[27]	SRAM 在 Bank6 上是否采用 UB/LB。0：不采用 UB/LB(引脚对应 nWBE[3:0])；1：采用 UB/LB(引脚对应 nBE[3:0])	0
WS6	[26]	Bank6 的 WAIT 状态。0：WAIT 禁止；1：WAIT 使能	0
DW6	[25:24]	Bank6 的数据总线宽度。00：8 位；01：16 位；10：32 位	0

2. BANKCONn 寄存器的设置

S3C2410X 有 8 个 BANKCONn 寄存器，分别对应着 Bank0～Bank7。由于 Bank6～Bank7 可以作为 FP/EDO/SDRAM 等类型存储器的映射空间，因此与其他 Bank 的相应寄存器有所不同，其中 MT 位定义了存储器的类型。BANKCONn 寄存器在 Bank6 和 Bank7 上的位定义如表 4-3 所示。

表 4-3 BANKCONn 寄存器在 Bank6 和 Bank7 上的位定义

BANKCONn	位	描述	初始状态
MT	[16:15]	Bank6 和 Bank7 的存储器类型。00：ROM 或 SRAM；01：FP DRAM；10：EDO DRAM；11：SDRAM	11

MT 的取值又定义该寄存器余下几位的作用。当 MT=11(即 SDRAM 型存储器)时，BANKCONn 寄存器余下的几位定义如表 4-4 所示。Trcd 是从行使能到列使能的延迟，根据 S3C2410X 的 HCLK 频率(100M)及 HY57V561620T-H 的特性，此项取 01，即 3CLKs。SCAN 为列地址线数量，根据 HY57V561620 特性，此项取 01，即 9 位(A0～A8)。

表 4-4 BANKCONn 寄存器的相关位定义

BANKCONn	位	描述	初始状态
Trcd	[3:2]	$\overline{RAS}$ 到 $\overline{CAS}$ 的延时。00：2 时钟；01：3 时钟；10：4 时钟	10
SCAN	[1:0]	列地址位数。00：8 位；01：9 位；10：10 位	00

3. REFRESH 寄存器

SDRAM 是动态，RAM 需要及时刷新。REFRESH 寄存器是 DRAM/SDRAM 的刷新控制器。位定义如表 4-5 所示。

表 4-5 REFRESH 寄存器位定义

REFRESH	位	描述	初始状态
REFEN	[23]	DRAM/SDRAM 刷新使能。0：禁止；1：使能	1
TREFMD	[22]	DRAM/SDRAM 刷新模式。0：CBR/自动刷新；1：自刷新。自刷新时，DRAM/SDRAM 控制线需要适当的电平驱动	0
Trp	[21:20]	DRAM/SDRAM $\overline{RAS}$ 预充电时间	10
Tsrc	[19:18]	SDRAM 半行周期时间。SDRAM 的行周期时间 Trc=Trp+Tsrc	11
Refresh Counter	[10:0]	SDRAM 刷新计数器值。刷新时间=(2^{11}-刷新计数器值+1)/HCLK 如果刷新时间是 15.6μs，HCLK 是 60MHz，刷新时间计算如下：刷新时间=2048+1-60×15.6=1113	0

4. BANKSIZE 寄存器

BANKSIZE 寄存器包含存储器猝发使能、时钟使能、存储空间映射的配置，详细信息请查看表 4-6。初始化时，BURST_EN 可以取 0 或 1，为了提高效率，最好设置为 1，SCKE_EN 设置为 1，SCLK_EN 设置为 1，BK76MAP 设置为 2。

表 4-6　BANKSIZE 寄存器定义

BANKSIZE	位	描述	初始状态
BURST_EN	[7]	ARM 内核猝发操作使能。0：禁止猝发操作；1：使能猝发操作	0
保留	[6]	未用	0
SCKE_EN	[5]	SCKE 使能控制。0：SDRAM SCKE 禁止；1：SDRAM SCKE 使能	0
SCLK_EN	[4]	SCLK 只有在 SDRAM 访问周期内才有效，这样做是可以减少功耗。当 SDRAM 不被访问时，SCLK 变成低电平。0：SCLK 总是激活；1：SCLK 只有在访问期间激活	0
保留	[3]	未用	0
BK76MAP	[2:0]	BANK6/7 的存储空间分布。010：128MB/128MB；001：64MB/64MB；000：32M/32M；111：16M/16M；110：8M/8M；101：4M/4M；100 = 2M/2M	010

5. MRSR 寄存器

MRSR 寄存器有两个，分别是 MRSRB6 和 MRSRB7，对应 Bank6 和 Bank7，如表 4-7 所示。此寄存器 S3C2410X 只有 CL 可以设置，参照 HY57V561620T-H 手册，取 011，即 3CLKs。

表 4-7　MRSRn 寄存器定义

MSR	位	描述	初始状态
保留	[11:10]	未用	—
WBL	[9]	猝发写的长度。0：猝发(固定的)；1：保留	X
TM	[8:7]	测试模式。00：模式寄存器组；01，10 和 11：保留	XX
CL	[6:4]	$\overline{\text{CAS}}$ 延迟。000：1 时钟；010：2 时钟；011：3 时钟；其它保留	XXX
BT	[3]	猝发类型。0：连续的；1：保留的	X
BL	[2:0]	猝发长度。000：1；其他保留	XXX

注：当代码在 SDRAM 中运行时，绝不能够重新配置 MRSR 寄存器。

4.4　I/O 系统

4.4.1　I/O 系统基础

1. I/O 接口的作用

I/O 接口，即输入输出接口，是微控制器同外界进行交互的重要通道。在主机和外围设备之间的信息交换中起着桥梁和纽带作用。

设置接口电路的必要性：

1) 解决主机 CPU 和外围设备之间的时序配合和通信联络问题；

2) 解决 CPU 和外围设备之间的数据格式转换和匹配问题；

3) 解决 CPU 的负载能力和外围设备端口选择问题。

2．I/O 接口的编址方式

对 I/O 的管理是依据 I/O 地址进行的，I/O 编址方式通常有独立编址和统一编址两种方式。

1) I/O 接口独立编址：这种编址方式是将存储器地址空间和 I/O 接口地址空间分开设置，互不影响。设有专门的输入指令(IN)和输出指令(OUT)来完成 I/O 操作。

2) I/O 接口与存储器统一编址方式：这种编址方式不区分存储器地址空间和 I/O 接口地址空间，把所有的 I/O 接口都当做是存储器的一个单元对待，每个接口芯片都安排一个或几个与存储器统一编号的地址号。不必设专门的输入/输出指令，所有传送和访问存储器的指令都可用到 I/O 接口操作。

两种编址方式有各自的优缺点，独立编址方式的主要优点是内存地址空间与 I/O 接口地址空间分开，互不影响，译码电路较简单，并设有专门的 I/O 指令，所以编程序易于区分，且执行时间短、快速性好。其缺点是只用 I/O 指令访问 I/O 端口，功能有限且要采用专用 I/O 周期和专用 I/O 控制线，使微处理器复杂化。统一编址方式的主要优点是访问内存的指令都可用于 I/O 操作，数据处理功能强；同时 I/O 接口可与存储器部分共用译码和控制电路。其缺点一是 I/O 接口要占用存储器地址空间的一部分；二是因不用专门的 I/O 指令，程序员较难区分 I/O 操作。

3．GPIO 的原理和结构

GPIO(General Purpose I/O，通用 I/O)是 I/O 的最基本形式。它是一组输入引脚或输出引脚，CPU 对它们能够进行存取。有些 GPIO 引脚能加以编程而改变工作方向。GPIO 的另一传统术语称为并行 I/O(parallel I/O)。GPIO 引脚可以被配置为多种工作模式，其中，有三种比较常用：高阻输进、推挽输出、开漏输出。

(1) 高阻输入

为减少信息传输线的数目，大多数系统中的信息传输线采用总线形式。在计算机中一般有三组总线，即数据总线、地址总线和控制总线。为防止信息相互干扰，要求连接到总线上的寄存器或存储器等，输入/输出端不仅能呈现 0、1 两个信息状态，而且还应能呈现第三个状态——高阻抗状态，此时，它们的输出似乎被开关断开，对总线状态不起作用，总线可由其他器件占用。三态缓冲器即可实现上述功能，它除具有输入/输出端之外，还有一个控制端。在不执行读操纵时，外部引脚与内部总线之间是隔离的。

(2) 推挽输出

推挽输出原理：在功率放大器电路中大量采用推挽放大器电路，这种电路中用两个晶体管构成一级放大器电路，两个晶体管分别放大输进信号的正半周和负半周。推挽放大器电路中，一个晶体管工作在导通、放大状态时，另一个晶体管处于截止状态，当输入信号变化到另一个半周后，原来导通、放大的晶体管进入截止状态，而原来截止的晶体管进入导通、放大状态，两只晶体管在不断地交替导通放大和截止变化，所以称为推挽放大器。

如图 4.13 所示为 GPIO 引脚在推挽输出模式下的等效结构示意图。锁存器执行 GPIO 引脚写操作时，在写脉冲(Write Pulse)的作用下，数据被锁存到 Q 和 $\overline{Q}$。两个 CMOS 管构成反相器，任意一个导通时都表现出较低的阻抗，但两个不会同时导通或同时封闭，最后形成的是推挽输出。在推挽输出模式下，GPIO 还具有回读功能，实现回读功能的是一个简单的三态门。

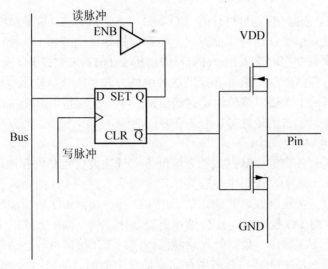

图 4.13 推挽输出电路图

(3) 开漏输出

图 4.14 为 GPIO 引脚在开漏输出模式下的等效结构示意图。开漏输出和推挽输出相比，结构基本相同，但只有下拉晶体管而没有上拉晶体管。开漏输出的实际作用就是一个开关，输出"1"时断开、输出"0"时连接到 GND(有一定内阻)。回读功能：读到的还是输出锁存器的状态，而不是外部引脚 Pin 的状态。因此开漏输出模式是不能用来输入的。

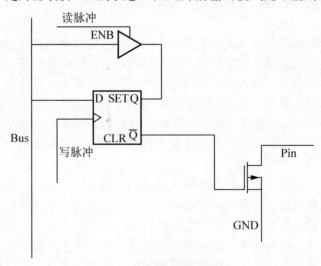

图 4.14 开漏输出电路图

开漏输出结构没有内部上拉,因此在实际应用时通常都要外接合适的上拉电阻(通常采用 4.7～10kΩ)。开漏输出能够方便地实现"线与"逻辑功能,即多个开漏的引脚可以直接并在一起(不需要缓冲隔离)使用,外接一个合适的上拉电阻,就自然形成"逻辑与"关系。开漏输出的另一种用途是能够方便地实现不同逻辑电平之间的转换(如 3.3～5V 之间),只需外接一个上拉电阻,而不需要额外的转换电路。典型的应用例子就是基于开漏电气连接的 I^{2}C 总线。

4.4.2　S3C2410X 的 I/O 端口

S3C2410X 有 117 个多功能的输入输出引脚,这些端口如下。

- 端口 A(GPA): 23 个输出口;
- 端口 B(GPB): 11 个输入/输出口;
- 端口 C(GPC): 16 个输入/输出口;
- 端口 D(GPD): 16 个输入/输出口;
- 端口 E(GPE): 16 个输入/输出口;
- 端口 F(GPF): 8 个输入/输出口;
- 端口 G(GPG): 16 个输入/输出口;
- 端口 H(GPH): 11 个输入/输出口。

每个端口可以根据系统配置和设计需求通过软件配置成相应的功能。在启动主程序之前,必须定义好每个引脚的功能。如果某个引脚不用作复用功能,则可以将它配置成 I/O 脚。

1. 端口控制寄存器(GPACON-BGHCON)

在 S3C2410X 中,大部分端口都是复用的,因此需要决定每个引脚使用哪个功能。端口控制寄存器 PnCON 决定每个引脚的功能。如果 GPF0 – GPF7 和 GPG0 – GPG7 用于掉电模式的唤醒信号,这些端口必须被配置成中断模式。

2. 端口数据寄存器(GPADAT-GPHDAT)

如果端口被配置成输出端口,可以向 PnDAT 中的相关位写入数据;如果端口被配置成输入端口,可以从 PnDAT 中的相关位读入数据。

3. 端口上拉电阻寄存器(GPBUP-GPHUP)

端口上拉电阻寄存器控制每个端口组的上拉电阻的使能和禁止。当相关位为 0,上拉电阻使能;当相关位为 1,上拉电阻禁止;当端口上拉电阻寄存器使能时,不管引脚选择什么功能(输入、输出、数据、外部中断等),上拉电阻都工作。

4. 外部中断控制寄存器(EXTINTN)

24 个外部中断可响应各种信号请求方式。EXTINTN 寄存器可以配置如下信号请求方式:低电平触发、高电平触发、上升沿触发、下降沿触发、双边沿触发。这 8 个外部中断引脚具有数字滤波器。只有 16 个外部中断引脚(EINT [15:0])被用于唤醒源。

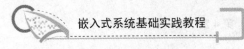

5. 掉电模式和 I/O 口

所有的 GPIO 寄存器的值在掉电模式下被保存。这在时钟功率管理模块中的掉电模式下提到。EINTMASK 不能禁止从掉电模式唤醒，但是如果 EINTMASK 屏蔽了 EINT[15:4] 中的 1 位，系统可以被唤醒，但是 SRCPND 中的 EINT4_7 位和 EINT8_23 位不会在唤醒后置 1。

4.5 人机交互系统

4.5.1 LCD 接口

1. LCD 的特点及分类

LCD 作为电子信息产品的主要显示器件，相对于其他类型的显示部件来说，有其自身的特点，概括如下。

(1) 低电压微功耗

LCD 的工作电压一般为 3～5V，每平方厘米的液晶显示屏的工作电流为 μA 级，所以液晶显示器件为电池供电的电子设备的首选显示器件。

(2) 平板型结构

LCD 的基本结构是由两片玻璃组成的很薄的盒子。这种结构具有使用方便、生产工艺简单等优点。特别是在生产上，适宜采用集成化生产工艺，通过自动生产流水线可以快速、大批量地生产。

(3) 使用寿命长

LCD 器件本身几乎没有劣化问题。若能注意器件防潮、防压、防止划伤、防止紫外线照射、防静电等，同时注意使用温度，LCD 可以使用很长时间。

(4) 被动显示

对 LCD 来说，环境光线越强显示内容越清晰。人眼所感受的外部信息，90%以上是外部物体对光的反射，而不是物体本身发光，所以被动显示更适合人的视觉习惯，更不容易引起疲劳。这在信息量大、显示密度高、观看时间长的场合显得更重要。

(5) 显示信息量大且易于彩色化

LCD 与 CRT 相比，由于 LCD 没有荫罩限制，像素可以做得很小，这对于高清晰电视是一种理想的选择方案。同时，液晶易于彩色化，方法也很多。特别是液晶的彩色可以做得更逼真。

(6) 无电磁辐射

CRT 工作时，不仅会产生 X 射线，还会产生其他电磁辐射，影响环境。LCD 则不会有这类问题。

液晶显示器件分类方法有多种，这里简要介绍以下几种分类方法。

1) 按电光效应分类。所谓电光效应是指在电的作用下，液晶分子的初始排列改变为其他排列形式，从而地液晶盒的光学性质发生变化，也就是说，以电通过液晶分子对光进行了调制。不同的电光效应可以制成不同类型的显示器件。按电光效应分类，LCD 可分为电场效应类、电流效应类、电热写入效应类和热效应类。其中电场效应类又可分为扭曲向列效应(TN)类、宾主效应(GH)类和超扭曲效应(STN)类等。MCU 系统中应用较广泛的是 TN 型和 STN 型液晶器件，由于 STN 型液晶器件具有视角宽、对比度好等优点，几乎所有 32 路以上的点阵 LCD 都采用了 STN 效应结构。STN 型正逐步代替 TN 型而成为主流。

2) 按显示内容分类。LCD 可分为字段型(或称为笔画型)、点阵字符型、点阵图形型三种。字段型 LCD 是指以长条笔画状显示像素组成的液晶显示器。字段型 LCD 以七段显示最常用，也包括为专用液晶显示器设计的固定图形及少量汉字。字段型 LCD 主要应用于数字仪表、计算器中。

点阵字符型 LCD 是指显示的基本单元由一定数量的点阵组成，专门用于显示数字、字母、常用图形符号及少量自定义符号或汉字。这类显示器把 LCD 控制器、点阵驱动器、字符存储器等全做在一块印刷电路板上，构成便于应用的液晶显示模块。点阵字符型液晶模块在国际上已经规范化，有统一的引脚与编程结构。点阵字符型液晶显示模块有内置 192 个字符，另外用户可自定义 5×7 点阵字符或 5×11 点阵字符若干个。显示行数一般为 1 行、2 行、4 行三种。每行可显示 8 个、16 个、20 个、24 个、32 个、40 个字符不等。

点阵图形除了可以显示字符外，还可以显示各种图形信息、汉字等，显示自由度大。常见的模块点阵从 80×32 到 610×480 不等。

3) 按 LCD 的采光方式分类。LCD 器件按其采光方式分类，分为带背光源与不带背光源两大类。不带背光的 LCD 显示是靠背面的反射模将射入的自然光从下面反射出来完成的。大部分计数、计时、仪表、计算器等计量显示部件都是用自然光源，可以选择不带背光的 LCD 器件。如果产品需要在弱光或黑暗条件下使用可以选择带背光型 LCD，但背光源增加了功耗。

2. LCD 的控制方法

早期单片机系统集成度比较低，可扩展接口少，LCD 往往是通过 LCD 控制器连在单片机总线上，或者通过并口、串口和单片机相连。现在很多厂商都在 SoC 中集成了 LCD 控制器，使开发人员能够方便地控制 LCD。早期低端的芯片提供的一般都是 TN 型的 LCD 控制器，目前已经有越来越多的芯片提供对 TFT 型显示器的支持。

处理器内核是整个片上系统的核心，例如，ARM 的内核、MIPS 的内核等。系统总线是指处理内部的总线，例如，ARM 的 AMBA 总线，其他片上系统的外设都通过总线和处理器连接。LCD 控制器工作时，通过 DMA 请求占用系统总线，直接通过 SDRAM 控制器读取 SDRAM 中指定地址(显示缓冲区)的数据。此数据经过 LCD 控制器转换成液晶屏扫描数据的格式，直接驱动液晶屏显示。

目前市面上出售的 LCD 模块有两种类型：一种是带有驱动电路的 LCD 显示模块，这种 LCD 可以方便地与各种低端单片机进行接口，如 8051 系列单片机，但是由于硬件驱动电路的存在，体积比较大。这种模式常常使用总线方式来驱动。另一种是 LCD 显示屏，没有驱动电路，需要与驱动电路配合使用。特点是体积小，但却需要另外的驱动芯片。也可以使用带有 LCD 驱动能力的高端微处理器驱动，如 S3C2410X 微处理器。

(1) 总线驱动方式

一般带有驱动模块的 LCD 显示屏使用这种驱动方式，由于 LCD 已经带有驱动硬件电路，因此模块给出的是总线接口，便于与单片机的总线进行接口。驱动模块具有 8 位数据总线，外加一些电源接口和控制信号，而且自带显示缓存，只需要将要显示的内容送到显示缓存中就可以实现内容的显示。由于只有 8 条数据线，因此常通过引脚信号来实现地址与数据线复用，以达到把相应数据送到相应显示缓存的目的。

(2) 控制器扫描方式

以 S3C2410X 微处理器为例，S3C2410X 具有内置的 LCD 控制器，它具有将显示缓存(在系统存储器中)中的 LCD 图像数据传输到外部 LCD 驱动电路的逻辑功能。支持 DSTN(被动矩阵或叫无源矩阵)和 TFT(主动矩阵或叫有源矩阵)两种 LCD 屏，并支持黑白和彩色显示。

在灰度 LCD 上，使用基于时间的抖动算法(Time-Based Dithering Aigorithm，TBDA)和帧率控制(Frame Rate Control，FRC)方法，可以支持单色、2 级、4 级和 8 级灰度模式的灰度 LCD。在彩色 LCD 上，可以支持 16777216 色。有 7 路 DMA 通道，可支持两个 LCD 屏。列于不同尺寸的 LCD，具有不同数量的垂直和水平像素、数据接口的数据宽度、接口时间及刷新率，而 LCD 控制器可以进行编程控制相应的寄存器值，以适应不同的 LCD 显示板。

3. S3C2410X 的 LCD 控制器接口

这里以 S3C2410X 微处理器与 LQ080V3DG01 液晶屏的连接为例介绍 LCD 控制器接口。S3C2410X 内部自带一个 LCD 驱动控制器，其接口可以与单色、灰度、彩色 STN 型和彩色 TFT 型的 LCD 直接相连。但需要根据所连接的 LCD 的类型设置相应寄存器中的显示模式。LQ080V3DG01 液晶屏要求其电源电压 VDD 典型值为 3.3V/5V，并且 LCD 数据和控制信号的高电平输入电压 V_{ih} 在 2.3～5.5V 范围内，低电平输入电压 V_{il} 在-0.3～+0.9V 范围内，故可以直接与 S3C2410X 相连，其电路图如图 4.15 所示。

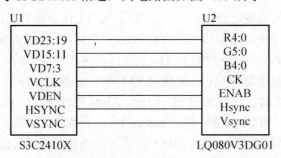

图 4.15　S3C2410 液晶屏连接电路图

S3C2410X 处理器中的 LCD 控制器内含寄存器 LCDCON1～LCDCON5。对于 LQ080V3DG01，这些寄存器具体设置如下。

1) 在 LCDCON1 中，CLKVAL 是时钟参数，对于 LQ080V3DG01，该域取 1。PNRMODE 是显示模式参数，该域取 3，表示所用模块式 TFT 型。BPPMODE 是每个像素的数据位数参数，对于 LQ080V3DG01 模块，设计时可设置成 16bpp，所以此域值取 12。

2) 在 LCDCON2 中，VBPD 对应于 LQ080V3DG01 时间参数中(表 4-8)的 H 参数，该域取 32。LINEVAL 对应 I 参数，该域值取 479。VFPD 对应于表 1 中的 G 参数，该域值取 1。

3) 在 LCDCON3 中，HBPD 对应于 LQ080V3DG01 的 C 时间参数，该域取 47。HOZVAL 对应于 D 参数，该域取 639。HFPD 对应于 E 参数，该域值取 15。

4) 在 LCDCON4 中只需要设置 HSPW 即可，它对应于 B 参数，该域值取 95。

5) 在 LCDCON5 中，BPP24BL 用于决定 24bpp 视频存储器的大小端模式，该域值取 0。FRM565 决定 16bpp 视频输出数据的格式。

表 4-8　LQ080V3DG01 的时间参数

符号	A	B	C	D	E	F	G	H	I	J
数值	800	96	48	640	16	525	2	33	480	10

4.5.2　触摸屏的应用

1. 触摸屏介绍

触摸屏按其工作原理的不同分为表面声波屏、电容屏、电阻屏和红外屏等。而其中电阻屏触摸屏最为常用。

电阻触摸屏的主要部分是一块与显示器表面非常配合的电阻薄膜屏，这是一种多层的复合薄膜，它以一层玻璃或硬塑料平板作为基层，表面涂有一层透明氧化金属(ITO 氧化铟，透明的导电电阻)导电层，上面再盖有一层外表面硬化处理、光滑防擦的塑料层，它的内表面也涂有一层 ITO 涂层，它们之间有许多细小的(小于 1/1000in)透明隔离点把两层导电层隔开绝缘。当手指触摸屏幕时，两层导电层在触摸点位置就有了接触，控制器侦测到这一接触并计算出(X，Y)的位置，再根据模拟鼠标的方式运作。这就是电阻技术触摸屏的最基本的原理。例如，使用电阻屏的 Nokia 5800 手机可以在-15℃～+45℃的温度下正常工作，体现出了电阻屏的一些优势。

表面声波技术是利用声波在物体的表面进行传输，当有物体触摸到表面时，阻碍声波的传输，换能器侦测到这个变化，反映给计算机，进而进行鼠标的模拟。表面声波屏特点：清晰度较高，透光率好；高度耐久，抗刮伤性良好；一次校正不漂移；反应灵敏；适合于办公室、机关单位及环境比较清洁的场所。典型的应用案例有自助服务设备、零售终端/POS机、教育培训、游戏机、工业控制、ATM 机、医疗设备等，第二类是新兴的触控计算机设备领域，包括触控笔记本式计算机、触控平板电脑、触控一体化计算机和触控桌面显示器。10～32in(in=2.54 厘米)的固定式设备触摸屏的其他应用还有很多，如电视台使用的直播室大屏幕显示器、军事作战指挥系统、城市应急管理系统等。

电容屏利用人体的电流感应进行工作。用户触摸屏幕时，由于人体电场，用户和触摸屏表面形成以一个耦合电容，对于高频电流来说，电容是直接导体，于是手指从接触点吸走一个很小的电流。这个电流分从触摸屏的四角上的电极中流出，并且流经这四个电极的电流与手指到四角的距离成正比，控制器通过对这四个电流比例的精确计算，得出触摸点的位置。代表产品就是苹果 iPad touch 和 iPad 系列产品。

2. 电阻屏的工作原理及控制方法

电阻式触摸屏一般由三部分组成，两层透明的阻性导体层及这两层之间的隔离层。在没有外力时两个阻性导体层中间被微小透明的绝缘"分隔点"隔开，两层没有电气联系。如果触摸屏的某一点被外力作用，则在这点的上下两阻性导体层便会相互接触。

工作时触摸屏上下导体层的电阻网络是交替工作的，当其中一层两端加上电压在层中的阻性导体中形成均匀的电压梯度时，另一层就作为侦测层工作。很显然，由于接触点的位置不同，侦测层所得到的是一个与位置有关的电压，并且侦测层不应该对这个电压产生什么影响。工作时触摸屏的引脚状态如图 4.16 所示。将接触点的电压通过 AD 转换读入 CPU 中，再经过一定的运算处理，就可以得到触摸点的坐标。为了能分别检测一个点的 X 坐标和 Y 坐标，一阻性层形成的电压梯度应在 X 方向上，另一阻性层的电压梯度应在 Y 方向上。因此，要获取屏上触摸点的坐标首先要对触摸屏的引脚进行切换控制，使其处于合适的状态，然后通过 ADC 转换采集接触点处的电压值，最后对采集的电压进行平均、坐标变换等后续处理，得到触摸点的坐标。

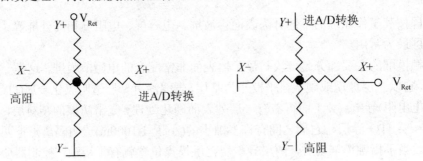

图 4.16 电阻屏原理示意图

3. S3C2410X 的触摸屏控制接口

S3C2410X 的触摸屏控制接口是与 ADC 共用的，它内部集成了一个 10 位的 ADC，有 8 路模拟输入通道。其中，通道 AIN 作为触摸屏接口的 X 坐标输入，通道 AIN[5]作为触摸屏接口的 Y 坐标输入。在 2.5MHz 的 A/D 转换时钟频率下它的最快转换速度为 500kSPS。同时，S3C2410X 也提供了触摸屏引脚的控制信号 YMON、nXPON、XMON、nYPON，通过外部晶体管对触摸屏引脚 $X+$、$X-$、$Y+$、$Y-$进行切换控制。

YMON、nXPON、XMON、nYPON 等信号是由 ADCTSC(ADC Touch Screen Control register, ADC 触摸屏控制寄存器)中有关位来控制的。根据这些位的定义和触摸屏的控制要求，触摸屏接口电路设计如图 4.17 所示，其中外部晶体管采用双 MOS 管 FDC6321，电源电压要求为 3.3V。图 4.17 中的 RC 滤波电路可以过滤传递给 S3C2410X 模数转换输入接口信号中的干扰，以利于后续的软件处理。

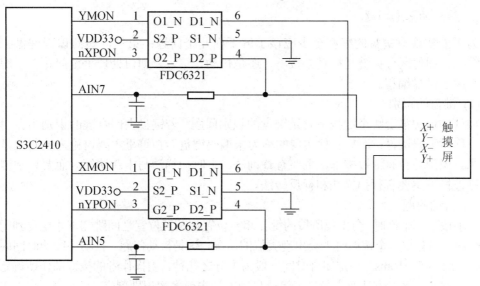

图 4.17　S3C2410 与触摸屏的连接

4.5.3　键盘接口

1. 键盘模型及接口

键盘是有若干个按键构成的开关矩阵，它是嵌入式系统中最简单的数字量输入设备，操作员通过键盘输入数据或命令，实现简单的人-机通信。

(1) 键盘模型

键盘的基本电路是一个接触开关，通、断两种状态分别表示 0 和 1，微处理器可以很容易地检测到开关的闭合。当开关打开时，提供逻辑"1"；当开关闭合时，提供逻辑"0"。

(2) 键盘接口

键盘接口按照不同的标准有不同的分类方法。按键盘排布的方式可分成独立方式和矩阵方式；按读入键值的方式可分为直读方式和扫描方式；按是否进行硬件编码可分成非编码方式和硬件编码方式；按微处理器响应方式可分为中断方式和查询方式。将以上各种方式组合可构成不同的键盘接口方式。以下介绍较为常用的两种方式。

1) 独立方式是指将每个独立按键一对一的方式直接接到 I/O 输入线上。读键值时直接读 I/O 口，每一个键的状态通过读入键值来反映，所以也称这种方式为一维直读方式，按习惯称为独立式。这种方式查键实现简单，但占用 I/O 资源较多，一般在键的数量较少时采用。

2) 矩阵方式是用 n 条 I/O 线组成行输入口，m 条 I/O 线组成列输出口，在行列线的每个交点上设置一个按键。读键值方法一般采用扫描方式，即输出口按位轮换输出低电平，再从输出口读入键信息，最后获得键码。这种方式占用 I/O 线较少，在实际应用系统中采用较多。

设计键盘的时候，通常小于四个键盘的应用，可以使用独立式接口。如果多于四个按键，为了减少微处理器的 I/O 端口线的占用，可以使用矩阵式键盘。

2. 键盘的基本问题

为了能实现对键盘的编程至少应该了解下面几个问题：第一，如何识别键盘上的按键？第二，如何区分按键是被真正按下，还是抖动？第三，如何处理重键问题？了解这个问题有助于键盘编程。

(1) 键盘的识别

如何知道键盘上哪个键按下就是键盘的识别问题。若键盘上闭合键的识别由专用硬件实现，称为编码键盘；而靠软件实现的称为未编码键盘。在这里主要讨论未编码键盘的接口技术。识别是否有键被按下，主要有查询法、定时扫描法与中断法等。而要识别键盘上哪个键被按下主要有行扫描法和行反转法。

(2) 抖动问题

当手按下一个键时，会出现所按的键在闭合位置和断开位置之间跳几下才稳定到闭合状态的情况，当释放一个按键时也会出现类似的情况，这是抖动问题。抖动持续的时间因操作而异，一般为 5～10ms，稳定闭合时间一般为十分之几秒，由操作者的按键动作所确定。在软件上，解决抖动的方法通常是延迟等待抖动的消失或多次识别判定。

(3) 重键问题

所谓重键问题就是有两个及两个以上按键同时处于闭合状态的处理问题。在软件上，处理重键问题通常有连锁法和巡回法。

3. S3C2410X 的键盘接口实例

36 个按键按 6×6 方式排列，如图 4.18 所示，其中行线分别接 S3C2410X 的 GPB0、GPB1、GPB2、GPB3、GPB4、GPB5 口，列线分别接 GPF0、GPF1、GPG3、GPG5、GPG6、GPG7 口。列线可以复用 EINT 0、EINT 1、EINT 11、EINT 13、EINT 14、EINT 15 口，外接上拉电阻保证按键在未按下时中断口处于稳定的高电平状态。

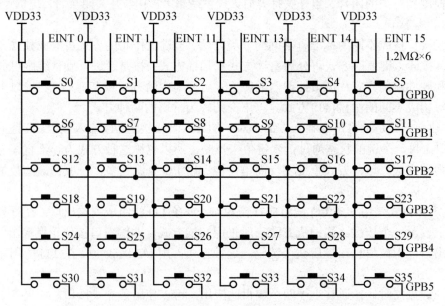

图 4.18　S3C2410X 与键盘的连接

4.6 调 试 接 口

4.6.1 JTAG 逻辑结构

开发 JTAG 标准的主要用途是为了对 PCB 板上的芯片进行芯片功能测试和与其他芯片的互连接性测试。图 4.19 是 JTAG 测试逻辑的示意图。JTAG 测试逻辑结构中应包括四部分：测试访问口(Test Access Port , TAP)、TAP 控制器、指令寄存器以及一组测试数据寄存器。

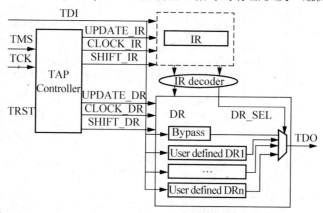

图 4.19 JTAG 逻辑结构示意图

测试访问口包括四个必选信号：TCK(测试时钟)、TMS(测试模式选择)、TDI(测试数据输入)和 TDO(测试数据输出)。另外，测试访问口还包括一个可选信号 TRST(测试复位)。TAP 控制器实现了一个具有 16 状态的状态机，由 TMS 信号控制状态机的状态转移。IR(指令寄存器)和 DR(数据寄存器)都分别由移位级和锁存级两级构成。TAP 状态机可以分别选中 IR 或 DR 进行操作。在 Capture 状态下，IR(或 DR)锁存级寄存器的内容被捕获到移位级。在 Shift 状态下，TDI 信号上的数据被串行移入 IR(或 DR)寄存器的移位级，同时移位级中的内容通过 TDO 信号串行移出。

状态机会保持多拍的 Shift 状态，直到所需的数据被移入或移出移位级。在 Update 状态下，Shift 状态下串行移入移位级的内容被一次性更新到锁存级。移位级与外部通信，锁存级产生芯片内部逻辑所需的控制或时序信号。通过控制 TAP 状态机在几个状态间转换，就可以对芯片内部的模块进行测试。

4.6.2 JTAG 状态和工作过程

1. JTAG 状态

TAP 有 16 个状态，如图 4.20 所示，状态的转换由 TMS 控制。

➢ Test-Logic Reset：系统上电后，TAP Controller 自动进入该状态。在该状态下，测试部分的逻辑电路全部被禁用。

➢ Run-Test/Idle：在不同操作间的一个中间状态。这个状态下的动作取决于当前指令寄存器中的指令。

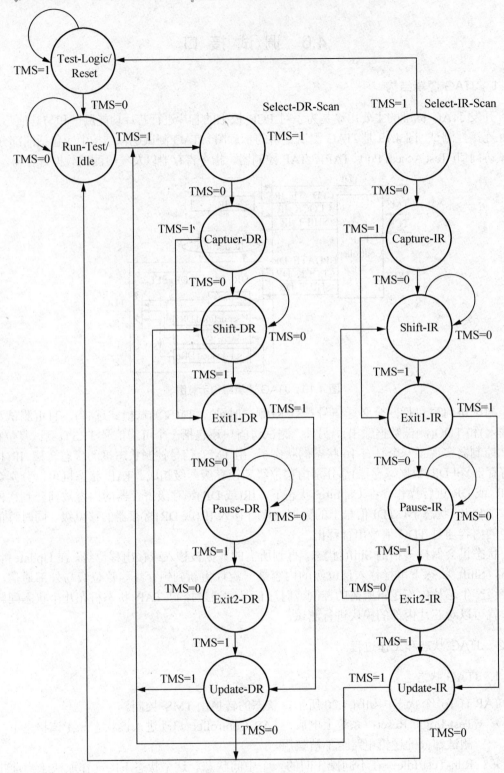

图 4.20　TAP 状态机

➢ Select-DR-Scan：临时的中间状态。

➢ Capture-DR：在 TCK 上升沿，芯片输出引脚上的信号将被"捕获"到与之对应的数据寄存器的各个单元中去。

➢ Shift-DR：由 TCK 驱动，每一个时钟周期，被连接在 TDI 和 TDO 之间的数据寄存器将从 TDI 接收一位数据，同时通过 TDO 输出一位数据。

➢ Update-DR：由 TCK 上升沿驱动，数据寄存器当中的数据将被加载到相应的芯片引脚上去，用以驱动芯片。

➢ Select-IR-Scan：临时的中间状态。

➢ Capture-IR：一个特定的逻辑序列装载到指令寄存器中。

➢ Shift-IR：与 Shift-DR 类似，对应指令寄存器。

➢ Update-IR：新指令将被用来更新指令寄存器。

2. JTAG 工作过程

1) JTAG 处于挂起状态，JTAG 的扫描单元并不影响设备信号的输入输出。

2) 在 JTAG 状态机的 Capture-DR 状态，把 I/O 口上的数据捕获到 JTAG 扫描单元的移位寄存器上。

3) 在 JTAG 状态机的 Shift-DR 状态，TCK 的一次跳变，把数据从 TDI 移位到 JTAG 移位寄存器的高位上，并从 TDO 输出移位寄存器的低位。

4) 经过六个 TCK 的时钟可以把整个捕获到的 JTAG 链的移位寄存器上的数据移出，并且，把新的数据移入 JTAG 链。

5) 在 JTAG 状态机的 Update-DR 状态，可以把新的数据锁定到设备的输入或者输出 I/O 口上，从而完成了一次 JTAG 的数据更新。

4.7　案　例　分　析

本章导入案例中给出的是武汉创维特信息技术有限公司设计的 JXARM9-2410-1 嵌入式实验教学平台。该实验教学平台以 S3C2410 芯片为基础扩展了最小嵌入式系统，并以此最小系统为核心扩展了面向控制的各类接口，支持多种操作系统，提供了嵌入式软件开发实验的多个例程。下面利用本章所学知识对该案例做进一步分析。

4.7.1　嵌入式最小系统

JXARM9-2410-1 实验教学平台的核心模块中包含了嵌入式最小系统的微处理器、晶振电路、存储器，预留了调试接口、I/O 接口连接插座。核心模块主要包含以下几方面。

1) 64MB 的 SDRAM 存储器，由两片 16 位数据宽度的 SDRAM 存储器组成，地址为 0x30000000～0x33FFFFFF。

2) 32MB NOR Flash 存储器和 8MB NAND Flash，NOR Flash 内部存放启动代码 Boot loader、Linux 内核映像、I²S 测试声音文件等。其数据宽度为 32 位，地址为 0x00000000～0x01FFFFFF；NAND Flash 中包含一个 CRAMFS 文件系统，在 Linux 中使用。

3) 晶振电路：核心模块上有两片晶振。一片 12MHz 晶振为内部锁相环提供震荡输入，另一片 32.768kHz 晶振为 RTC 电路提供震荡输入。

4) 电源及复位：电源部分有两个电压转换模块，将 5V 和 3.3V 的电压分别转换成 3.3V 和 1.8V。核心模块基于 74HC04 设计了复位电路。

5) 调试接口：实验箱上有 20 针标准 JTAG 接口，可以用于高速仿真调试；另外还有一个建议仿真调试口，可以直接连接在计算机并口上。

6) 其他接口：为实现良好的人机交互，实验箱扩展了显示屏、触摸屏、键盘、鼠标等交互接口。

4.7.2 面向具体应用的接口

在通信方面，实验箱扩展了以太网接口、USB 接口、标准计算机打印口(并口)以及 GPRS 无线通信模块。

面向控制领域的应用，实验箱扩展了两相步进电机、RS485 总线接口、CAN 总线接口。

为提供对多种存储介质的支持，实验箱扩展了标准 IDE 硬盘接口、标准 CF 卡接口以及 SD/MMC 卡接口。

4.7.3 软件环境

实验箱的软件系统及开发平台也是二次开发应注意的要素，案例中的实验箱可稳定运行 Linux、Windows CE、VxWorks、Nucleus、µC/OS-Ⅱ 等嵌入式实时操作系统，并可任意内置多操作系统。提供多达 58 项实验项目，分为嵌入式基础实验、嵌入式接口实验、嵌入式 BootLoader 实验、嵌入式操作系统(µC/OS-Ⅱ及 Linux)基础实验/接口实验/图形用户界面(GUI)实验、高级应用实验等类别，为二次开发提供良好实验基础。

本 章 小 结

本章以 ARM 核为基础，以 S3C2410X 为微处理器芯片案例，介绍了以微处理器为核心，不断扩展外围接口，形成最小硬件系统的硬件平台构建过程；分析了以 ARM9TDMI 为基础的 ARM920T 核；介绍了存储系统、I/O 系统、人机交互接口、JTAG 接口的基础知识；以 S3C2410X 为例，讲解了该芯片扩展外围系统的方法和步骤。

(1) 嵌入式最小系统：介绍构建嵌入式硬件平台的基本要素，它实际应用系统的瘦身，更是硬件设计的基础性步骤。嵌入式最小系统通常包括微处理器、存储器、电源电路、复位电路、晶振电路、串口等。

(2) S3C2410X 微处理器芯片：该芯片是前文讲述的 ARM 核及其指令集的物化与扩展。它不仅包括 ARM 核，而且有丰富的外围接口，适合于手持设备的应用。

(3) 存储系统：比较了不同存储器容量、速度等特点，介绍了分级存储结构，分析了 S3C2410X 的存储接口，列举了 S3C2410X 配置 SDRAM 存储器的案例。

(4) I/O 系统：讲解了 I/O 系统编址方法、控制策略、GPIO 特点，分析了 S3C2410X 的 GPIO 系统。

（5）人机交互系统：着重讲解 LCD、触摸屏、键盘等基本交互接口；叙述了 LCD、触摸屏的分类与特点，以实际案例讲解 S3C2410X 的 LCD、触摸屏、键盘连接电路。

（6）JTAG 接口：在嵌入式系统中，广泛采用 JTAG 接口作为调试接口，本章介绍了 JTAG 的原理与工作过程。

 阅读材料

NOR Flash 和 NAND Flash

NOR Flash 和 NAND Flash 是现在市场上两种主要的非易失闪存技术。Intel 于 1988 年首先开发出 NOR Flash 技术，彻底改变了由 EPROM 和 EEPROM 一统天下的局面。紧接着，1989 年，东芝公司发表了 NAND Flash 结构，强调降低每比特的成本，更高的性能，并且像磁盘一样可以通过接口轻松升级。但是经过十多年之后，仍然有相当多的硬件工程师分不清 NOR Flash 和 NAND Flash。许多业内人士 NAND Flash 技术相对于 NOR Flash 技术的优越之处也不是很明确，因为大多数情况下闪存只是用来存储少量的代码，这时 NOR Flash 闪存更适合一些。而 NAND Flash 则是高数据存储密度的理想解决方案。NOR Flash 的特点是芯片内执行(eXecute In Place，XIP)，这样应用程序可以直接在 Flash 内运行，不必再把代码读到系统 RAM 中。NOR Flash 的传输效率很高，在 1~4MB 的小容量时具有很高的成本效益，但是很低的写入和擦除速度大大影响了它的性能。NAND Flash 结构能提供极高的单元密度，可以达到高存储密度，并且写入和擦除的速度也很快。应用 NAND Flash 的困难在于 Flash 的管理和需要特殊的系统接口。下面从几个方面比较 NOR Flash 和 NAND Flash 的异同。

（1）性能比较

Flash 是非易失存储器，可以对存储器单元块进行擦写和再编程。任何 Flash 器件的写入操作只能在空或已擦除的单元内进行，所以大多数情况下，在进行写入操作之前必须先执行擦除。NAND Flash 器件执行擦除操作是十分简单的，而 NOR Flash 则要求在进行擦除前先要将目标块内所有的位都写为 0。由于擦除 NOR Flash 器件时是以 64~128KB 的块进行的，执行一个写入/擦除操作的时间为 5s，与此相反，擦除 NAND Flash 器件是以 8~32KB 的块进行的，执行相同的操作最多只需要 4ms。

（2）接口差别

NOR Flash 带有 SRAM 接口，有足够的地址引脚来寻址，可以很容易地存取其内部的每一个字节。NAND Flash 器件使用复杂的 I/O 口进行串行存取数据，各个产品或厂商的方法可能各不相同。8 个引脚用来传送控制、地址和数据信息。NAND Flash 读和写操作采用 512 字节的块，类似于硬盘管理此类操作。

（3）容量和成本

NAND Flash 的单元尺寸几乎是 NOR Flash 器件的一半，由于生产过程更为简单，NAND Flash 结构可以在给定的模具尺寸内提供更高的容量，也就相应地降低了价格。NOR Flash 占据了容量为 1~16MB 闪存市场的大部分，而 NAND Flash 只是用在 8~128MB 的产品当中，这也说明 NOR Flash 主要应用在代码存储介质中，NAND Flash 适合于数据存储，NAND Flash 在 CompactFlash、Secure Digital、PC Cards 和 MMC 存储卡市场上所占份额最大。

（4）耐用性

在 NAND Flash 中每个块的最大擦写次数是一百万次，而 NOR Flash 的擦写次数是十万次。NAND Flash 存储器除了具有 10 比 1 的块擦除周期优势，典型的 NAND Flash 块尺寸要比 NOR Flash 器件小 8 倍，每个 NAND Flash 存储器块在给定的时间内的删除次数要少一些。

（5）易用性

可以非常直接地使用基于 NOR Flash，可以像其他存储器那样连接，并可以在上面直接运行代码。由于需要 I/O 接口，NAND Flash 要复杂得多。各种 NAND Flash 器件的存取方法因厂家而异。在使用 NAND Flash 器件时，必须先写入驱动程序，才能继续执行其他操作。向 NAND Flash 器件写入信息需要相当的技巧，因为设计师绝不能向坏块写入，这就意味着在 NAND Flash 器件上自始至终都必须进行虚拟映射。

(6) 软件支持

在 NOR 器件上运行代码不需要任何的软件支持，在 NAND Flash 器件上进行同样操作时，通常需要驱动程序，也就是内存技术驱动程序(MTD)，NAND Flash 和 NOR Flash 器件在进行写入和擦除操作时都需要 MTD。使用 NOR Flash 器件时所需要的 MTD 要相对少一些，许多厂商都提供用于 NOR Flash 器件的更高级软件，这其中包括 M-System 的 TrueFFS 驱动，该驱动被 Wind River System、Microsoft、QNX Software System、Symbian 和 Intel 等厂商所采用。驱动还用于对 DiskOnChip 产品进行仿真和 NAND Flash 的管理，包括纠错、坏块处理和损耗平衡。

习　题

一、选择题

1. 属于 LCD 三种显示方式的是(　　)。
   A. 投射型、反射型、透射型
   B. 投射型、透反射型、透射型
   C. 反射型、透射型、透反射型
   D. 投射型、反射型、透反射型
2. JTAG 的引脚 TCK 的主要功能是(　　)。
   A. 测试时钟输入
   B. 测试数据输入，数据通过 TDI 输入 JTAG 口
   C. 测试数据输出，数据通过 TDO 从 JTAG 口输出
   D. 测试模式选择，TMS 用来设置 JTAG 口处于某种特定测试模式

二、判断题

1. JTAG 是一种嵌入式系统中常用大数据传输接口。　　　　　　　　　　　(　　)
2. LCD 是一种输出设备。　　　　　　　　　　　　　　　　　　　　　　(　　)
3. CPU 和 I/O 接口之间常见的数据交换方式包括 DMA(直接内存访问)方式、查询方式、中断方式等。　　　　　　　　　　　　　　　　　　　　　　　　　(　　)

三、问答题

1. S3C2410X 存储系统有哪些特征？
2. 嵌入式最小系统中，处理器、时钟、内存、电源各起什么作用？这些和计算机系统的基本操作有什么对应关系？
3. 比较 SRAM、NOR FLASH、SDRAM 和 NAND FLASH 等几种存储芯片的特点和用途？
4. 典型的 I/O 接口的编址方式有哪两种，各有什么特点？
5. 简述 LCD 的显示原理。
6. 简述 JTAG 的工作原理。

第5章

嵌入式 C 语言编程基础

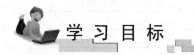

学 习 目 标

掌握 C 语言关键字和运算符的使用；
掌握函数的使用；
理解预处理的特点并掌握使用方法；
掌握如何利用指针处理各种程序单元。

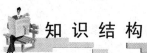

知 识 结 构

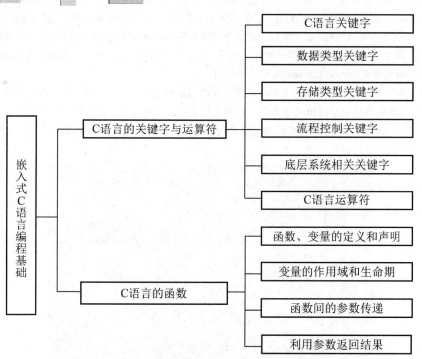

图 5.1　嵌入式 C 语言编程基础知识结构图

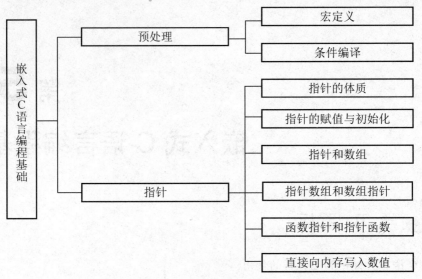

图 5.1　嵌入式 C 语言编程基础知识结构图(续)

 导入案例

　　美国东部时间 2012 年 8 月 6 日凌晨 1 时 30 分(北京时间 6 日 13 时 30 分)，新型火星探测器"好奇"号计划着陆火星表面。作为迄今为止设计最为复杂精密的火星探测器，"好奇"号探测车采用的是风河公司业界领先的 VxWorks 实时操作系统(RTOS)。采用 VxWorks 系统，"好奇"号完成被称为 EDL(进入火星大气层、下降以及着陆)的复杂着陆过程。由于宇宙飞船安全着陆需要绝对的精确度，这一过程被称为"恐怖七分钟"。从 2011 年 11 月 26 日火箭离开地球那一刻起一直到任务完成，VxWorks 作为火星探测车的核心操作系统，将在本次具有历史意义的活动上发挥至关重要的作用。

　　整个火星车里有 250 万行 C 程序代码，运行在 VxWorks 操作系统上，精准无误，以毫微妙计算。这些代码运行在 BAE 制造的 RAD750 处理器上，它们包括 150 个独立模型，每个承担不同的功能。高度耦合的模块被抽象成组件，完成一个特定的功能或者行为。这些组件被进一步组合为层，整个火星登陆车包括不超过 10 个顶级层组织。

图 5.2　"好奇"号发回的火星表面照片(来自 www.nasa.gov)

代表了当今最高科技水平的"好奇"号的软件编写主要使用的是 C 语言，和人们日常生活关系密切的很多电子设备，如数码照相机、机顶盒、路由器等，它们的控制系统都极其复杂，内部功能的实现都在几十万至几百万代码。这几十万到几百万行的代码，主要是用 C 语言完成的。可见，C 语言在嵌入式软件的开发中起到了中流砥柱的作用。

C 语言具有直接读写内存的能力，并且可以直接对位进行操作，可以实现汇编语言的大部分功能。C 语言的目标代码执行效率高，仅比汇编语言程序的目标代码低 10%～20%。并且 C 语言程序具有很好的可移植性。

总之，C 语言兼具高级语言和汇编语言的双重优势，使之成为嵌入式软件开发中使用最多并占据统治地位的一种编程语言。

在嵌入式软件的开发中，目前常用的编程语言有汇编、C、C++、Java 等。汇编语言针对具体的处理器，可以操作一切硬件资源，但是编写上层程序显得烦琐。C 语言作为一种具有"低级"语言特性的高级语言，既可以用于上层应用程序的编写，又可以像汇编语言那样直接操作硬件。C++和 Java 都是面向对象的高级语言，一般用在上层应用程序的开发中。

从当前嵌入式软件开发的实际情况来看，使用最多的编程语言是 C 语言，因此熟练掌握 C 语言编程是进行嵌入式软件开发的基本要求。由于要对硬件设备和内存直接进行操作，要编写驱动程序、通信协议等底层软件，因此使用 C 语言进行嵌入式软件开发的过程中，需要对 C 语言有比较透彻深入的理解。

5.1　C 语言的关键字与运算符

5.1.1　C 语言关键字

在 C 语言中，关键字就是 C 语言本身预定义的符号，编写程序时具有特定的含义和功能，指示计算机执行特定的操作，用户自定义的标识符(常量、变量、函数名、宏等)不得与关键字冲突。ANSI C 中一共有 32 个关键字，表 5-1 对关键字的含义做一个简单的回顾。

表 5-1　C 语言的关键字

关键字	含义
auto	声明自动变量
short	声明短整型变量或函数
int	声明整形变量或函数
long	声明长整型变量或函数
float	声明浮点型变量或函数
double	声明双精度变量或函数
char	声明字符型变量或函数
struct	声明结构体变量或函数
union	声明共用数据类型

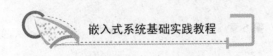

关键字	含义
enum	声明枚举类型
typedef	给数据类型取别名
const	声明只读变量
unsigned	声明无符号类型变量或函数
signed	声明有符号类型变量或函数
extern	声明该量是在其他文件中定义
register	声明寄存器变量
static	声明静态变量
volatile	每次都从内存中读取变量，不进行读取优化
void	声明函数无返回值或无参数，声明无类型指针
if	条件语句
else	条件语句否定分支(与 if 连用)
switch	用于开关语句
case	开关语句分支
for	一种循环语句
do	循环语句的循环体
while	循环语句的循环条件
goto	无条件跳转语句
continue	结束当前循环，开始下一轮循环
break	跳出当前循环或分支
default	开关语句中的"其他"分支
sizeof	计算数据类型长度
return	子程序返回语句(可以带参数，也可不带参数)

表 5-1 的 32 个关键字中，按照功能，大致可以分成以下四类。

1) 数据类型关键字：char、short、int、long、float、double、signed、unsigned、void、enum、struct、union、const。

2) 存储类型关键字：auto、register、static、extern。

3) 流程控制关键字：if、else、switch、case、default、while、do、for、break、continue、return、goto。

4) 底层系统相关关键字：sizeof、typedef、volatile。

本书不再对 32 个关键字逐一介绍，而是就关键字使用中容易出错的地方，以及和嵌入式软件开发密切相关的部分进行重点介绍。

5.1.2 数据类型关键字

1. 数据类型的位长

使用 C 语言进行程序设计时，首先要明确在程序运行的处理器上，各种数据类型的长度以及由此而决定的可以表示的数值范围。因为 ANSI C 标准并没有对简单数据类型的长度给出严格的规定，仅仅是给出了各种数据类型的长度的最小约定。表 5-2 列出各种 ANSI C 的各种整数类型的最小长度及表示范围。

表 5-2　各种整数类型的位长和取值范围

数据类型	长度(位数)	ANSI C 标准最小范围
signed char	8	−127～127
unsigned char	8	0～255
signed short	16	−32767～32767
unsigned short	16	0～65535
signed int	16	−32767～32767
unsigned int	16	0～65535
signed long	32	−2147483647～2147483647
unsigned long	32	0～4294967295

在嵌入式软件的开发中，使用的处理器和编译器往往差别较大，导致同样的数据类型在不同的平台上位长不同，表示的数据范围也不一致，如果没有意识到这一点，就可能会由于选用的数据类型不合适而导致程序运行出错。例如，(unsigned) int 这种数据类型，在 32 位的 ARM 微处理器上其长度是 32 位，而在大多数 8 位微处理器上其长度是 16 位。因此，在某种硬件平台下使用某种编译器进行嵌入式软件开发前，一定要事先阅读相关的硬件及软件厂商提供的资料，明确各种数据类型的位长及表示范围，并且最好事先编写测试程序进行验证。

另外，一个字节的长度未必总是 8 位，有时是 16 位。例如，在 TI 的 Code Composer Studio 环境下的 TMSC32x/C2xx/C5x 系列 DSP 的一个字节就是 16 位，而不是通常的 8 位。在上述情况下，因为已经规定了一个字节是 16 位，所以当用 sizeof(char)计算 char 数据类型所占空间时，结果仍然是 1，但是 char 所能表示的数值范围却大大扩展了。实际上，TMSC32x/C2xx/C5x 系列 DSP 在 CCS 编译器下，char、short、int 三种数据类型的位长是一样的，都占用 16 位的存储空间。

2. 字节存储顺序

多于一个字节的数据在内存中存放时，有大端存储和小端存储两种存放顺序。如果数据的低字节在内存高地址处，高字节在内存低地址处，称为大端存储；如果数据的低字节在内存低地址处，高字节在内存高地址处，称为小端存储。假设有一个 32 位的 int 型整数 0x12345678，它在内存中的大端存储和小端存储分别如图 5.3 所示。

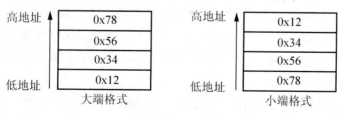

图 5.3　大端存储和小端存储

微处理器使用哪种存储格式并无好坏之分，技术的实现上也不存在难易差别，具体采用哪种格式一般取决于习惯。目前 Intel 公司的 x86 系列 CPU 均采用小端存储，IBM、Freescale 公司的处理器大多采用大端存储，ARM 处理器既支持大端存储，也支持小端存储。

如果仅仅是编写运行在单机上的上层应用程序，程序员基本不用考虑大端、小端存储的问题，但是如果编写涉及底层硬件操作或者通信协议的程序时，就必须考虑大小端的问题。因此，读者应该掌握通过编写程序测试当前机器的存储格式的方法。下面给出一段测试大小端的程序片段。

```c
int check_endian()
{
    union check
    {
        int i;
        char ch;
    }u;
    u.i = 1;
    return ( u.ch == 1 );
}
```

3. 浮点数与 0 值的比较

在目前的 C 计算机中，对于浮点数的存储普遍采用 IEEE-754 标准，即浮点数在内存中实际上是用科学计数法以指数的形式存储的。浮点数在内存中的存储如表 5-3 所示。

表 5-3　浮点数的存储格式

浮点数	第 31 位	第 30～23 位	第 22～0 位
float	符号位	阶码	尾数
	第 63 位	第 62～52 位	第 51～0 位
double	符号位	阶码	尾数

注：符号位中，0 表示正，1 表示负。

在本书中，关于浮点数的存储方法不过多涉及，感兴趣的读者可参考计算机组成与结构方面的书籍。但是读者应该清楚地知道，按照 IEEE 的标准存储浮点数时，由于 10 进制的小数在转化成 2 进制时，一是因为"乘 2 取整"可能不会穷尽，二则受限于浮点数尾数的位数，浮点数在内存中的表示和其绝对值存在误差是一种正常现象。因此浮点数之间互相比较时不能简单的采用"＝＝"或者"！＝"来进行，而应该采用判断两数相减之差是否在规定的区间范围内的方法进行。假设有两个浮点数 x 和 y，如欲比较它们的大小，正确的代码应该如下所示：

```c
#define EPINSON  (1e-6)
//如果下面的条件成立,则可以认为 x 和 y 相等
```

```
if( (x - y ) < EPINSON || ( y - x ) < EPINSON )
{
    do_sth();
}
```

5.1.3　存储类型关键字

1. auto 关键字

在一个函数内部定义的变量称为内部变量或者局部变量，局部变量的存储类型默认是 auto 型，一般情况下 auto 关键字可以省略不写。具有 auto 存储类型的变量的作用域是它所处的函数或者复合语句，生命期是其所在的函数被调用期间。

auto 变量存储在程序的栈区之中，在嵌入式系统特别是一些单片机系统中，由于系统的内存空间很小，程序的栈空间也就相应的很小，有时只有几十个字节。在这种情况下，使用 auto 变量时一定要防止栈的溢出。栈发生溢出时，程序的运行会出现一些莫名其妙的错误，但是从代码上来看程序又是正确的。发生这种情况时，就要考虑栈是否发生了溢出。

2. static 关键字

static 字面的意思是静态的，在 C 语言中，static 可以用来修饰变量或者函数。

(1) 修饰局部变量

auto 型局部变量的生命期仅在定义它的函数运行期间，当它所在的函数运行结束之后，局部变量占有的栈空间被系统回收，局部变量也就不存在了。当用 static 修饰局部变量时，局部变量的生命期是程序运行的整个生命期，当 static 局部变量所处的函数运行结束之后，static 变量依然存在，其保存的值也不会变化，但是其他的函数却无法再使用这个局部变量，因此，static 局部变量具有局部的可见性和全局的生命期。

(2) 修饰全局变量

一般情况下，全局变量属于外部变量，不但在定义该变量的文件中可用，在其他文件中通过 extern 关键字也可以引用。但是如果一个软件系统由多人开发，在不同的文件中需要使用同名的外部变量时，那么在该外部变量的前面可以加上 static，这样这个外部变量就变成仅在本文件中可见，在其他文件中不可见，即使加上 extern 修饰也不行。

(3) 修饰函数

当用 static 修饰函数时，其作用和 static 修饰全局变量一样：被 static 修饰的函数仅在定义它的文件中可见，其他文件中不可见。

3. extern 关键字

在 C 语言中，默认情况下外部变量和函数仅在定义它们的文件中才能访问，其他文件中不能访问这些外部变量和函数。为了扩大外部变量和函数的使用范围，可以在需要使用其他文件中定义的外部变量的文件中，对其他文件中定义的外部变量或函数，前面加上 extern 关键字，再做一次说明。在一个文件中使用其他文件中定义的外部变量和函数，可以有两种方式：一是在*.c 文件中对外部变量用 ertern 进行说明；二是把外部变量和函数的说明放在一个*.h 文件中，在需要使用这些外部变量和函数的文件中包含相应的*.h 文件。

通过对外部变量用 extern 进行说明，扩展了外部变量和函数的使用范围，不同的文件之间可以使用外部变量进行通信。

在一个文件中定义外部变量时，定义出现在所有函数的外部，且前面不加存储类型关键字。形式如下：

```
int a,b;
void f(void)
{
    //函数代码;
}
void g(void)
{
    //函数代码;
}
```

该程序中出现的 a 和 b 是对外部变量的定义，即给 a 和 b 分配相应的内存空间。在需要使用 a 和 b 的其他文件中的 extern int a，b 是对外部变量的声明，表示本文件引用其他文件中定义的 a 和 b。

外部变量的定义仅能出现一次，而声明可以在不同的文件中出现多次。

5.1.4 流程控制关键字

为了保证程序书写的清晰、规范，建议对于选择、分支、循环结构的执行部分，即使只有一行语句，也把执行部分包围在一对大括号中，这样可以减少逻辑上出错的可能。

1. if、else 关键字

使用 if 关键字时，经常会有判断两个表达式是否相等的关系运算，这时要注意不要把"=="写成"="。在某些情况下，把"=="写成"="会导致 if 后的条件永远成立，从而失去选择判断功能。例如：

```
int i = 100;
if( i = 1)
{
    printf("OK\n");
}
```

可以看到，由于 if 后的判断语句中，误把"=="写成了"="，导致条件总是成立，if 下的语句必定被执行，从而失去了选择功能。

if 语句的后面不要无意中加上分号。虽然 C 语言中的语句遇到";"表示语句的结束，但并不意味着每一条语句的结束都必定要有一个分号，if 语句和 for、while 语句的末尾一般不加分号(除非无选择的执行或者循环体是空语句)。例如，以下程序片段：

```
if( a == b );
```

```
{
    f();
}
```

编写者的本意是希望 a 和 b 相等的时候，执行函数 f( )，但是现在却变成了无论 a 和 b 是否相等，f( )都会被执行，原因在于 if 语句的后面加了一个 ";"之后，";"作为 if 语句的执行体被执行了，而真正的 f( )变成了选择语句的下面一条语句，无论 if 语句中的条件是否成立，f( )函数都会被执行。

2. for、while、do...while 关键字

(1) 利用循环关键字构成任务代码

嵌入式系统中的任务一般情况下是以一个无限循环的形式出现的，在没有操作系统支持的单片机系统中，主程序完成系统硬件、软件的初始化后，要做的工作就是在一个无限循环中不停地进行检测、处理；在有实时操作系统支持的情况下，每个任务的主体也都是以无限循环的形式出现，多个任务在操作系统的调度下轮番运行。上述两种情况下的无限循环，一般以下面两种形式出现：

```
while( 1 )
{
    任务代码;
}
```

或者

```
for( ; ;)
{
    任务代码;
}
```

(2) 循环的效率

效率问题从来都是程序设计追求的目标之一，对于运算能力有限的嵌入式系统来说，更要在软件编写的过程中提高效率。

在程序中，如果出现多重循环，只要有可能，应该尽量把循环次数多的循环放在内层，循环次数少的循环放在外层，这样可以减少 CPU 在两层循环间切换的次数，提高程序的执行效率。例如：

```
for( i = 0; i < 10; ++i )
{
    for( j = 0; j < 10000; ++j )
    {
        s = s+a[i][j];
    }
}
```

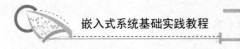

的效率要较

```
for( i = 0; i< 10000; ++i )
{
for( j = 0; j < 10; ++j )
{
        s = s+a[j][i];
    }
}
```

的效率高。因为第一段程序循环被打断进行切换的次数少。

3. break、continue、goto 关键字

break 关键字用在循环体或者 switch 语句中，用来彻底地跳出循环或者 switch 语句，如同其字面意思，"打破"当前所处的位置，彻底退出。continue 关键字也用在循环语句之中，但是它的作用是先结束本次循环，然后"继续"下一次循环。break 处在多重循环中时，它只能用来退出一重循环，不能退出多重循环，如果要退出多重循环，只有在每层循环中都使用一个 break。例如：

```
for( ; ; )
{
   for( ; ; )
   {
       if( cond1 == 1 )
       {
           flag = 1;
           break;
       }
   }
   if( flag == 1 )
   {
break;
   }
}
```

在结构化的程序设计中，应该减少 goto 关键字的使用，但并不是彻底的不用 goto。在驱动程序以及其他一些要求程序执行效率较高的场合，可以使用 goto 退出多重循环。

5.1.5 底层系统相关关键字

1. sizeof

对于 sizeof 来说，很多人误以为它是函数，实际上 sizeof 是 C 语言的一个关键字，同时还是一个运算符。sizeof 用来计算一种类型或者一个变量所占的存储空间的字节数。使用形式有如下几种：

第 5 章　嵌入式 C 语言编程基础

```
int i,len;
len = sizeof( int );        //第一种使用形式
len = sizeof( i );          //第二种使用形式
len = sizeof i;             //第三种使用形式
```

sizeof 后如果是数据类型，则数据类型关键字必须放在小括号中；如果是变量，变量既可以放在小括号中，也可以直接跟在 sizeof 关键字后。

使用 sizeof 得出的是数据类型或者变量所占的字节数，在某个平台下编写程序时，如果对某种数据类型的位长不清楚，可以用 sizeof 关键字测试。但是需要注意的是，在有些平台下，一个字节是 16 位，而不是通常的 8 位，例如，前面曾提到的 TI 的 TMSC32x/C2xx/C5x 系列 DSP。

2．volatile

很多编程人员可能对 volatile 不是很熟悉，volatile 的字面意思是"不稳定的"，但是在 C 语言中使用它时恰恰却是希望稳定数据的值。编译器在对源代码进行编译时会进行相应优化，如有一段代码：

```
int i = 1;
int j = i;
int k = i;
```

编译器在给 j、k 赋值时，会认为 i 的值没有发生变化，从而从存放 i 的寄存器中直接取 i 的值赋给 j 和 k。这在一个单线程且没有涉及硬件操作的环境下是正确的。但是如果 i 的值取自某一个硬件端口的数据寄存器或者 i 被其他的线程同时使用，那么就有可能从 CPU 寄存器取出的 i 并不是变量 i 的最后的值。在这种情况下，为了保证 CPU 每次都从内存中取得变量，可以在变量的前面加上一个 volatile 关键字，以防止编译器对变量的优化。

5.1.6　C 语言运算符

C 语言一共有 34 个运算符，运算符的优先级一共有 15 级。表 5-4 详细列出了 34 个运算符的含义，优先级及结合方向。

表 5-4　C 语言的运算符

优先级	运算符	名称或含义	使用形式	结合方向	说明
1	[]	数组下标	数组名[常量表达式]	左到右	
	()	圆括号	(表达式)/函数名(形参表)		
	.	成员选择(对象)	对象.成员名		
	->	成员选择(指针)	对象指针->成员名		
2	-	负号运算符	-表达式	右到左	单目运算符
	(类型)	强制类型转换	(数据类型)表达式		
	++	自增运算符	++变量名/变量名++		单目运算符
	--	自减运算符	--变量名/变量名--		单目运算符

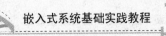

优先级	运算符	名称或含义	使用形式	结合方向	说明
2	*	求目标运算符	*指针变量		单目运算符
	&	求地址运算符	&变量名		单目运算符
	!	逻辑非运算符	!表达式		单目运算符
	~	按位取反运算符	~表达式		单目运算符
	sizeof	长度运算符	sizeof(表达式)		
3	/	除	表达式/表达式		双目运算符
	*	乘	表达式*表达式	左到右	双目运算符
	%	余数(取模)	整型表达式/整型表达式		双目运算符
4	+	加	表达式+表达式	左到右	双目运算符
	−	减	表达式−表达式		双目运算符
5	<<	左移	变量<<表达式	左到右	双目运算符
	>>	右移	变量>>表达式		双目运算符
6	>	大于	表达式>表达式		双目运算符
	>=	大于等于	表达式>=表达式	左到右	双目运算符
	<	小于	表达式<表达式		双目运算符
	<=	小于等于	表达式<=表达式		双目运算符
7	==	等于	表达式==表达式	左到右	双目运算符
	!=	不等于	表达式!=表达式		双目运算符
8	&	按位与	表达式&表达式	左到右	双目运算符
9	^	按位异或	表达式^表达式	左到右	双目运算符
10	|	按位或	表达式|表达式	左到右	双目运算符
11	&&	逻辑与	表达式&&表达式	左到右	双目运算符
12	||	逻辑或	表达式||表达式	左到右	双目运算符
13	?:	条件运算符	表达式1? 表达式2: 表达式3	右到左	三目运算符
14	=	赋值运算符	变量=表达式		
	/=	除后赋值	变量/=表达式		
	*=	乘后赋值	变量*=表达式		
	%=	取模后赋值	变量%=表达式		
	+=	加后赋值	变量+=表达式		
	−=	减后赋值	变量−=表达式	右到左	
	<<=	左移后赋值	变量<<=表达式		
	>>=	右移后赋值	变量>>=表达式		
	&=	按位与后赋值	变量&=表达式		
	^=	按位异或后赋值	变量^=表达式		
	|=	按位或后赋值	变量|=表达式		
15	,	逗号运算符	表达式,表达式,…	左到右	从左向右顺序运算

1. 优先级

关于运算符的含义和使用方法本书不再叙述。重点讲解运算符优先级的记忆方法以及使用中容易出错的地方。

把两个部分构成一个整体的运算符，取整体中某个成员的运算符优先级最高。这类运算符是[](由数组名和下标求数组中的元素)，()(由函数名和参数构成函数)，.(由结构体求其成员)，->(由结构指针求结构体中的成员)。

单目运算符的优先级高于所有的双目运算符和三目运算符。在单目运算符中出现的()是强制类型转换运算符，在语句int i = (int) f(void)中，包围int的()的优先级是第二级，f(void)中的()的优先级是第一级。

C 语言中，一共有三种逻辑运算：逻辑非 "!"、逻辑与 "&&"、逻辑或 "||"。单目逻辑运算符 "!" 的优先级最高，两个双目逻辑运算 "&&" 和 "||" 的优先级低于 "!"，其中 "&&" 的优先级(11 级)又高于 "||" 的优先级(12 级)。

双目和多目运算符的优先级，按照从高到低的顺序，大致可以这样记忆：算术运算>移位运算>关系运算>位运算(位取反除外)>逻辑运算(逻辑非除外)>条件运算>(复合)赋值运算>逗号运算。在算术运算符中，乘、除、取余的优先级高于加和减，这些读者都比较了解。但是以下几点需要注意：在关系运算中，">(>=)"、"<(<=)" 的优先级高于 "==" 和 "!="；几种位运算的优先级也是不一样的：位与的优先级高于位或。

在程序编写过程中，容易出错的几个优先级使用有以下几点。

1) "==" 和 "!=" 的优先级高于位运算优先级。val1 & val2 != val3 的正确意义是 val1 & (val2 != val3)，而不是(val1 & val2) != val3。

2) "==" 和 "!=" 的优先级高于赋值运算优先级。ch = getchar() != EOF 的正确意义是 ch = (getchar() != EOF)，而非(ch = getchar())!= EOF。出现上述理解错误的原因是想当然地把表面上类似的两个运算符 "!=" 和 "=" 的优先级认为是一样的，实际上，它们的优先级相差很大。

3) 算术运算符优先级高于移位运算符优先级。a << b+c 表示 a <<(b+c)，而非(a << b)+c。

出现上述几种理解错误的原因是，把早已建立并且比较熟悉的法则运用到了相对不太熟悉的运算中，属于思维上的一种惰性，软件设计是一项高度严谨的工作，对于不是太清晰的地方不要想当然。

2. 位运算符的使用

C 语言的位运算一共有六种，按照优先级从高到低依次是：位反 "~"、左移 "<<"、右移 ">>"、位与 "&"、位异或 "^"、位或 "|"。不同于 PC 上的软件开发，在嵌入式软件的设计中，经常会用到对寄存器和内存单元的操作，还有很多的通信协议需要实现，在对寄存器的操作以及通信协议的实现中，会用到大量的位操作，因此，下面介绍一些关于位操作的使用方法和技巧。

首先定义几个整型变量，并且假设 int 型的数据位长是 32 位。

```
int a,b,c,d,e;
```

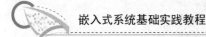

1) 把整数中的第 n 位置 1：

```
a= a | ( 1 << n );
```

在程序中进行置 1 的操作，可以定义一个带参数的宏：

```
#define SET_BIT(x,n)  ( x = x | ( 1 << n ) )
```

2) 把整数中的第 n 位置 0：

```
a = a &( ~( 1 << n) );
```

在程序中进行置 0 的操作，可以定义一个带参数的宏：

```
#define CLR_BIT(x,n) (x = x & ( ~( 1 << n ))
```

3) 把整数中的第 n 位反转：

```
a = a ^ ( 1 << n );
```

在程序中进行把某位反转的操作，可以定义一个带参数的宏：

```
#define REVERSE_BIT(x,n) (x = x ^ ( 1 << n )
```

4) 测试整数中的第 n 位是否为 1(0)：

```
b = a & ( 1 << n );
```

b 的值等于 1 说明被测整数的第 n 位是 1，b 的值是 0 说明被测整数的第 n 位是 0。如果要测试整数的某位是否为 1，可以定义一个带参数的宏：

```
#define TEST_BIT ( (x & ( 1 << n )) != 0)
```

5) 把整数左移 n 位：

```
a <<= n;
```

把一个整数左移 n 位等价于把该数乘以 2^n。

6) 把整数右移 n 位：

```
a >>= n;
```

把一个整数右移 n 位等价于把该数除以 2^n。

5.2 C 语言的函数

C 语言诞生于 20 世纪 70 年代，当时的软件规模不是太大，面向对象的编程思想尚未提出，C 语言的模块化和面向过程编程的特点决定了函数是组成 C 程序的基本单元。使用 C 语言编写程序，实际上就是编写一个个函数完成任务中各个子任务的功能。

传统的 C 语言程序是由一个或多个函数组成的，每个函数具有相对独立的功能，整个程序功能的实现是由主函数 main() 调用其他函数完成的。

5.2.1　函数、变量的定义和声明

1.　函数的定义和声明

函数是完成特定功能的一段代码，这段代码被封装起来，具有规定的输入，规定的输出，可以一次编写，多次使用。在程序中使用函数时，必须具有函数的实体。函数按照来源不同，分为库函数和用户自定义函数两类，库函数由编译器或者第三方以二进制代码的形式提供，自定义函数由用户自己编程实现。

函数的定义是对函数具体功能的规定和实现，包括确定函数的参数个数、参数数据类型、函数返回值的数据类型，定义何种数据结构，采用何种算法实现函数的具体功能等。函数的声明则是把函数的名字、函数类型以及形参类型、个数和顺序通知编译器，以便在调用函数时编译器按此进行对照检查(如函数名是否正确,实参与形参的类型和个数是否一致)。从程序中可以看到对函数的声明和函数定义中的函数首部基本上是相同的。

下面给出函数声明和定义的具体例子：

```
//函数声明
int add(int a,int b);
```

函数声明的特征是在函数首部加一个分号 ";"。

```
//函数定义
int add(int a,int b)
{
        return a+b;
}
```

函数定义的特征是函数首部后面没有分号，其下有一对大括号，大括号中是函数功能的具体实现。

函数的声明可以出现在程序的任意位置，在所有函数的外部或者函数的内部都可以，而函数的定义只能出现在其他函数的外部，不允许在函数的内部进行。

函数的定义给编译器提供产生可执行二进制代码的原料，声明是告诉编译器关于被调用函数的特征，声明的作用主要是在程序的编译阶段对调用函数的合法性进行全面检查。在 C 语言中，函数声明也称为函数原型(Function Prototype)。使用函数原型是 ANSI C 的一个重要特点。

实际上，如果在函数调用前，没有对函数进行声明，则编译器会把第一次遇到的该函数形式(函数定义或函数调用)作为函数的声明，并将函数类型默认为是 int 型。例如，有一个 add()函数，调用之前没有进行函数声明，编译时首先遇到的函数形式是函数调用 "add(a,b)"，由于对原型的处理是不考虑参数名的，因此系统将 add(a,b)加上 int 作为函数声明，即 int add()。所以很多书上说，如果函数返回值类型为整型，可以在函数调用前不作函数声明。但是使用这种方法时，系统无法对参数的类型做检查。即使调用函数时参数使用不当，在编译时也不会报错。因此，为了程序清晰和安全，建议都添加声明。

如果被调用函数的定义出现在主调函数之前，可以不必声明。因为编译系统已经先知道了已定义的函数类型，会根据函数首部提供的信息对函数的调用做正确性检查。

在进行程序设计时，一般的做法是把函数的声明写在一个头文件中，然后在所有可能调用这些函数的文件中包含含有函数声明的头文件。

2．变量的定义和声明

在程序中，函数的定义和声明比较容易区分，而变量的声明和定义就显得稍微复杂一点。变量的声明有两种情况。

1) 需要建立存储空间的(定义、声明)。例如，int a 在声明的时候就已经建立了存储空间。

2) 不需要建立存储空间的(声明)。例如，extern int a，其中变量 a 是在别的文件中定义的。

前者是"定义性声明(Defining Declaration)"或者称为"定义(Definition)"，而后者是"引用性声明(Referencing Declaration)"。从广义的角度来讲声明中包含着定义，但是并非所有的声明都是定义，例如，int a 既是声明，同时又是定义。然而对于 extern int a 来讲它只是声明不是定义。一般情况下，把建立空间的声明称之为"定义"，把不需要建立存储空间的声明称之为"声明"。很明显一般所说的声明范围是比较窄的，也就是说非定义性质的声明。

```
int main()
{
    extern int A;        //这是个声明而不是定义,声明 A 是一个已经定义了的外部变量
    do_sth();
}
int A;                   //这是定义,定义了 A 为整型的外部变量(全局变量)
```

外部变量(全局变量)的"定义"与外部变量的"声明"是不相同的，外部变量的定义只能有一次，它的位置是在所有函数之外，而同一个文件中的外部变量声明可以是多次的，它可以在函数之内(哪个函数要用就在哪个函数中声明)，也可以在函数之外(在外部变量的定义点之前)。系统会根据外部变量的定义(而不是根据外部变量的声明)分配存储空间。对于外部变量来讲，初始化只能在"定义"中进行，而不能在"声明"中进行。所谓的"声明"，其作用是声明该变量是一个已在后面定义过的外部变量，仅仅是为了"提前"引用该变量而作的"声明"而已。extern 只作声明，不作定义。

5.2.2　变量的作用域和生命期

变量的作用域和生命期是 C 语言中的一个重要概念，特别是在碰到局部变量和全局变量同名，函数的形参和实参同名的情况，更会让人感到疑惑。本节将以表格的形式总结变量作用域和生命期的特点。

如表 5-5 所示，作用域有三种。

表 5-5　变量的作用域和生命期

变量类型	生命期	作用域
局部变量	auto：自动变量，离开定义函数即消失	只作用于该函数内部
	register：寄存器变量，离开定义函数即消失	
	static：变量，离开定义函数仍存在	
全局变量	在程序运行期间，一直存在	static：仅限于本文件内部调用
		extern：若未使用 static 修饰，当别的文件调用此变量时，加 extern 修饰表明是外部引用
		注：从变量定义(引用)处起，至程序结束一直有效

注：函数本身即为全局的，若仅限于本文件调用，则应用 static 修饰

extern(外部的)：这是在函数外部定义的变量的默认存储方式。extern 变量的作用域是整个程序。

static(静态的)：在函数外部说明为 static 的变量的作用域为从定义点到该文件尾部；在函数内部说明为 static 的变量的作用域为从定义点到该局部程序块尾部。

auto(自动的)：这是在函数内部说明的变量的缺省存储方式。auto 变量的作用域为从定义点到该局部程序块尾部。

变量的生命期也有三种，但它们不像作用域那样有预定义的关键字名称。

第一种是 extern 和 static 变量的生存期，它们从 main()函数被调用之前开始，到程序退出时为止。

第二种是函数参数和 auto 变量的生存期，它们从函数调用时开始，到函数返回时为止。

第三种是动态分配的数据的生存期，它们从程序调用 malloc()或 calloc()为数据分配存储空间时开始，到程序调用 free()或程序退出时为止。

5.2.3　函数间的参数传递

一个程序中，不同的函数间为了相互协作，完成某个功能，一般需要相互传递数据，C 语言中，函数间的数据传递可以使用参数、返回值、全局变量进行。

函数调用发生时，函数间参数的传递遵循"按值传递，单向传递"的原则。假设有一个函数 f 定义如下：

```
int f(int x,int y)
{
    do_sth();
}
```

当在函数 g()中调用 f()时：

```
void g()
{
    int a,b ;
```

```
    f(a,b) ;
}
```

  C 语言规定参数的传递是"按值传递"，即当函数调用发生时，系统给形参分配存储空间，然后把实参的值传递到形参的存储空间。在被调用函数中对形参进行处理，实际上是在形参所占的存储空间中进行的，对形参的改变不会作用到实参的存储空间，即不会影响到实参。函数调用完毕后，在函数中对形参的改变不会反馈给实参(上例中，在函数 f() 未被调用之前，系统没有给形参分配存储空间，因此形参也就没有值可言。当一个函数被调用后，系统给形参分配相应的存储空间，把实参的值复制到分配给形参的存储空间中。在被调用函数中，对形参的任何改变都和实参没有关系，并且被调用函数执行完毕后，形参值的改变也不会反馈到调用函数的实参中)。这个过程可以用图 5.4 表示。

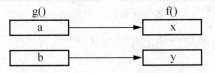

图 5.4　实参和形参之间值的传递

  为了在被调用函数中对实参进行修改，必须采取地址传送方式传递数据。这时作为参数传递的不是数据本身，而是数据的存储地址。在这种方式中，以数据的地址作为实参调用一个函数，而被调用函数的形参必须是可以接收地址值的指针变量，并且它的数据类型要与被传递数据的数据类型相同。下面给出一个使用地址传送方式传递数据的例子：

```
/*地址传送方式传递数据*/
int plus(int *px,int *py)
{
    int z;
    z = *px+*py;
    return z;
}


main()
{
    int a,b,c;
    printf("Enter A and B:");
    scanf("%d %d",&a,&b);
    c = plus(&a,&b);
    printf("A+B=%d\n",c);
}
```

  使用地址传送方式传递数据的特点：由于数据无论是在调用函数中还是被调用函数中都使用同一个存储空间，所以在被调用函数中对该存储空间中的值做出某种变动后，必然会影响到使用该空间的调用函数中相应变量的值。地址传送方式的特点如图 5.5 所示。

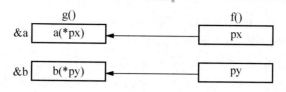

图 5.5　函数间的地址传送

在 C 语言中使用地址传送参数，不仅可以传送变量的地址，而且可以传送数组或者其他构造类型的地址。特别需要指出的是，C 语言中如果使用数组名字作为参数，实参传递给形参的是数组首元素的首地址，而不是把所有数组元素的值传递给形参。在被调用函数中对数组元素值的改变其实就是改变调用函数中的数组元素，修改可以反馈回调用函数中，因为调用函数和被调用函数之间互相传递的是数组元素的地址。这种情况，可以用下面代码验证。

```c
/*数组作为函数参数，实参传递给形参的是数组首元素的首地址*/
main()
{ void swap(int x[2]);
  int a[2]={2,9};
  swap(a);
  printf("%d,%d\n",a[0],a[1]);
}
void  swap(int x[2])
{ int t;
   t=x[0];x[0]=x[1];x[1]=t;

}
```

5.2.4　利用参数返回结果

利用参数传送地址时，在被调用函数中对形参的存储空间中的数据做出的任何变动，都会反馈给调用函数中作为实参的相应变量。利用这个特性，可以在被调用函数中把它的处理结果送入某个形参的存储空间。当函数返回时，通过该形参的存储空间把处理结果带给调用函数。

```c
/*利用参数返回处理结果*/
plus(int x,int y, int *z)
{
    *z = x+y;
}
void main()
{
    int a,b,c;
    printf("Enter A and B:");
    scanf("%d %d",&a,&b);
    plus(a,b,&c);
    printf("A+B=%d\n",c);
}
```

在上例中，x 和 y 用于接收两个运算数，形参 z 是一个指针，它的作用是把相加的结果送入它所指向的存储地址中。在主函数中调用函数 plus() 时，第三个实参是 &c，即变量 c 的地址。根据地址传送方式的特性可知，调用 plus() 后，变量 c 中得到了 a 和 b 的相加结果。

在 C 语言中，关键字 return 只能返回一个结果，如果被调用函数中有多个结果需要返回给调用者，可以使用参数进行返回。下面的例子中，调用函数 cal() 后，会把参数 x 和 y 的和差积商同时返回。

```c
/*利用参数返回多个处理结果*/
cal(int x,int y, int *a, int *b, int *c, int *d)
{
    *a = x+y;
    *b = x - y;
    *c = x *y;
    *d = x / y;
}
main()
{
    int a,b,c;
    printf("Enter A and B:");
    scanf("%d %d",&a,&b);
    plus(a,b,&c);
    printf("A+B=%d,A-B=%d,A * B =%d,A / B =%d\n",a,b,c,d);
}
```

5.3 预 处 理

C 语言中的预处理包括文件包含、宏定义、条件编译等。预处理功能是在程序的预编译阶段进行的替换等操作，而不是由编译器直接对预处理部分进行编译。预处理语句与普通的 C 语句的区别在于，预处理语句以"#"开头，且末尾不带分号。本节将讨论宏定义和条件编译。

5.3.1 宏定义

宏定义的一般形式是

```
#define <标识符> <字符串>
```

其含义是将程序中出现 <标识符> 的地方全部利用 <字符串> 来替换。使用宏定义时，需要注意括号的使用。例如，定义一个宏用来求 x 的平方：

```
#define SQUARE(x) x*x
```

如果用宏求 10 的平方，则 SQUARE(10) 会被替换成 10*10，结果正确。但是如果用宏定义求(10+2)的平方，则 SQUARE(10+2)会被替换成 10+2*10+2，显然结果是错误的。重新定义宏如下：

```
#define SQUARE(x) (x)*(x)
```

用上面新定义的宏求 SQUARE(10+2)，结果是正确的。下面再定义一个宏：

```
#define SUM(x) (x)+(x)
```

用宏求 SUM(1*2)* SUM(1*2)，替换的结果是(1*2)+ (1*2)*(1*2)+ (1*2)。这不是希望的结果，因此把上面的宏定义字符串部分再加上括号改写如下：

```
#define SUM(x) ((x)+(x))
```

则 SUM(1*2)* SUM(1*2)的替换就正确了。因此，在使用宏定义时，在逻辑正确的前提下，多使用括号是一种确保替换正确的手段。

通过上面的例子，可以看出一些简单的功能，既可以使用函数，也可以使用宏替换来实现，那么究竟是用函数好，还是宏定义好？这就要求对二者进行合理的取舍。下面来看一个例子，比较两个数或者表达式的大小，首先把它写成宏定义：

```
#define MAX( a, b) ( (a) > (b) (a) : (b) )
```

其次，把它用函数来实现：

```
int max( int a, int b)
{
    return (a > b a : b);
}
```

很显然，我们不会选择用函数来完成这个任务，原因有两个。第一，函数调用会带来额外的开销，它需要开辟一片栈空间，记录返回地址，将形参压栈，从函数返回还要释放栈。这种开销不仅会降低代码效率，而且代码量也会大大增加，使用宏定义则在代码规模和速度方面都比函数更胜一筹。第二，函数的参数必须被声明为一种特定的类型，所以它只能在类型合适的表达式上使用，如果要比较两个浮点型的大小，就不得不再写一个专门针对浮点型的比较函数。反之，上面的那个宏定义可以用于整形、长整形、单精度浮点型、双精度浮点型以及其他任何可以用 ">" 操作符比较值大小的类型，也就是说，宏是与类型无关的。

和使用函数相比，使用宏的不利之处在于每次使用宏时，一份宏定义代码的副本都会插入到程序中。除非宏非常短，否则使用宏会大幅度增加程序的长度。还有一些任务根本无法用函数实现，但是用宏定义却比较容易。例如，参数类型没法作为参数传递给函数，但是可以把参数类型传递给带参的宏。看下面的例子：

```
#define MALLOC(n, type) ( (type *) malloc((n)* sizeof(type)))
```

利用这个宏，可以为任何类型分配一段指定大小的空间，并返回指向这段空间的指针。下面观察一下这个宏的工作过程：

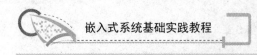

```
    int *ptr;
    ptr = MALLOC ( 5, int );
```

将这个宏展开以后的结果：

```
    ptr = (int *) malloc ( (5) * sizeof(int) );
```

这个例子是宏定义的经典应用之一，完成了函数不能完成的功能，但是宏定义也不能滥用，通常，如果相同的代码需要出现在程序的几个地方，更好的方法是把它实现为一个函数。表 5-6 是对宏和函数不同之处的总结。

表 5-6　宏和函数的比较

属性	#define 宏	函数
代码长度	每次使用时，宏代码都被插入到程序中。除了非常小的宏之外，程序的长度将大幅度增长	函数代码只出现于一个地方：每次使用这个函数时，都调用那个地方的同一份代码
执行速度	更快	存在函数调用、返回的额外开销
操作符优先级	宏参数的求值是在所有周围表达式的上下文环境里，除非它们加上括号，否则邻近操作符的优先级可能产生不可预料的结果	函数参数只在函数调用时求值一次，它的结果值传递给函数。表达式的求值结果更容易预测
参数求值	参数用于宏定义时，每次都将重新求值，由于多次求值，具有副作用的参数可能会产生不可预测的结果	参数在函数调用前只求值一次，在函数中多次使用参数并不会导致多次求值过程，参数的副作用并不会造成任何特殊问题
参数类型	宏与类型无关，只要参数的操作是合法的，它可以用于任何参数类型	函数的参数是与类型有关系的，如果参数的类型不同，就需要使用不同的函数，即使它们执行的任务是相同的

5.3.2　条件编译

条件编译，顾名思义就是对满足条件的部分进行编译。条件编译一共有三种形式：

```
    /*第一种类型的条件编译*/
    #ifdef 标识符
            程序段 1
    #else
            程序段 2
    #endif
```

第一种条件编译的作用是如果标识符已经被 #define 宏定义，在编译时只编译程序段 1，否则编译程序段 2。其中，#else 部分也可以没有。

```
     /*第二种类型的条件编译*/
    #ifndef 标识符
            程序段 1
    #else
```

```
        程序段 2
#endif
```

第二种条件编译的作用是如果标识符没有被 #define 宏定义，在编译时只编译程序段 1，否则编译程序段 2。其中，#else 部分也可以没有。

```
/*第三种类型的条件编译*/
#if 表达式
        程序段 1
#else
        程序段 2
#endif
```

第三种条件编译的作用是如果表达式的值为真(非零)时就编译程序段 1，表达式的值为零时，就编译程序段 2。

利用条件编译可以对程序进行非常彻底并且随心所欲的注释。当在程序中已经有了很多注释的情况下，无论是再次使用多行注释 "/* */" 或者单行注释 "//"，编译时往往都会报很多错误，把以前的注释删掉重新添加会比较麻烦，在这种情况下就可以把要加注释的程序段用条件编译 #if 0 和 #endif 包围起来，例如，有一段已经事先加了很多注释的代码，现在用条件编译进行彻底的注释：

```
#if 0
 int a,b,c,d;
 /*

 */
    //unsigned char a[4]={0x42,0x0e,0xa5,0x00};
    float f;
    //f = asicc_2_float(a);
    //printf("%f\n", f);

    unsigned char b[4]={0x42,0x55,0xd0,0x00};
    //printf("Please input 4 asicc :");
    //scanf("%d %d %d %d ",&a[0],&a[1],&a[2],&a[3]);
    f = asicc_2_float(b);
    printf("%f\n", f);//
#endif
```

在上面例子中，由于 #if 后面的条件为假，因此编译器对 #if 0 和 #endif 之间的代码不予编译，这样也就起到了多行注释的效果。这种用法在实际工作中较为有用，望读者加以注意。

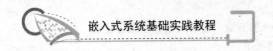

5.4 指　　针

指针是 C 语言中最复杂，最难掌握的内容，也是 C 语言中功能最为强大的工具。可以说没有学会指针的使用，也就没有掌握 C 语言。

本节将对指针的本质、指针的赋值与初始化、指针和数组的关系、指针数组和数组指针、函数指针和指针函数、直接向内存写入数值等方面进行深入的讨论。

5.4.1　指针的本质

程序运行时，常量、变量、函数等都会在内存中占据一定的存储空间，任何一处存储空间都有一个表示其位置的编号——地址。如果知道了变量的存储地址就可以读写变量，知道了函数的存储地址就可以调用函数。在 C 语言中，用指针来表示地址。指针就是存放地址值的变量或者常量。指针分为指针常量和指针变量，通常把指针变量简称为指针。

指针变量定义的一般形式：

```
<数据类型标识符>    *<标识符>
```

指针变量就其本质来说是一个变量，它在内存中也占据一定的存储空间，但是这个变量不同于用自身的值直接参加计算的普通变量，指针变量表示的是其他变量、函数、常量或者指针变量的地址。定义指针变量时的数据类型并不是指针变量本身的数据类型，而是指针变量所指向的目标变量的数据类型。实际上在同一个系统下，所有的指针变量具有相同的数据类型，无论它所指向的目标变量是什么。例如，在 32 位系统下，所有的指针变量的长度都是 4 个字节，这可以用 sizeof(void *)进行测试。下面看一个例子：

```
int *a;  //语句1
char *c;  //语句2
```

语句 1 定义了一个指向 int 型数据的指针变量，这个指针的名字是 a，它的值是一个 int 型数的存储地址，a 本身在内存中有自己的存储空间，在 32 位系统下占据 4 个字节。语句 2 定义了一个指向 char 型数据的指针变量，这个变量的名字是 c，它的值是一个 char 型数据的存储地址，c 本身在内存中有自己的存储空间，在 32 位系统下占据 4 个字节。虽然指针变量(指向)的目标的数据类型可以有多种多样，但是在同一个系统中，指针变量自身的数据类型都是一样的。

5.4.2　指针的赋值与初始化

指针作为一种特殊的变量，既可以在使用的过程中被赋予不同的值，也可以在定义的同时就赋一个初值，即初始化。下面是给指针赋值和初始化的例子：

```
int a,b;
int *p ;
p = &a;                //给指针赋值
int *q = &b;           //对指针初始化
```

定义一个指针变量，仅仅是给这个指针变量分配存储空间，指针变量所占存储空间中的数据即指针变量的值是不确定的，也就是指针变量没有明确的指向一个目标变量，在这种情况下对指针变量进行取目标计算，因为指针变量的值可能是一个非法地址或者受系统保护的地址，有可能引起程序运行出错。所以指针在使用前一定要进行赋值。例如：

```
int *p = 0;
```

这一行代码的意思是定义一个指针变量，它的名字是 p，它所占的内存空间中存放的是一个 int 型数据的地址，在定义指针变量的同时把它的值设为 0，0 是作为初值赋给指针变量本身的。再如：

```
int *p;      //语句 1
*p = 0;      //语句 2
```

第一句的意思是定义一个指向 int 型数据的指针变量，第二句的意思是把 0 赋给 p 所指向的目标变量，而非指针变量。因此 int *p = 0 和*p = 0 是完全不同的。

上述对整型指针变量的使用比较清晰易懂。下面再看字符指针的初始化和赋值。在对字符指针进行初始化时，可以这样来写 char *s = "ABCD"。在程序中也可以用类似 char *s;s = "ABCD"的形式对字符指针进行赋值。char *s = "ABCD"的意思是定义一个指向字符型数据的指针 s，s 的值是字符串 "ABCD" 中第一个字符的地址。这里赋值符号 "=" 表示的是把字符串中第一个字符的地址赋给指针变量 s，而非把整个字符串的值赋给 s。在把一个字符串的首地址赋给字符指针时，赋值号的左边是指针变量，右边是字符串，并不是对指针变量进行取目标运算后再赋值。

5.4.3　指针和数组

指针是用来存储地址的一种特殊变量，在同一个系统下，无论指针变量的目标是什么，指针变量的长度都是一样的，这在前面已经讨论过。数组是若干个某种数据类型的数据的有序集合，数组在内存中占据一片连续的存储空间。数组所占的存储空间的大小取决于数组元素的数据类型和元素个数。

数组在内存中存储，每个元素都有一个地址，数组中第一个元素的地址作为数组的地址。既然数组也有地址，那么就可以把数组的地址存入指针变量中，也即指针变量指向数组。这就是指针和数组之间的关系。

如果定义了一个数组 int a[10]，则 a 是一个地址常量，表示数组中首元素的首地址，而非很多教材中所说的 a 是数组的首地址。数组的首地址其实应该是 &a。关于这一点，可以用下面的一段程序来验证。

```
main()
{
    int a[5] = {1,2,3,4,5};
    int *p1,*p2;
    int (*pa)[5];
    p1 = a ;
```

```
    p2 =(int *) &a ;//&a 是数组的首地址
    pa = &a;
    printf("p1 = 0X%0X,p2 = 0X%0X,pa = 0X%0X\n",p1,p2,pa);


    p1 = a+1;
    p2 =(int *) (&a+1); //&a+1 指向下一个数组的首地址
    pa = &a;
    printf("p1 = 0X%0X,p2 = 0X%0X,pa = 0X%0X\n",p1,p2,pa);
}
```

在 PC 上的 VC++ 6.0 环境下，上面程序运行输出的结果：

```
    p1=0X12FF6C,p2= 0X12FF6C,pa = 0X12FF6C
    p1=0X12FF70,p2= 0X12FF80,pa = 0X12FF6C
```

显然，a 作为数组首元素的首地址和 &a 作为数组的首地址在数值上是一样的，但是对这两个地址分别进行加一运算后，结果就不同了，a+1 变成 0X12FF70，是数组中下一个元素的地址，而 &a+1 变成 0X12FF80，是下一个数组的地址。另外，如果把 p2 =(int *) &a 这一句中的强制类型转换(int *)去掉，编译时会出错，编译器给出的提示："error C2440：'='：cannot convert from 'int (*)[5]' to 'int *'"（错误 C2440：'='：不能从 'int (*)[5]' 转换成 'int *'）。int (*)[5]是一个数组指针，int *是一个整型指针，出错的原因是不能把一个数组指针的值赋给一个整型指针，从这个错误提示也可以看出 &a 才是数组的首地址。

在弄清楚了数组的地址，数组首元素的地址后，下面讨论数组元素的表示方法。

在 C 语言中，数组元素一共有三种不同的表示方法：下标法，指针常量法和指针变量法。如果定义一个数组 int a[5] = {1,2,3,4,5}，则三种方法表示如下。

1. 下标法 a[i]

这是最常用的一种表示数组中元素的方法。在 C 语言中，对以下标进行操作的数组元素是转化成指针进行处理的。例如，进行 a[4]这个操作时这样进行：a 是数组中首元素的首地址，首地址加上 4 个元素的偏移量，即 a+4 * d，计算出新元素的地址，从新的地址中取出数据，即 a[4]。可以这样理解：a[4]=*(a+4)= *(4+a)= 4[a]。为了验证上面的说法，读者可以这样进行测试：在定义了数组 a 之后，用 4[a]来取数组中的元素，观察得到的结果是否和 a[4]一样。

2. 指针常量法*(a+i)

前面讲过，数组的名字是数组首元素的首地址，数组中每个元素的存储地址等于数组名字加上元素的序号，这样可以用常量表达数组中每个元素的存储地址，有了地址之后，再对已知地址进行取目标运算，就可以取得相应的数组元素。例如：

```
    int i;
    for( i= 0; i <5; ++i)
    {
        printf("%d\n",*(a+i));
    }
```

3. 指针变量法*(p+i)

p 是和数组元素具有相同数据类型的一个指针变量，通过赋值运算使 p 指向数组中的一个元素。该方法和方法 2 的不同之处是，把数组中某个元素的地址赋给一个指针变量，通过对指针变量的改变获取其他元素的地址，再对新地址进行取目标运算以求得数组元素的值。例如：

```
for( p = a;p < a+10; ++p)
{
    printf("%d\n",*p);
}
```

无论使用哪种方法表示数组元素，实质上都是根据数组首元素的首地址和数组元素的序号计算出要进行操作的数组元素的地址，再对该地址处进行取目标运算而得到元素的值。即 a[i]等价于*(a+i)，*(p+i)等价于 p[i]，下标可以认为是相对于某个基地址的元素个数的偏移量，这样，当用下标法表示数组元素时，下标不但可以是 0，还可以是负数。请读者验证下面的例子：

```
p=&a[4];
printf("p[-1] = %d,p[-2] = %d\n",p[-1],p[-2]);
```

5.4.4　指针数组和数组指针

指针数组，是这样一个数组：数组中的元素是指针，指针所指向的目标的数据类型由定义指针数组时的数据类型给出。例如，int *p1[10]定义了一个指针数组，"[]"的优先级比 "*"的优先级高，p1 首先和 "[]"相结合构成一个数组，名字是 p1，int *表示数组元素的类型。所以上述定义表达的意思是定义一个数组，名字是 p1，数组中有 10 个元素，每个元素都是一个指向 int 型数据的指针。指针数组就是存储指针的数组。

数组指针是一个指针，只不过这个指针的目标不是一个普通变量，而是一个数组。例如，int (*p2)[10]定义了一个指针，在这里 "()"的优先级比 "[]"的优先级高，因此 p2 是一个指针，int 表示的是数组的内容，所以指针 p2 的目标是一个具有 10 个元素的 int 型数组。数组指针就是指向数组的指针。下面给出一个指针数组和数组指针的程序实例：

```
#include <stdio.h>
main()
{
static int m[3][4]={0,1,2,3,4,5,6,7,8,9,10,11};//定义二维数组m并初始化
int (*p)[4];      //数组指针p是指针,指向一维数组,每个一维数组有4个int型元素
int i,j;
int *q[3];        //指针数组q是数组,数组元素是指针,3个int型指针
p=m;                  //p是指针,可以直接指向二维数组
printf("--数组指针输出元素--/n");
for(i=0;i<3;i++)//输出二维数组中各个元素的数值        {
    for(j=0;j<4;j++)
```

```
    {
        printf("%3d ",*(*(p+i)+j));
    }
      printf("\n");
    }
    printf("\n");
    for(i=0;i<3;i++,p++)              //p 可看成是行指针
    {
        printf("%3d ",**p);          //每一行的第一个元素
        printf("%3d ",*(*p+1));      //每一行的第二个元素
        printf("%3d ",*(*p+2));      //每一行的第三个元素
        printf("%3d ",*(*p+3));      //每一行的第四个元素
        printf("\n");
    }
    printf("\n");
    printf("--指针数组输出元素--\n");
    for(i=0;i<3;i++)
        q[i]=m[i];                   //q 是数组，元素 q[i]是指针
    for(i=0;i<3;i++)
    {
        for(j=0;j<4;j++)
        {
            printf("%3d ",q[i][j]);//q[i][j]可换成*(q[i]+j)
        }
        printf("\n");
    }
    printf("\n");
    q[0]=m[0];
    for(i=0;i<3;i++)
    {
        for(j=0;j<4;j++)
        {
            printf("%3d ",*(q[0]+j+4*i));
        }
        printf("\n");
    }
    printf("\n");
}
```

5.4.5 函数指针和指针函数

请看下面两个声明：

```
int *f(int a,int b);  //声明1
int (*f)(int a,int b);//声明2
```

这两个声明看起来非常相像，但是含义截然不同：声明 1 声明了一个指针函数；声明 2 声明了一个函数指针。

　　指针是一种特殊的变量，指针变量的值是程序组成单元的地址，程序的组成单元可以是各种常量、变量或者函数。如果一个指针变量的值是某个函数的地址，即指针指向一个函数，那么这个指针就是函数指针。对函数指针进行取目标计算"*"就是调用函数指针指向的函数。函数指针定义的一般形式：

```
<类型> (*函数指针)(函数的参数列表);
```

　　下面是几个函数指针定义的例子：

```
void (*p)();//定义一个函数指针 p，p 指向一个输入参数和返回值均是 void 的函数
int (*pf)(int a,int b);/*定义一个函数指针 pf，pf 指向一个函数，这个函数有两个
int 型的参数，返回值的数据类型也是 int 型*/
```

　　数组的名字代表数组中第一个元素的首地址，函数的名字表示函数代码存储的起始地址，在给函数指针赋值时，只需将函数的名字赋给函数指针即可。例如：

```
int func(int x);          //定义一个函数 func
int (*pf)(int x);         //定义一个函数指针
pf = func;                //把函数 func 的首地址赋给函数指针 pf
```

给函数指针赋值时，函数名称后面不带括号，也不带参数。

　　如果 pi 是一个指向 int 型数据 i 的指针，则*pi 就等于 i；同样，如果 pfunc 是一个指向函数 func 的指针，那么*pfunc 就是调用函数 func。下面是通过函数指针调用函数的例子：

```
#include<stdio.h>
#include<string.h>
char* fun(char* p1,char* p2)
{
    int i =0;
    i =strcmp(p1,p2);
    if (0 == i)
    {
    return p1;
    }
    else
    {
    return p2;
    }
}
int main()
{
    char* (*pf)(char* p1,char* p2); //语句1
    pf= &fun;                       //语句2
```

```
    (*pf)("aa","bb");                          //语句 3
return 0;
    }
```

上面程序中的(*pf)("aa","bb")语句就是通过函数指针调用函数。从上例中可以看到，通过函数指针调用函数通常包括三个步骤：首先定义一个函数指针(语句 1)，然后给函数指针赋值(语句 2)，即让函数指针指向一个具体的函数，最后通过对函数指针的取目标运算实现对函数的调用(语句 3)。

既然可以直接调用一个函数使其运行，那么为什么又引入函数指针，通过函数指针来调用函数呢？这是因为调用者在调用某个函数时，每次需要完成的操作不是固定的，这时使用函数指针指向不同函数的地址即可。

指针函数是一种函数，这种函数的返回值是一个指针变量，这个指针变量可以指向一个变量或者是函数。指针函数声明的一般形式：

```
类型名   *函数名(参数表);
```

例如：

```
int *add(int a,int b);
```

上面声明了一个函数 add( )，add 具有两个整形参数 a 和 b，add 的返回值是一个指针，这个指针指向一个 int 型数。在 add 的两侧分别是"*"和"( )"运算符，"( )"的优先级高于"*"，因此 add 先和"( )"结合，构成一个函数，然后再和"*"结合，表示函数的返回值是一个指针变量。最前面的 int 表示函数返回的指针指向一个 int 型变量。下面给出一个指针函数的例子：

```
/*将字符串 1(str1)复制到字符串 2(str2)，并输出字符串 2*/
#include "stdio.h"
main()
{
    char *ch(char *, char *);
    char str1[]="I am glad to meet you!";
    char str2[]="Welcom to study C!";
    printf("%s", ch(str1, str2));
}
char *ch(char *str1, char *str2)
{
    int i;
    char *p;
    p=str2;
    if(*str2==NULL)  exit(-1);
    do
    {
        *str2=*str1;
```

```
        str1++;
        str2++;
    }while(*str1!=NULL);
    return(p);
}
```

由上面的讲述可以看出，函数指针是一个指针，这个指针指向一个函数；指针函数是一个函数，这个函数的返回值是一个指针，二者有明显的区别。

5.4.6　直接向内存写入数值

在嵌入式软件的编程中，有时会碰到需要向一个指定地址写入一个值的操作，例如，基于 ARM 内核的微处理器，外设寄存器和内存统一编址，当要对外设进行操作时，实际上就是向一个指定的地址写入指定值。

现在假设向地址 0x3000 开始的地址写入一个值 0x100，可以用下面的代码实现：

```
int *p = (int *)0x3000;
*p = 0x100;
```

在地址 0x3000 前需要使用一个强制类型转换，告诉编译器这个地址中存放的是 int 型数据。如果不定义指针，也可以这样写：

```
*(int *)0x3000 = 0x100;
```

在嵌入式系统的开发中，比较常用的做法是通过宏定义给指定的地址起一个名字，作为变量来使用，在程序中可以直接给宏赋值。例如：

```
#define REG ( *(int *)0x3000)
REG = 0x100;
```

本 章 小 结

本章针对嵌入式软件开发需要对系统底层进行操作的特点，重点阐述了C语言中一些容易出错和需要透彻理解的内容。

(1) C 语言的关键字和运算符：分别介绍了容易出错的四类关键字的使用方法，重点强调了在嵌入式软件开发中，数据类型的位长、字节顺序、浮点数和零值的比较等，介绍了 volatile 关键字的使用方法，纠正了 sizeof 被很多人误认为是函数的错误观念。

(2) C 语言的函数：分析了函数、变量定义和声明的区别，回顾了各种变量的作用域和生命期，讲解了 C 语言中参数传递的规则，并介绍了利用指针使一个函数返回多个结果的方法。

(3) 预处理：重点分析了宏定义使用难点，并给出了解决办法，回顾了条件编译的三种形式，并给出一种利用条件编译实现完全彻底注释程序的方法。

(4) 指针：首先透彻分析了指针的本质，继而讨论了指针变量的赋值和初始化，指出

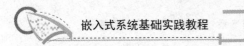

了指针和数组的关系，然后讲解了指针数组和数组指针、指针函数和函数指针两组较难的概念，并给出了程序实例，最后介绍了通过指针直接向内存写入数值的方法。

 阅读材料

TIOBE 编程语言排行榜

当前的编程语言有上百种之多，当然不是每种语言的使用机会都均等。初学者总是想知道哪些语言用的最多最广泛，以便有针对性地去学习，因为付出同样大的代价学习的编程语言用途很小是任何人都不愿接受的。国外网站 TIOBE(www.tiobe.com)专门做编程语言热度的排行，非常专业并且客观。

TIOBE 公司成立于 2000 年 10 月 1 日，由瑞士公司 Synspace 和一些独立的投资人创建。TIOBE 是"The Importance Of Being Earnest"的缩写。该公司主要关注于软件质量的评估。TIOBE 程序设计语言指数是由该公司推出并进行维护的，这个指数将程序设计语言以排名列表的形式提供出来，并且每个月更新一次，用来表示程序设计语言的流行度。TIOBE 编程语言排行榜的网址是 http://www.tiobe.com/index.php/content/paperinfo/tpci/index.html。

TIOBE 评估是通过统计该编程语言在主流搜索引擎上被搜索的次数来计算的。搜索包括在搜索引擎、新闻组及博客上的搜索等。主流搜索引擎由 Alexa.com 网站上的排名来决定。如果用"hits(PL#i,SE)"表示编程语言 PL 在搜索引擎 SE 上的指数排名为 i 的搜索次数，n 表示搜索引擎个数，则 PL 在前 50 名编程语言中排名评估的计算公式为$((hits(PL\#i,SE1)/hits(PL\#1)+\cdots+hits(PL\#50))+\cdots+(hits(PL\#i,SEn)/hits(PL\#1)+\cdots+hits(PL\#50)))/n$。

除了排名的评估方法以外，编程语言的状态也是该指数的一个组成部分。状态主要分为两种，A 表示主流语言，B 表示非主流语言。另外还有 A-和 A--用来表示 A 和 B 两个状态的中间状态。

如果一个编程语言在过去三个月的评估中有一次的评估超过 0.7%，该语言就可以得到一个 A，否则状态为 B。另外，关于 A-和 A--，如果过去三个月中有两次评估超过 0.7%，则状态为 A-；如果过去三个月中有一个评估超过 0.7%，则状态为 A--。

表 5-7 是摘自 TIOBE 网站的 2012 年 8 月排名前 20 的编程语言排行(http://www.tiobe.com/index.php/content/paperinfo/tpci/index.html)。

表 5-7　TIOBE 网站 2012 年 8 月排名前 20 的编程语言

Position Aug 2012	Position Aug 2011	Delta in Position	Programming Language	Ratings Aug 2012	Delta Aug 2011	Status
1	2	⬆	C	18.937%	+1.55%	A
2	1	⬇	Java	16.352%	−3.06%	A
3	6	⬆⬆⬆	Objective-C	9.540%	+4.05%	A
4	3	⬇	C++	9.333%	+0.90%	A
5	5	=	C#	6.590%	+0.55%	A
6	4	⬇⬇	PHP	5.524%	−0.61%	A
7	7	=	(Visual) Basic	5.334%	+0.32%	A
8	8	=	Python	3.876%	+0.46%	A

续表

Position Aug 2012	Position Aug 2011	Delta in Position	Programming Language	Ratings Aug 2012	Delta Aug 2011	Status
9	9	≈	Perl	2.273%	−0.04%	A
10	12	⇑⇑	Ruby	1.691%	+0.36%	A
11	10	⇓	JavaScript	1.365%	−0.19%	A
12	13	⇑	Delphi/Object Pascal	1.012%	−0.06%	A
13	14	⇑	Lisp	0.975%	+0.07%	A
14	26	⇑⇑⇑⇑⇑⇑⇑⇑	Visual Basic .NET	0.877%	+0.41%	A
15	15	≈	Transact-SQL	0.849%	+0.03%	A
16	18	⇑⇑	Pascal	0.793%	+0.13%	A
17	11	⇓⇓⇓⇓⇓⇓	Lua	0.726%	−0.64%	A--
18	16	⇓⇓	Ada	0.649%	−0.05%	B
19	22	⇑⇑⇑	PL/SQL	0.610%	+0.08%	B
20	29	⇑⇑⇑⇑⇑⇑⇑⇑⇑	MATLAB	0.533%	+0.09%	B

习　题

一、选择题

1．设有如下定义语句：

int m[ ]={2,4,6,8},*k=m;

以下选项中，表达式的值为 6 的是(　　)。

　　A．*(k+2)　　　　　B．k+2　　　　　　C．*k+2　　　　D．*k+=2

2．viod fun(double a[], int *n)

{……}

以下叙述中正确的是(　　)。

　　A．调用 fun 函数时只有数组执行按值传送，其他实参和形参之间执行按地址传送

　　B．形参 a 和 n 都是指针变量

　　C．形参 a 是一个数组名，n 是指针变量

　　D．调用 fun 函数时将把 double 型实参数组元素一一对应地传送给形参 a 数组

二、判断题

1．指针只能指向变量或者常量，不能指向函数。　　　　　　　　　　　　　(　　)

2．C 语言中数组作为函数的参数时，按照"按值传递"的原则，实参数组的元素全部复制到形参数组中。　　　　　　　　　　　　　　　　　　　　　　　　　　(　　)

三、简答题

请说出下列表达式的含义

```
        int *a;
        int **a;
        int *a[10];
        int (*a)[10];
        int *a(int);
        int (*a)(int);
```

四、程序设计题

1. 编写程序测试你所用的计算机系统的大小端格式。

2. 编写程序验证 sizeof 关键字的用法。

3. 编写程序计算一个 32 位整数中 0 和 1 的个数。

4. 编写一个宏，求出所给的两个数中值较小的一个。

5. 编写程序，自定义一个数组，用三种方法输出数组中的元素。

6. 写出两种向指定地址写入指定值的程序片段。

第 **6** 章
ARM 软件开发工具

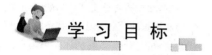

学习目标

了解嵌入式软件开发的模式;
了解嵌入式软件调试方法;
了解常见 ARM 开发工具;
熟悉 RealView MDK 开发工具。

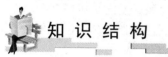

知识结构

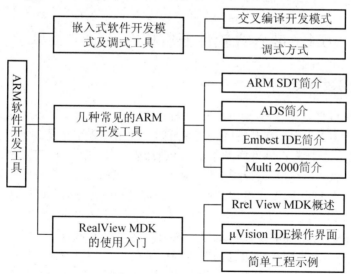

图 6.1　嵌入式软件开发平台知识结构图

导入案例

工欲善其事，必先利其器。

从石器时代到青铜时代，再到机器工具时代，每一次工具的革新都带来人类社会的重大进步。飞机实现了人们的飞行梦想，手机使我们的沟通不受时间、地域的限制，运载火箭可将航天员送入太空，凡此种种，人们借助工具实现了一个又一个梦想，社会取得了一个又一个的进步。

近几十年来，人们越来越接受"软件能使人类的生活更美好"这一理念。我们欣喜地看到，计算机正在变得更小、更快、更便宜，具有更多的功能，而带宽急剧扩展。PC、因特网、无线和宽带技术的整合带来的新经济革命，正在改变传统的商业模式、广泛地提供创新产品和全新的商业机会。从传统企业到新兴产业，从个人用户到企业客户，都在充分地运用这一革命性的机遇，创造无限的发展空间。Microsoft 巩固了实力，Google 发展壮大，硬件厂商充当了基石，也同样获得了良好的发展机遇，ARM 公司就是其中一员。

ARM 公司以出售知识产权获得利润。为了方便用户开发，ARM 公司对开发工具的研究一刻也没有停止，不断更新开发工具，同时也鼓励第三方开发 ARM 工具，很多工具以其方便、快捷、高效深受用户青睐，也吸引越来越多的用户选用 ARM 体系结构的芯片。

亚里士多德说过，"只要给我一个支点，我就可以撬起一个地球"。同样，要撬开 ARM 应用开发之门，我们可以选用 ARM 开发工具作为第一个支点。

ARM 工具使开发人员可以充分利用基于 ARM 技术的系统。无论是实现基于 ARM 处理器的 SoC 还是编写应用程序特定标准产品(ASSP)或嵌入式微控制器(MCU)的软件，使用 ARM 工具，有利于开发出性能最高、功耗最低的解决方案。

6.1　嵌入式软件开发模式及调试工具

6.1.1　交叉编译开发模式

嵌入式系统的硬件资源通常不会像 PC 一样丰富，要在嵌入式设备上建立一套开发系统是不现实的。如图 6.2 所示，在开发嵌入式系统时，通常都采用交叉开发(Cross Developing)的模式，即开发系统是建立在硬件资源丰富的 PC(或者工作站)上，通常称其为宿主机(Host)，应用程序的编辑、编译、链接等过程都是在宿主机上完成的；而应用程序的最终运行平台却是和宿主机有很大差别的嵌入式设备，通常称其为目标机(Target)；调试在二者间联机交互进行。这种程序在宿主机上开发，然后再发布到目标机上运行的过程称为"交叉编译"。

在宿主机和目标机之间的连接可以分为两类：物理连接和逻辑连接。物理连接是指宿主机与目标机上的一定物理端口通过物理线路连接在一起。其连接方式主要有串口、并口、以太网口、在片调试(JTAG、BDM)方式等。逻辑连接时宿主机与目标机之间按某种通信协议建立起来的通信连接，目前逐步形成一些通信协议的标准。

图 6.2　嵌入式交叉开发模式示意图

6.1.2　调试方式

在开发嵌入式应用软件时,交叉调试是必不可少的一步。交叉调试可以这样定义:调试器能够通过某种方式(远程)控制目标机上被调试程序的运行模式,并且具备查看和修改目标机上的内存、寄存器以及被调试程序中的变量等功能。交叉调试通常需要借助一些调试方法或工具完成,以下列出常见的三种调试方式。

1.　在线仿真器法

在线仿真器(In-Circuit Emulator,ICE)是一种用于替代目标机上的 CPU 的设备,即在线仿真器。ICE 的 CPU 是一种特殊的 CPU(被称为"bond-out",它可以执行目标机 CPU 的指令),比一般的 CPU 有更多的引脚,能够将内部的信号输出到被控制的目标机。ICE 上的存储器也可以被映射到用户的程序空间,这样,即使目标机不存在的情况下,也可以进行代码的调试。在连接 ICE 和目标机时,一般是将目标机的 CPU 卸下,而将 ICE 的 CPU 引出线接到目标机的 CPU 插槽,主机端运行的调试器通过 ICE 来控制目标机上运行的程序执行,进而实现对目标机程序的调试。

ICE 调试方式特别适用于调试实时的应用系统、设备驱动程序以及对硬件进行功能和性能的测试。ICE 调试方法的优点是可进行一些实时性能分析,非常精确地测定程序运行时间,可以精确到每条指令执行的时间。但是,ICE 的价格非常昂贵,一般的价格都在几千美金,功能更强的,其价格要几万美金。这显然阻碍了团队的整体开发,因为不可能给每位开发人员都配备一套 ICE。一般在普通的调试工具解决不了的时候或者在做严格的实时性能分析时,才最后选择 ICE 调试方式。

2.　片上调试法

片上调试(On Chip Debugging,OCD)是 CPU 芯片提供的一种调试软件的功能。可以认为是 CPU 提供的一种廉价的 ICE 功能,有一种说法:OCD 的价格只有 ICE 的 20%,但提供了 ICE 80%的功能。最初的 OCD 是一种仿调试监控器(ROM Monitor)的结构,是将 ROM Monitor 的功能以微码(Microcode)的形式体现。其中比较典型的 CPU 是 Motorola 的 CPU32 系列的处理器。后来的 OCD 彻底屏弃了这种 ROM Monitor 的结构,而采用了两级模式的思路,即将 CPU 的模式分为一般模式和调试模式(注:这里的一般模式是指除调试模式外 CPU 的所有模式),在调试模式下 CPU 不再从内存读取指令,而是从调试端口读取指令,通过调试端口可以控制 CPU 进入或退出调试模式。这样在主机端的调试器就可以直接向目标机发送指令,通过这种形式调试器可以读写目标机的内存和各种寄存器,控制目标程序的运行以及完成各种复杂的调试功能。

OCD 方式的主要优点:不占用目标机的资源,调试环境和最终的程序运行环境基本一致。支持软硬断点、跟踪、精确计量程序的执行时间、时序分析等功能。主要的缺点:调试的实时性不如 ICE 强、不支持非干扰调试查询、CPU 必须具有 OCD 功能(有的 CPU 就不支持 OCD 功能)。

OCD 存在各种实现,标准不唯一。例如,常见的 JTAG OCD 就有很多种实现方式:TI 的实现方式 TI-JTAG,MIPS 的实现方式 E-JTAG 等。

常见的背景调试模式(Background Debug Mode，BDM)也属于 OCD 实现方式的一种，它是由 Motorola 公司提供的一种硬件调试方式，类似于 JTAG 调试。

3. 模拟器法

简单地说，模拟器是在宿主机上模拟出一个虚拟目标机的硬件环境，可以在这个虚拟的硬件环境上运行基于此硬件环境的程序甚至操作系统，得到在真实硬件上运行的结果，进而达到在宿主机上运行和调试嵌入式程序的目的。

模拟器可从两个层次对目标机进行模拟：一是在宿主机上模拟目标机的指令系统，称为指令级的模拟器；二是在宿主机上模拟目标机操作系统的系统调用，称为系统调用级的模拟器。指令级模拟器相当于在宿主机上虚拟了一台目标机。有的指令级模拟器还可以模拟目标机的外围设备，如串口、网口、键盘等。系统调用级的模拟器相当于在宿主机上安装了目标机的操作系统，基于目标机操作系统的应用程序在宿主机上虚拟运行。两者相比，前者所提供的运行环境与实际的目标机更接近；后者本身比较容易开发，也容易移植。

模拟器法的优势是可以在没有实际的目标机环境时开发其应用程序，并且在调试时可以利用宿主机的资源来提供更详细的错误诊断信息。但是模拟器法实时性差、不能模拟所有设备。目前，典型的模拟器有 SimOS、Skyeye 等。

6.2 几种常见的 ARM 开发工具

6.2.1 ARM SDT 简介

ARM SDT(ARM Software Development Kit)是 ARM 公司早期推出的一整套集成开发工具。

ARM SDT 由于价格适中，同时经过长期的推广和普及，拥有广泛的 ARM 软件开发用户群体，也被 ARM 公司的第三方开发工具合作伙伴集成在自己的产品中，如美国 EPI 公司的 JEENI 仿真器。

ARM SDT 可在 Windows 95/98/NT 以及 Solaris 2.5/2.6、HP-UNIX 10 上运行，支持最高到 ARM9 的所有 ARM 处理器芯片的开发，包括 StrongARM。

从 ARM SDT 2.5.1 版开始，ARM 公司宣布推出一套新的集成开发工具 ARM ADS 1.0，所以 ARM SDT 开发工具已淡出新生代嵌入式学习者的视线。

6.2.2 ADS 简介

ADS(ARM Developer Suite)，是 ARM 公司继 SDT 之后推出的又一代关于 ARM 处理器的编译、链接和调试集成环境系统。它与一般传统调试方法的调试系统不同：一是 ADS 集成开发环境把编译、链接和仿真调试分别集成在两个环境中，即把编译、链接集成在 CodeWarrior for ADS 中，很多情况下，把其中的图形界面称为 CodeWarrior IDE(集成开发环境)，把仿真调试环境集成在 ARM eXtended Debugger 中，一般简称 AXD；二是 ADS 既提供了图形环境编译、链接和调试方法，又提供了命令行编译、链接和调试方法，两种各具特色。

CodeWarrior for ADS 是一套完整的集成开发工具，充分发挥了 ARM RISC 的优势，使产品开发人员能够很好的应用尖端的片上系统技术。该工具是专为基于 ARM RISC 的处理器而设计的，它可加速并简化嵌入式开发过程中的每一个环节，使得开发人员只需通过一个集成软件开发环境就能研制出 ARM 产品，在整个开发周期中，开发人员无需离开CodeWarrior 开发环境，因此节省了在操作工具上花的时间，使得开发人员有更多的精力投入到代码编写上来，CodeWarrior IDE 为管理和开发项目提供了简单多样化的图形用户界面。用户可以使用 ADS 的 CodeWarrior IDE 为 ARM 和 Thumb 处理器开发用 C、C++或ARM 汇编语言的程序代码。

调试器本身是一个软件，用户通过这个软件使用 Debug Agent，可以对包含有调试信息正在运行的可执行代码进行变量查看、断点设置等调试操作。AXD 是一个 ARM 处理器的集成仿真调试环境，界面也与很多 Windows 工具环境接近，它支持的主要调试方法包括ARMulator 调试方法、基于 JTAG 的调试方法以及基于 Angel 的调试方法等。

ADS 提供两种编译、链接和调试方法。一种是图形环境编译、链接和调试方法，这是一种 Windows 环境下使用的方法；另一种方法称为命令行方式，这是 DOS 环境下的方法，在使用命令行方式时，在 DOS 环境下通过使用键盘输入命令实现编译和链接。

6.2.3　Embest IDE 简介

Embest IDE(Embest Integrated Development Environment)是某信息技术有限公司推出的一套应用于嵌入式软件开发的新一代集成开发环境。

Embest IDE 是一个高度集成的图形界面操作环境，包含编辑器、编译器、汇编器、链接器、调试器等工具，其界面与 Microsoft Visual Studio 类似。Embest IDE 支持 ARM、Motorola 等多家公司不同系列的处理器，对于 ARM 系列处理器，目前支持到 ARM9 系列，包括 ARM7、ARM5 等低系列芯片。

这套开发软件主要有如下特点：

➢ 支持 C 和汇编开发语言；
➢ 采用图形化的工程管理工具，管理文件组织，可在一个工作区中同时管理多个应用软件和库工程；
➢ 源码编辑器具有标准的文本编辑功能，支持语法关键字、关键字色彩显示等；
➢ 编译工具集成 GNU 的 GCC 编译器，同时兼容 ARM 公司高效率的 SDT 编译器，并经过优化和严格测试，运行在 Windows 环境下；
➢ 调试器提供了图形和命令行两种调试方式，可进行断点设置、单步执行、异常处理，可查看修改内存、寄存器、变量、函数栈等；
➢ 用户可根据需要选择配置 Embest JTAG 仿真器的标准型仿真器或增强型仿真器、Embest 通用型仿真器；
➢ 支持模拟器调试。

6.2.4　Multi 2000 简介

Multi 2000 是美国 Green Hills 软件公司开发的集成开发环境，支持 C/C++/Embedded

C++/Ada 95/Fortran 编程语言的开发和调试，可运行于 Windows 平台和 UNIX 平台，并支持各类设备的远程调试。

Multi 2000 支持 Green Hills 公司的各类编译器以及其他遵循 EABI 标准的编译器，同时 Multi 2000 支持众多流行的 16 位、32 位和 64 位处理器和 DSP，如 PowerPC、ARM、MIPS、x86、Sparc、TriCore、SH-DSP 等，并支持多处理器调试。

Multi 2000 包含完成一个软件工程所需要的所有工具，这些工具可以单独使用，也可集成第三方系统工具。

6.3 RealView MDK 的使用入门

6.3.1 RealView MDK 概述

RealView 是 ARM 公司的开发工具品牌，RealView MDK 是 ARM 新推出的嵌入式微控制器软件开发工具。它集成了 μVision IDE 开发平台和 RealView 编译工具 RVCT，良好的性能使其成为 ARM 开发工具中的佼佼者。

1. μVision IDE 简介

μVision IDE 平台是 Keil 公司(现为 ARM 的子公司)开发的微控制器开发平台，该平台可以支持 51、166、251 及 ARM 等近 2000 款微控制器应用开发。

μVision IDE 使用简单、功能强大，是设计者完成设计任务的重要保证。μVision IDE 还提供了大量的例程及相关信息，有助于开发人员快速开发应用程序。

μVision IDE 有编译和调试两种工作模式。编译模式用于管理工程文件和生成应用程序；调试模式下既可以使用功能强大的软件仿真器来测试程序，也可以使用调试器经 Keil ULINK USB-JTAG 仿真器链接目标系统来测试应用程序。ULINK 仿真器可用于下载应用程序到目标系统的 Flash ROM 中。

2. 编译链接工具 RVCT

编译器是开发工具的灵魂。RVCT 编译器是 ARM 公司多年以来积累的成果，它提供了多种优化级别，帮助开发人员完成代码密度与代码执行速度方面的不同层次优化，是业界高效的 ARM 编译器。RVCT 具有优化代码的两个大方向，即代码性能和代码密度；四个逐次递进的优化级别，即-O0、-O1、-O2、-O3。此外，RVCT 还支持很多有用的编译选项，例如，-no_inline 可以取消所有代码的内嵌函数，-split_ldm 可以限制 LDM/STM 指令最多操作寄存器的数目等。

相对于 ADS1.2 的编译器，RealView MDK 新增了-O3 编译选项，它可以最大程度的发挥 RVCT 编译器的优势，将代码优化为最佳状态。-O3 有以下三个优点。

➢ 高阶标量优化：能够根据代码特点，针对循环、指针等进行高阶优化；
➢ 内嵌函数：把尽可能多的函数编译为内嵌函数；
➢ 联合优化：自动应用多文件联合优化功能。

据统计，与 ADS1.2 相比较，集成在 RealView MDK 中的 RVCT 编译器可以将相同代码的代码大小平均缩小 10%，而性能却平均提高 20%。

为了进一步提高应用程序代码密度，RVCT 中集成了新型的 Microlib C 函数库，它是 C 函数的 ISO 标准实时库的一个子集，可以将库函数的代码尺寸降低到最小，以满足微控制器在嵌入式领域中的应用需求。

3．仿真与性能分析工具

当前多数基于 ARM 的开发工具都有仿真功能，但是大多数仅仅局限于对 ARM 内核指令集的仿真。MDK 的系统仿真工具支持外部信号与 I/O 仿真、快速指令集仿真、中断仿真、片上外设(ADC、DAC、EBI、Timers、UART、CAN、I^2C 等等)仿真等功能。与此同时，在软件仿真的基础上，MDK 的性能分析工具帮助用户实现性能数据分析，进行软件优化。

借助于 RealView MDK 仿真器模拟，包括 ARM 内核与片内外设工作过程在内的整个目标硬件的强大仿真能力，开发人员可以在完全脱离硬件的情况下开始软件的开发调试、通过软件仿真器观察程序的执行结果。此外，MDK 提供开放的 AGSI 接口，支持用户添加自行设计的外设仿真。

MDK 还提供了逻辑分析仪，它可以将指定变量或 VTREGs 值的变化以图形方式显示出来。它的执行剖析器可以记录执行全部程序代码所需的时间，用 Call 和 Time 两种方式显示。

4．RTL-ARM

RealView RTL 是为了解决基于 ARM 微控制器的嵌入式系统的实时通信问题而设计的紧密耦合库集合。它分为四部分：RTX 实时内核、Flash 文件系统、TCP/IP 协议簇和 RTL-CAN(控制域网络)。MDK 内部集成的由 ARM 开发的实时操作系统内核 RTX，可以帮助用户解决多时序安排、任务调度、定时等工作。值得一提的是，RTX 可以无缝集成到 MDK 工具中，是一款需要授权的、无版税的 RTOS。RTX 程序采用标准 C 语言编写，由 RVCT 编译器进行编译。

6.3.2   μVision IDE 操作界面

1．μVision IDE 主界面

μVision IDE 是一个窗口模式的软件集成开发平台，集成了功能强大的编辑器、工程管理器以及 make 工具，包括 C 编译器、宏汇编器、链接/定位器以及十六进制文件生成器、软件仿真器和调试器。μVision 有编译和调试两种工作模式，两种模式下设计人员都可查看并修改源文件。图 6.3 是 μVision 编译模式下的窗口配置，主要由多个窗口、对话框、菜单栏与工具栏构成。工作区中可以分别显示"*.c"源代码和汇编代码；寄存器区显示寄存器的值，可单击"Project"标签页切换到工程管理窗口；命令窗口和堆栈窗口位置都可根据具体应用显示不同窗口；μVision 的几乎所有窗口都可选择浮动显示和停靠显示。

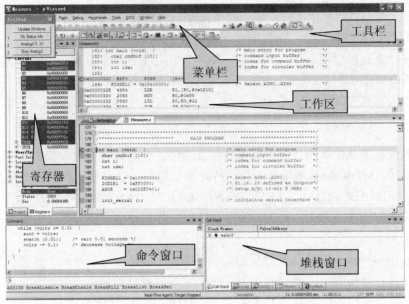

图 6.3　μVision IDE 主界面

2. 菜单栏和工具栏

μVision IDE 的菜单栏几乎提供了所有的功能入口，工具栏则为常用操作提供快捷按钮，方便用户使用。μVision IDE 具有 Windows 用户程序的界面风格，这里不再讲解文件、编辑、帮助等菜单，仅介绍一些具有嵌入式系统软件开发特点的主要菜单项，若一些菜单项在工具栏上有快捷按钮，则在表格的"工具栏图标"栏中一并列出。

(1) Project 菜单

Project 菜单提供工程创建、编译等功能，主要菜单项的功能描述如表 6-1 所示。

表 6-1　Project 菜单主要菜单项功能描述

菜单项	功能描述	工具栏图标
New Project	创建一个新工程	
Import μVision Project	导入一个工程	
Open Project	打开一个工程	
Select Device for Target	从设备库中选择 CPU	
Options for Target	改变当前目标的工具选项	
Buid target	编译已修改的文件及编译应用	
Rebuild all target files	重新编译所有文件并编译应用	
Translate	编译当前文件	
Stop build	停止当前编译	

(2) Debug 菜单

Debug 菜单提供跟踪调试的相关功能，主要菜单项的功能描述如表 6-2 所示。

表 6-2　Debug 菜单主要菜单项功能描述

菜单项	功能描述	工具栏图标
Start/Stop Debug Session	启动或停止 μVision 调试模式	
Go	运行到下一个激活断点	
Step	单步运行进入一个函数	
Step Over	单步运行跳过一个函数	
Step Out of current Function	从当前函数跳出	
Run to Cursor Line	运行到当前行	
Stop Running	停止运行	
Breakpoints	打开断点对话框	
Insert/Remove Breakpoint	在当前行设置/清除断点	
Enable/Disable Breakpoint	使能/禁止当前行的断点	
Kill All Breakpoints	清除程序中的所有断点	
Memory Map	打开存储器映射寄存器对话框	

(3) Flash 菜单

Flash 菜单可以配置和运行 Flash 编程设备。Flash 菜单下的各菜单项如表 6-3 所示。

(4) Peripherals 菜单

正如前文所述，μVision 设备模拟器的功能强大，能模拟整个 MCU 的行为，使用户在没有硬件或对目标 MCU 没有更深了解的情况下，仍然可以立即开发软件。选择外设正是通过 Peripherals 菜单完成的，根据所选 CPU 芯片的不同，Peripherals 菜单显示不同的外设项，通常有 I/O 端口、串口、时钟、A/D 转换、D/A 转换、CAN 控制器等。

表 6-3　Flash 菜单主要菜单项功能描述

菜单项	功能描述	工具栏图标
Download	按照配置下载到 Flash 中	
Erase	擦除 Flash ROM	
Configure Flash	弹出配置 Flash 对话框	

6.3.3　简单工程示例

这里以 MDK 自带的"Hello"简单工程为例，介绍创建工程的基本步骤，以便读者迅速掌握使用 μVision 的基本操作步骤。

1. 选择工具集

运用 MDK 创建应用程序，首先要选择开发工具集。选择 Project 菜单中 Manage 子菜单的"Components，Environment and Books"菜单项，然后选择"Folders/Extensions"标签页，如图 6.4 所示，µVision 4 中支持 ARM RealView 编译器和 GNU GCC 编译器，根据需要，勾选编译器，本例选择 RealView 编译器。

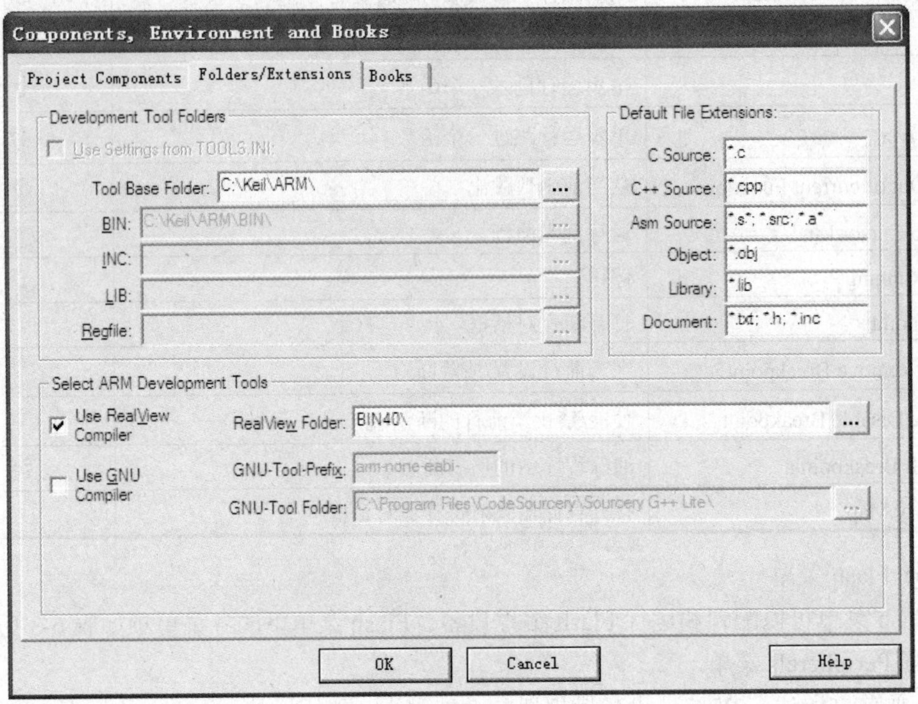

图 6.4　工具集选择界面

2．创建工程并选择处理器

　　MDK 可以做到芯片级的仿真，它支持几千款处理器，因此创建工程时，必须选择处理器芯片。首先选择 Project 菜单的"New µVision Project"菜单项，弹出标准对话框，选择工程路径，输入工程名称"Hello"，单击"确定"按钮后，弹出如图 6.5 所示的选择目标设备对话框。本例选择 NXP 的 LPC2129 芯片，图 6.5 右侧显示芯片资源描述：LPC2129 基于 ARM7TDMI 内核、256KB 片上 Flash、16KB RAM、两个串口、两个定时器、两个 SPI 接口等，单击"OK"按钮完成目标选择。系统弹出如图 6.6 所示的加入启动代码提示框，对于大部分处理器设备，µVision 会提示用户是否在目标工程中加入 CPU 的相关启动代码。启动代码用户初始化目标设备的配置，完成运行时系统的初始化工作，对于嵌入式系统开发而言是必不可少的。单击"是"按钮，将启动代码加入工程。

3．配置启动代码

　　通常情况下，ARM 程序都需要初始化代码来配置所对应的目标硬件。MDK 一个强大的功能就是能够自动生成启动代码，而且可以进行图形化的代码设置，这样可以减少编程人员百余行的汇编代码的编写。如前面所述，当创建一个应用程序时，µVision 会提示使用者自动加入相应设备的启动代码。

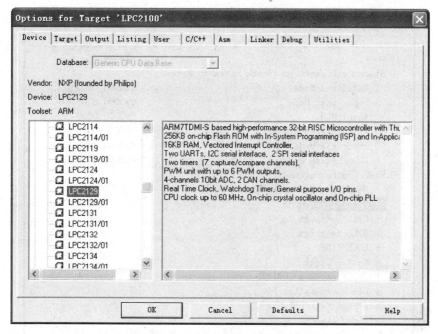

图 6.5　处理器选择界面

图 6.6　添加启动代码提示界面

μVision 提供了丰富的启动代码文件，可在相应文件夹中获得。以 LPC2129 处理器为例，其启动代码在…\Boards\Embedded Artists\LPC2129 CAN QSB\RTX_Blinky\Startup.s，通过上面的操作已经把这个启动代码文件复制到工程文件夹下。在工程文件夹列表中双击 Startup.s 源文件，显示默认配置的启动代码。单击 "Configuration Wizard"，如图 6.7 所示，在该图形界面下，用户可以配置栈、堆、时钟、中断向量、看门狗定时器、存储控制器、I/O 配置等。

4. 硬件选项配置

μVision 可根据目标硬件的实际情况对工程进行配置。选择 Project 菜单的 "Options for Target" 菜单项，在弹出的 "Target" 标签页中可指定目标硬件和所选择设备片内组件的相关参数，如图 6.8 所示。这里可以配置目标的晶振频率、操作系统、ROM 存储区间、RAM 存储区间等信息，用户也可以选择是否需要 RTX 操作系统内核的支持。本例中，不选操作系统支持，ROM、RAM 范围按照图 6.8 填写。

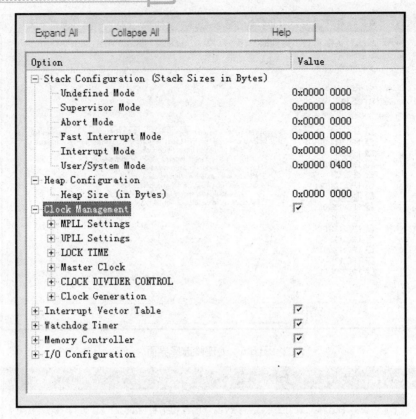

图 6.7　启动代码配置图形界面

5.　编写程序

创建工程之后，就可以开始编写源程序了。选择 File 菜单的"New"菜单项可创建新的源文件，μVision IDE 将会打开一个编辑窗口，以输入源程序，本例直接将 MDK 提供的样例程序粘贴过来，在输入完源程序后，选择 File 菜单的"Save As"菜单项保存源程序。当以*.c 为扩展名保存源文件时，μVision IDE 将会根据语法以彩色高亮字体显示源程序。

创建了源文件后便可以在工程中加入此源文件，μVision 提供了多种加入方法。例如，在 Project Workspace 的 Files 菜单中选择文件组，右击将会弹出如图 6.9 所示的快捷菜单，单击"Add Files to Group"弹出一个标准文件对话框，将已创建好的 Hello.c 文件加入到工程中。

MDK 支持开发人员采用文件组来组织工程，将工程中同一类型的源文件放在同一文件组中，或将实现某功能模块的多个文件放在一个文件组中。例如，可通过在 Project 菜单的"Components, Environment and Books"对话框中创建自己的文件组 ASM Files 来管理 CPU 启动代码和其他汇编文件，如图 6.10 所示，单击 按钮可创建新的文件组。

图 6.8 硬件选项配置界面

图 6.9 硬件选项配置界面

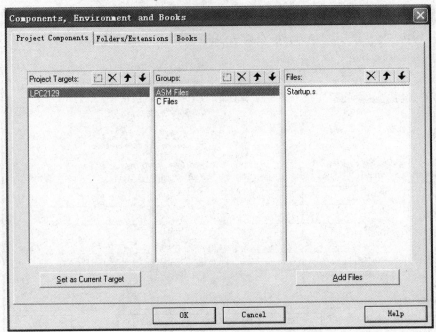

图 6.10　文件组管理界面

在 Project Workspace 的 Files 菜单中会列出工程的文件列表，如图 6.11 所示。如果需要，可打开其中任意一个进行编辑，只需要双击文件名即可。

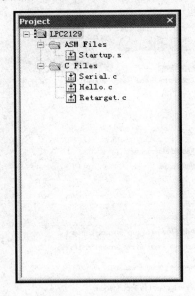

图 6.11　工程管理界面

6. 编译链接工程

通常，Project 的 Options for Target 菜单项中包含了创建一个新应用程序所需的所有设置，图 6.8 仅是关于目标的配置，其他标签中包含了头文件、分散文件、调试初始化等丰富的配置入口。设置完毕后,接下来的工作就是编译链接工程,单击工具栏中的 Build Target 图标可编译链接工程文件。如果源程序中存在语法错误,则 μVision 会在 Output Window 窗口的 Build 中显示出错源文件,光标会定位在该文件的出错行上,以便用户快速修改。若源程序无语法错误,则会出现如图 6.12 所示的信息。

```
Build Output                                                    ×
Build target 'LPC2129'
assembling Startup.s...
compiling Serial.c...
compiling Hello.c...
compiling Retarget.c...
linking...
Program Size: Code=1164 RO-data=32 RW-data=4 ZI-data=1260
"Hello.axf" - 0 Error(s), 0 Warning(s).
```

图 6.12　编译输出界面

7. 调试程序

在编译链接完成后,就可使用 μVision 的调试器进行调试了。调试程序通常有如下操作。

➢ 启动调试:选择 Debug 菜单的 "Start/Stop Debug Session" 菜单项或者单击工具栏中的 图标可进入调试模式。μVision 将会初始化调试器并启动程序运行到主函数。

➢ 打开串行窗口:选择 View 菜单的 "串行通信窗口(Serial Window)#2" 菜单项,或在调试工具栏中选择串行窗口图标 ,打开串行窗口 Serial Window#2,以显示程序的串行输出结果。

➢ 执行程序:选择 Debug 菜单的 "Go" 菜单项或单击工具栏中的运行图标 ,以启动程序运行。对于本例工程 Hello,程序将会在串行窗口中输出文本 "Hello World",如图 6.13 所示。在输出 "Hello World" 后,程序将进入死循环。

➢ 程序终止:选择 Debug 菜单的 "Stop" 菜单项或者单击工具栏中的停止图标 ,以中止程序运行。另外,在命令行的 "Output" 标签页输入 ESC,也可以中止程序的运行。

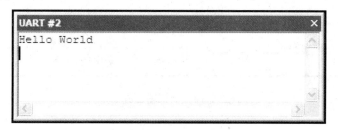

图 6.13　调试输出界面

在实际应用开发中,跟踪调试是寻找程序中的错误的有效方法,所以断点设置和单步调试尤为重要,下面简要介绍其基本操作。

> 设置断点：选择 Debug 菜单的 "Insert/Remove Breakpoints" 菜单项，或者右击选择快捷菜单中的 "Insert/Remove Breakpoints" 选项设置断点，或者点击工具栏上的图标🔲。

> 复位：可以选择 Debug 菜单的 "Reset CPU" 菜单项，或者单击工具栏中的图标🔳对 CPU 进行复位。

> 单步运行：可以使用调试工具栏的按钮🔳等单步运行程序，当前的指令会用箭头标示出来。

> 变量值观察：将鼠标指针停留在变量上可以观察其相应的值，也可以在 Watch Window 中观察。

> 中止调试：可在任何时刻使用菜单中的 "Start/Stop Debug Session" 选项，或者工具栏中图标🔳来中止调试。

8. 建立 HEX 文件

当应用程序调试通过后，需要生成 Intel HEX 文件，用于下载到 EPROM 编程器或仿真器中。如图 6.14 所示，在 Option for Target 窗口的 "Output" 标签页中选择 "Create HEX File" 选项，µVision 会在编译过程中同时产生 HEX 文件。

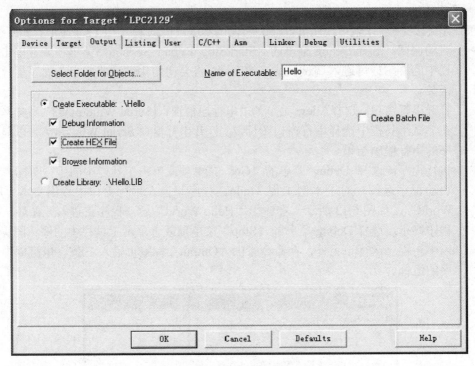

图 6.14　调试输出界面

本 章 小 结

嵌入式软件开发平台是从事嵌入式系统学习、研究、开发必然要接触的工具，是构建嵌入式软件系统的基础。本章主要介绍嵌入式软件开发模式、调试方法及 ARM 开发工具。

(1) 交叉开发模式：借助于宿主机的丰富资源，构建运行于目标机的软件系统。由于嵌入式硬件资源受限，不易在嵌入式平台上直接构建编译调试环境，常常采用交叉编译、交叉开发的模式开发嵌入式软件系统。

(2) 调试方法：随着嵌入式系统的蓬勃发展，人们积累很多嵌入式软件调试方法，本章主要介绍了模拟器法、OCD 法和 ICE 法。模拟器法是最节约成本的方法，它不需要目标机，而直接在宿主机上虚拟运行并调试将来运行于目标机的程序；OCD 法是目前使用最广泛的调试方法，如常见的 JTAG、BDM 都属于此类调试方法；ICE 法是效果最好、功能最全面、实时性最强的调试方法，但该法代价昂贵，通常仅在特殊情况下使用。

(3) ARM 开发工具：本章介绍了 ARM 公司为推广 ARM 应用而开发多个软件开发环境以及第三方开发的 ARM 软件开发环境。ARM 公司的产品有 SDT、ADS 和 RealView MDK，第三方软件有 Embest IDE、Multi 2000 IDE 等。

(4) RealView MDK 的使用：本章首先简要介绍了 MDK 的特点及界面风格，然后以一个简单工程为例，讲解了使用 RealView MDK 开发应用程序的基本步骤。

阅读材料

Android 软件开发

Android 是 Google 开发的基于 Linux 平台的开源手机操作系统。它包括操作系统、用户界面和应用程序——移动电话工作所需的全部软件，而且不存在任何以往阻碍移动产业创新的专有权障碍。Google 与开放手机联盟合作开发了 Android，这个联盟由包括中国移动、摩托罗拉、高通、宏达和 T-Mobile 在内的 30 多家技术和无线应用的领军企业组成。通过与运营商、设备制造商、开发商和其他有关各方结成深层次的合作伙伴关系，借助建立标准化、开放式的移动电话软件平台，在移动产业内形成一个开放式的生态系统。

Android 的系统架构和其操作系统一样，采用了分层的架构，主要分为四个层，从高层到低层分别是应用程序层、应用程序框架层、系统运行库层和 Linux 核心层。下面做简要介绍。

(1) 应用程序层

Android 会同一系列核心应用程序包一起发布，该应用程序包包括 Email 客户端、SMS 短消息程序、日历、地图、浏览器、联系人管理程序等。所有的应用程序都是使用 JAVA 语言编写的。

(2) 应用程序框架层

开发人员也可以完全访问核心应用程序所使用的 API 框架。应用程序的架构设计简化了组件的重用，任何一个应用程序都可以发布它的功能块并且任何其他的应用程序都可以使用其所发布的功能块(必须遵循框架的安全性限制)。同样，该应用程序重用机制也使用户可以方便的替换程序组件。

(3) 系统运行库层

程序库：Android 包含一些 C/C++库，这些库能被 Android 系统中不同的组件使用。它们通过 Android 应用程序框架为开发者提供服务。

Android 运行库：Android 包括了一个核心库，该核心库提供了 Java 编程语言核心库的大多数功能。每一个 Android 应用程序都在它自己的进程中运行，都拥有一个独立的 Dalvik 虚拟机实例。Dalvik 虚拟机依赖于 Linux 内核的一些功能，如线程机制和底层内存管理机制。

(4) Linux 核心层

Android 的核心系统服务依赖于 Linux 2.6 内核,如安全性、内存管理、进程管理、网络协议栈和驱动模型。Linux 内核也同时作为硬件和软件栈之间的抽象层。

自 Google 公司推出新一代网上平台 Android Market 以来,为用户提供了丰富的应用程序,也激发了无数人开发 Andriod 程序的热情,下面对 Android 的开发环境搭建做简要介绍。

1) 下载 Android SDK。

2) 安装 Eclipse IDE,还要安装 JDT 插件、JDK、Android Development Tools 等。

3) 配置路径。右击"我的电脑",并选择"属性"菜单项。在"高级"标签页单击环境变量,当对话框出现,在系统变量栏目中双击路径(Path),并添加 tools/ 文件夹的完整路径。

习　　题

问答题

1. 什么是交叉编译?

2. 嵌入式软件调试方法有哪些? 各有什么优缺点?

3. ARM 公司的 ARM 软件开发工具主要有哪些?

第**7**章
嵌入式操作系统原理

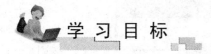

学 习 目 标

了解嵌入式操作系统的特点与分类；
理解进程、线程的概念以及任务管理方法；
熟悉任务间通信及同步互斥机制；
了解内存管理方法。

知 识 结 构

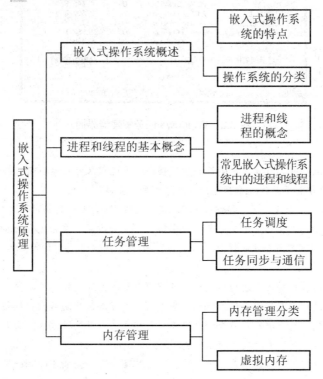

图 7.1　嵌入式系统硬件平台知识结构图

导入案例

查看 Windows 操作系统的运行程序和进程。

在使用 Windows 操作系统的过程中，通常有使用"Ctrl+Alt+Delete"组合键打开任务管理器的经历。Windows 任务管理器提供了有关计算机性能的信息，并显示了计算机上所运行的程序和进程的详细信息，如图 7.2 所示，其用户界面提供了文件、选项、查看、关机、帮助等菜单，还有应用程序、进程、性能、联网、用户等标签页，窗口底部则是状态栏，从这里可以查看到当前系统的进程数、CPU 使用比率、更改的内存容量等数据，默认设置下系统每隔两秒对数据进行自动更新。

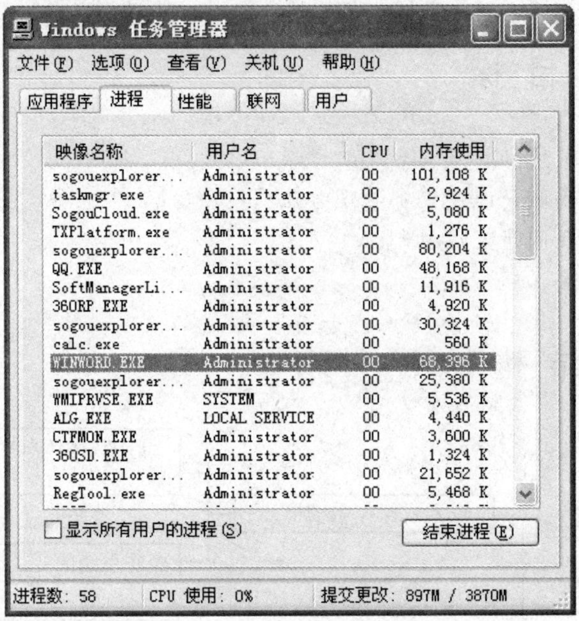

图 7.2　Windows 任务管理器界面

1.　应用程序

应用程序标签显示了当前所有正在运行的应用程序，不过它只会显示当前已打开窗口的应用程序，而 QQ、移动飞信等最小化至系统托盘区的应用程序则并不会显示出来。

用户可以在这里单击"结束任务"按钮直接关闭某个应用程序，如果需要同时结束多个任务，可以按住 Ctrl 键复选；单击"新任务"按钮，可以直接打开相应的程序、文件夹、文档或 Internet 资源，如果不知道程序的名称，可以单击"浏览"按钮进行搜索，"新任务"的功能看起来有些类似于开始菜单中的运行命令。

2.　进程

进程标签显示了所有当前正在运行的进程，包括应用程序、后台服务等，那些隐藏在系统底层深处运行的病毒程序或木马程序都可以在这里找到，当然用户需要知道它的名称。找到需要结束的进程名，然后执行右键菜单中的"结束进程"命令，就可以强行终止，不过这种方式将丢失未保存的数据，而且如果结束的是系统服务，则系统的某些功能可能无法正常使用。

Windows 的任务管理器只能显示系统中当前进行的进程，而 Process Explorer 软件可以树状方式显示出各个进程之间的关系，即某一进程启动了哪些其他的进程，还可以显示某个进程所调用的文件或文件夹，如果某个进程是 Windows 服务，则可以查看该进程所注册的所有服务。

3．性能

从任务管理器中可以看到计算机性能的动态概念，如 CPU 和各种内存的使用情况。

> CPU 使用情况：表明处理器工作时间百分比的图表，该计数器是处理器活动的主要指示器，查看该图表可以知道当前使用的处理时间是多少。

> CPU 使用记录：显示处理器的使用程序随时间的变化情况的图表，图表中显示的采样情况取决于"查看"菜单中所选择的"更新速度"设置值，"高"表示每秒两次，"正常"表示每两秒一次，"低"表示每四秒一次，"暂停"表示不自动更新。

> PF 使用情况：PF 是页面文件 Page File 的简写。含义是正在使用的内存之和，包括物理内存和虚拟内存。

> 页面文件使用记录：显示页面文件的量随时间的变化情况的图表。

前面以 Windows 操作系统的任务管理器使用为例，介绍了操作系统提供的查看进程(Process)、内存使用情况的方法。这些基本而实用的操作，使我们对进程、内存等有了直观的认识，但是进程调度、内存管理需要做深层分析。本章着眼于操作系统基本原理，主要讲解进程、线程的基本概念，任务管理、内存管理方法，使读者从理论层面上更系统地了解操作系统原理，为操作系统内核分析奠定基础。

7.1　嵌入式操作系统概述

7.1.1　嵌入式操作系统的特点

操作系统是计算机系统中的一个系统软件，它是一些程序模块的集合，它们管理和控制计算机系统中的硬件及软件资源，合理地组织计算机工作流程，以便有效地利用这些资源为用户提供一个功能强大、使用方便和可扩展的工作环境，从而在计算机与其用户之间起到接口的作用。通用操作系统通常具有并发性、共享性、虚拟性和不确定性。

嵌入式实时操作系统(Real-time Embedded Operating System，RTOS 或 EOS)是一种实时的、支持嵌入式系统应用的操作系统软件，它是嵌入式系统(包括硬、软件系统)极为重要的组成部分，通常包括驱动软件、系统内核、设备驱动接口、通信协议、图形界面等。目前，嵌入式操作系统中较为流行的主要有 Windows CE、Palm OS、Real-Time Linux、VxWorks、pSOS、μC/OS-II 等。

与通用操作系统相比较，嵌入式操作系统在系统实时高效性、硬件的相关依赖性、软件固态化以及应用的专用性等方面具有较为突出的特点，下面简要归纳如下。

1) 实时性：大多数嵌入式操作系统工作在对实时性要求很高的场合，主要对仪器设备的运行状态进行监测控制，这种动作具有严格的、机械的时序；而一般的桌面操作系统基本上是根据人在键盘和鼠标发出的命令进行工作，人的动作和反应在时序上并不很严格。

2) 硬件相关性：嵌入式系统的应用领域决定了它硬件的密切相关，因此，很多嵌入式操作系统都提供驱动接口，另外，操作系统体系结构的设计也充分考虑可移植性。

3) 应用专用性：不同应用需要操作系统的支持也不同，因此，嵌入式操作系统通常具有可裁剪性，支持开放性和可伸缩性的体系结构。

4) 固化代码：在嵌入式系统中，嵌入式操作系统和应用软件被固化在嵌入式系统的 ROM 中。

7.1.2 操作系统的分类

1. 操作系统分类

计算机的操作系统分为单用户操作系统、批处理操作系统、分时操作系统和实时操作系统等。

1) 单用户操作系统：该系统只能面对一个用户，用户对系统的资源有绝对的控制权，它是针对一台计算机、一个用户的操作系统。DOS 就是典型的单用户操作系统。

2) 批处理操作系统：该系统也称为作业处理系统。在批处理系统中，用户将作业成批地装入计算机中，由操作系统在计算机中某个特定磁盘区域(一般称为输入井)将其组织好并按一定的算法选择其中的一个或多个作业，将其调入内存使其运行。运行结束后，把结果放入磁盘输出，由计算机统一输出后交给用户。批处理操作系统的重要代表有 IBM 开发的 FORTRAN 监视系统 FMS，用于 IBM 709；密歇根大学开发的 UMES，用于 IBM 7094。

3) 分时操作系统：在批处理系统中，用户不能干预自己程序的运行，无法得知程序运行情况，对程序的调试和排错不利。为了克服这一缺点，便产生了分时操作系统。允许多个联机用户同时使用一台计算机系统进行计算的操作系统称分时操作系统。其实现思想是把处理机的时间划分成很短的时间片，轮流地分配给各个终端作业使用。若在分配给它的时间片内，作业仍没执行完，它也必须将 CPU 交给下一个作业使用，并等下一轮得到 CPU 时再继续执行。这样系统便能及时地响应每个用户的请求，从而使每个用户都能及时地与自己的作业交互。常见的 UNIX 操作系统就是一个分时操作系统。

4) 实时操作系统：虽然多道批处理操作系统和分时操作系统获得了较佳的资源利用率和快速的响应时间，从而使计算机的应用范围日益扩大，但它们难以满足实时控制和实时信息处理领域的需要，于是产生了实时操作系统。实时操作系统能够在既定时间内响应并完成事件。但某种程度上，大部分通用目的的操作系统，如 Microsoft 的 Windows NT 或 IBM 的 OS/390 有实时系统的特征。这就是说，即使一个操作系统不是严格的实时系统，它们也能解决一部分实时应用问题。

2. 嵌入式操作系统分类

按照实时性的强弱，可以将嵌入式实时操作系统大致分为以下几种。

1) 强实时系统：系统响应时间在毫秒或微妙级。

2) 一般实时系统：系统响应时间在几秒的数量级上，其实时性的要求比强实时系统要求差些。

3) 弱实时系统：响应时间约为数十秒或更长。这种系统的响应时间可能随着系统负载的轻重而变化，即负载轻时，系统响应时间可能较短，实时性好一些，反之，系统响应时间可能加长。

7.2 进程和线程的基本概念

7.2.1 进程和线程的概念

为了提高 CPU、I/O 设备、内存等计算机资源的利用率，提出了多道程序设计；为了描述程序的执行或执行轨迹，提出了进程的概念。程序是静态的概念，而进程是动态的。

进程是操作系统调度程序执行和分配系统资源的基本单位。这些系统资源包括存储区域、堆栈、文件及各种表格等。很难给进程下一个严格的定义，一般说进程是执行中的程序，是可分派给中央处理机执行的实体。进程控制块(PCB) 描述了进程，即有关进程的信息都可从进程控制块这一数据结构中获得。

进程可分为两类：系统进程和用户进程。系统进程是操作系统本身的一部分，实现操作系统的功能，在内核的控制下工作；用户进程是其他系统软件或应用软件的组成部分，在操作系统的控制下工作。操作系统可以对进程进行创建、撤销、挂起、恢复等操作。进程经创建后存在于系统之中，在执行中可以被中断。

随着多并行处理机系统的发展，将并行处理引入到了进程内部，一个进程内可以包括多个线程(线程)。线程是操作系统调度程序执行的最小单位，是进程内部的一个执行控制流。一个进程内的各线程共享该进程的全部系统资源，每个线程有自己的堆栈和系统入口。在进程处于运行状态下，它的线程可以独立地被调度运行，分别历经运行、挂起、就绪各状态。线程全部工作完毕，该进程就可以结束。进程处于非运行状态，其各线程都不得工作。这样，计算机系统内的多个处理机可以同时执行一个进程内的多个线程，以缩短进程的处理时间。

线程具有许多传统进程所具有的特征，故又称为轻型进程；相应地，把传统的进程称为重型进程，它相当于只有一个线程的任务。在引入了线程的操作系统中，通常一个进程都至少有一个线程或多个线程，如图 7.3 所示。进程和线程有如下方面的不同。

(1) 调度和切换

在只有进程的操作系统中，进程既是拥有资源的基本单位也是具有独立调度、分派的基本单位。在引入了线程的操作系统中，进程只是拥有资源的基本单位，而把线程作为调度、分派的基本单位。

当进程发生调度时，不同的进程拥有不同的虚拟地址空间，而同一进程内的不同线程共享同一地址空间。在同一进程中，线程的切换不会引起进程切换；当一个进程中的线程切换到另一个进程中的线程时，就会引起进程切换。而且，进程的调度与切换都是由操作系统内核完成，而线程既可由操作系统内核完成，也可由用户程序完成。

(2) 执行过程

线程在执行过程中与进程是有区别的。每个独立的线程有一个程序运行的入口、顺序执行序列和程序的出口。但是线程不能独立执行，必须依存在应用程序中，由应用程序提供多个线程执行控制。在一个进程中，多个线程之间可以并发执行。

(3) 拥有资源

进程是资源分配的基本单位。所有与该进程有关的资源，都被记录在进程控制块中，

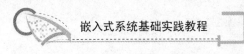

以表示该进程拥有这些资源或正在使用它们。与进程相对应，线程与资源分配无关，它属于某一个进程，并与进程内的其他线程一起共享进程的资源。

(4) 系统开销

由于在创建或撤销进程时，系统都要为进程分配或回收资源。因此，系统所付出的开销要明显大于在创建或撤销线程时的开销。发生进程切换与发生线程切换时相比较，进程切换时涉及有关资源指针的保存以及地址空间的变化等问题；线程切换时，同一进程内的线程共享资源和地址空间，将不涉及资源信息的保存和地址变化问题，从而减少了操作系统的开销时间。

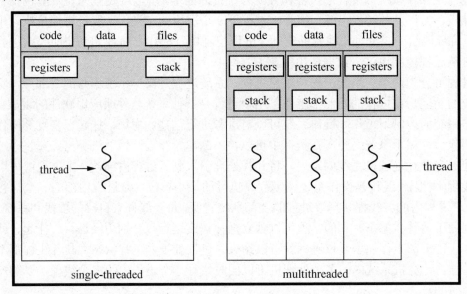

图 7.3　进程和线程的关系

7.2.2　常见嵌入式操作系统中的进程和线程

很多嵌入式操作系统支持进程和线程，或两者之一。下面简要介绍常见嵌入式操作系统对进程和线程的支持情况。

(1) 嵌入式 Linux 操作系统的进程和线程

嵌入式 Linux 操作系统提供产生进程的机制。首先，使用系统调用 fork() 复制当前进程的内容创建一个子进程，子进程与父进程的区别仅仅在于不同的 PID、PPID 和其他的一些资源。然后，执行函数 exec() 读取可执行文件并将其载入地址空间开始运行。

嵌入式 Linux 操作系统也提供了创建线程的 API 函数 pthread_create()，通常可以将所要传递给线程函数的参数写成一个结构体，传入到该函数中。

(2) WinCE 操作系统的进程和线程

WinCE 是基于优先级的抢占式多任务操作系统，一个应用程序对应一个进程，一个进程可以包含多个线程。进程本身不参加系统的调度，也没有优先级和上下文。进程创建时，会创建一个主线程作为该进程默认的执行体。4GB 的虚拟内存分成若干个 Slot，Slot0-32 分配给系统的 32 个进程使用，每个进程占据 32MB 的虚拟内存空间，Slot0 用于映射当前正在执行的进程。

在 WinCE 中，线程是系统调度的基本单位，有运行、挂起、睡眠、阻塞、终止五种状态。

(3) μC/OS-II 操作系统的线程

μC/OS-II 操作系统运行时，实质上是一个进程，而所谓系统任务、用户任务都是运行于操作系统进程环境中的线程。

μC/OS-II 操作系统提供了系统函数 OSTaskCreate()创建任务，每个任务有自己的堆栈空间、代码空间，但它们共享系统其他资源。

7.3　任　务　管　理

一个多任务操作系统内核的中心任务都是围绕任务进行的，包括任务的调度、任务的同步、任务的通信等。

7.3.1　任务调度

1. 任务描述

任务根据预先定义的调度算法能够竞争处理器的执行时间。为了有效地管理任务，操作系统通常定义一种专门的数据结构描述任务，这个数据结构称为任务控制块(Task Control Block，TCB)。任务控制块中通常记录任务 ID、任务优先级、任务的堆栈、任务代码等信息。常见的任务控制块如图 7.4 所示。

在不同的操作系统中，任务表现为进程或线程，任务控制块也有不同的内容和结构。例如，UNIX 操作系统中任务(进程)的运行环境包括进程所运行的程序、进程所使用的数据、子进程调用时用于参数传递的栈及进程的一些控制及管理信息等，它的任务控制块则具体为 proc 结构和 user 结构。proc 结构存放系统感知任务(进程)存在所必需的信息，包括进程状态、进程的用户标志、进程标志、进程在存储区域中的位置及大小、进程执行情况和系统资源使用情况、user 结构的起始地址、进程页表指针、进程被挂起时的事件描述符的集合等。user 结构包括

| 任务标识符 |
| 现行状态 |
| 处理器现场保留区 |
| 代码数据 |
| 资源清单 |
| 通信机制 |
| …… |

图 7.4　常见任务控制块结构

用于进一步描述进程本身的各种控制数据和信息，主要包括与文件系统相关的项，与 I/O 相关的项，所有由进程打开的文件描述符，中断及软中断处理的有关参数，与上下文切换、现场保护有关的项，等等。再如，μC/OS-II 操作系统的任务(线程)的运行环境描述相对简单，与 UNIX 相比，其 TCB 结构少了任务占有 I/O 资源的描述，详细内容将在后续章节中阐述。

2. 任务状态

为了刻画任务的动态特征，可以将任务的生命期划分为一组状态，任务状态反映了任务当前在系统中所处的情形。内核负责维护系统中所有任务的当前状态。一个任务从一个状态转变为另一个状态是应用调用内核的结果。虽然内核可以定义不同的任务状态组，但一般的抢占式调度内核主要有四种状态：睡眠态、就绪态、阻塞态和运行态。

1) 睡眠态：任务已经建立，但还没有启动的；任务已经脱离调度，但还存在于系统中。

2) 阻塞态：任务使用了系统的延时函数，延时时间还没有到；任务在等待某个事件的发生。

3) 就绪态：理论上讲，就绪态的时间越短越好。通常有如下情形：①任务延时时间到或等待的事件已发生，任务本该运行，但有高优先级任务或中断抢占了 CPU，导致任务不能运行；②任务运行的过程中，有其他高优先级的任务抢占了 CPU，任务暂停运行；③任务运行的过程中有中断抢占了 CPU，任务暂停运行，这种情况也可以称为"中断态"。

4) 运行态：任务占用了 CPU，运行本任务的代码。

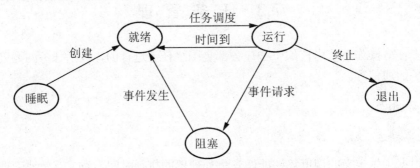

图 7.5　三级存储体系结构示意图

如图 7.5 所示，在任务的生命周期中，经历四种状态中的所有或部分状态。实际的操作系统会根据需要细化或合并这些状态，状态之间的变换关系也各有不同。例如，Linux 2.4.x 操作系统中任务有 TASK_RUNNING、TASK_INTERRUPTIBLE、TASK_ZOMBIE、TASK_STOPPED 等状态，而 Windows CE 操作系统中的线程有五种状态，分别为运行、挂起、睡眠、阻塞、终止。

3. 任务调度策略

所谓任务调度，是指在系统中所有的就绪任务中，按照某种策略确定一个合适的任务并让处理器运行它。从任务获得 CPU 使用权的方式看，通常有可剥夺方式和不可剥夺方式两种。

在可剥夺方式下，一旦某个进程正在被处理器运行时，其他就绪进程可以按照事先规定的规则，强行剥夺正在运行进程的处理器使用权，而使自己获得处理器使用权并得以运行。而在不可剥夺方式下，一旦某个进程获得了处理器的使用权，则该进程就不再让出处理器，其他就绪进程只有等到该进程结束，或因某个事件不能继续运行自愿让出处理器时，才有机会获得处理器使用权。

常见的调度策略有以下几种。

(1) 最短周期优先 SBF

优先将当前就绪队列中的下一个 CPU 周期最短的任务调度到 CPU 运行。就平均周期而言，SBF 是最优的，因为它把最短进程放在最前面，能够使其后所有任务的周转时间都缩短。SBF 的问题是该算法依赖于各任务的下一个 CPU 周期，而一个任务的下一个 CPU 周期有多长，事先是不确定的。因此，实际中采用近似估计的方法从当前就绪任务中找出最短的任务，虽然存在一定的误差，但仍有一定的实用价值。

(2) 优先级法

将优先级最高的就绪任务调度到 CPU 上优先运行，它的关键是确定各个任务的优先级。确定优先级的方法有静态和动态两种。静态方式下，在系统创建任务时为其确定一个优先级，一经确定则在整个任务运行期间不再改变。静态优先级算法虽然简单，但有时不太合理，可能出现任务等待很长时间仍然得不到执行机会的情况。随着任务的推进，确定优先级所依赖的特性可能发生变化，而静态优先级不能准确地反映出这些变化情况。

动态优先级算法在任务运行中，不断地随着特性的改变而调整优先级，显然可以实现更为精确的调度。优先级法可以是抢占式或非抢占式的。对于抢占式，只要在就绪队列中出现了比目前运行任务优先级高的任务，就立即剥夺目前运行任务的 CPU 资源分给优先级高的任务。对于非抢占式，则要等待目前运行任务的 CPU 周期结束后才重新调度。

(3) 轮转法

轮转法为每个任务分配一定的时间片，所有就绪任务排成一个环形队列，并使用一个指针扫描它们。当轮到一个任务运行时，调度器按照其时间片值设置时钟，若在时间片结束时该任务还未结束，则调度器将剥夺该任务的 CPU 资源并分配给下一个任务。轮转法调度中，若时间片值设置得太小，则会导致过多的任务切换，降低 CPU 效率；若设置得太大，又可能造成 CPU 资源的浪费。因此如何设置时间片的长度是关键。

(4) 多队列轮转法和多级反馈队列法

在轮转法中，高优先级任务仅在第一次轮转中获得优先的机会，这对于在一个时间片内不能完成的任务而言，其优越性并不明显。针对这个问题，多队列轮转法根据任务的特性，永久性地将各个任务分别链入其中某一就绪队列中。而多级反馈队列法则允许任务在各就绪队列间移动。

(5) 实时调度算法

实时系统的调度算法需要考虑每个具体任务的响应时间必须符合要求，在截止时间前完成。典型的实时调度算法包括 EDF 算法和 RMS 算法。

  ➤ EDF(Earliest Deadline First)算法。EDF 算法将就绪队列中的任务按照其截止期限排序，最早截止的任务优先调度。当一个新任务到来时，若它的截止时间更靠前，则让新任务抢占正在执行的任务。EDF 算法的实质是贪心算法。如果一组任务可以被调度(即所有任务的截止时间在理论上都可以得到满足)，则 EDF 就能够满足。EDF 算法的缺点在于需要对每个任务的截止时间进行计算并动态调整优先级，同时抢占任务也需要消耗系统资源。因此它的实际效果比理论效果稍差一点。

  ➤ RMS(Rate Monotonic Scheduling)算法。RMS 算法在进行调度前先计算出所有任务的优先级，然后按照计算出来的优先级进行调度，任务执行过程中既不接收新任务，也不进行优先级调整或者 CPU 抢占。它的优点是系统消耗小，但相对不够灵活。该算法是一种静态最优算法。

7.3.2　任务同步与通信

1. 任务间的关系

在嵌入式多任务操作系统中，多任务的引入改善了系统的资源利用率，并且提高了系统的吞吐量，但是也带来了另外的问题，那就是多个任务间如何协调、合作共同完成一个大的系统功能或争用系统临界资源。任务之间的关系可能存在如下三种情况。

(1) 相互独立

任务之间没有任何联系，既没有共享的资源，又没有时间、空间、功能上的协作，任务可以分别独立运行。

(2) 相互合作

为了完成某些大型应用程序，编程人员往往将程序分为多个任务，每个任务完成一种功能，多个任务间必须相互合作，才能完成系统的全部功能。此时，任务之间的同步机制，必须保证相互合作的多个任务在执行次序上的协调，即时间关系上，多个任务应该按部就班地向前执行。

(3) 资源共享

多个任务间没有直接联系，它们并不知道其他任务的存在。但是，这些任务在运行时，都会使用某些公共的资源，而这些资源往往数量有限，甚至只能独占使用。共享的资源通常分为数据共享、外部设备共享等。

2. 任务间通信

任务通信是操作系统内核层极为重要的部分。根据任务通信时信息量大小的不同，可以将任务通信划分为两大类型：控制信息的通信和大批数据信息的通信，前者称为低级通信，后者称为高级通信。高级通信的常见方法有以下几种。

(1) 消息队列

消息队列的基本思想：系统管理一组消息缓冲区，并称之为消息缓冲池，其中每个消息缓冲区存放一条消息。消息实际上就是一组信息，当一个任务要发送消息时，首先向系统申请一个消息缓冲区，写入消息后将其连接到接受任务所指示的消息队列，接受任务在适当的时候从其消息队列中取得消息，并立即释放该消息缓冲区，交回给系统管理。

消息队列就是一个消息的链表，即把消息看做一个记录，并且这个记录具有特定的格式以及特定的优先级，对消息队列有写权限的任务可以按照一定的规则添加新消息；对消息队列有读权限的进程则可以从消息队列中读出消息。

Windows CE 操作系统、Linux 操作系统以及 μC/OS-II 操作系统都支持这种任务间通信方式。

(2) 管道

管道是一种常用的单向任务间通信机制。两个任务利用管道进行通信时，发送信息的任务称为写任务，接收信息的任务称为读任务。管道通信方式的中间介质就是文件，通常称这种文件为管道文件，它就像管道一样将一个写任务和一个读任务连接在一起，实现两个任务之间的通信。

写任务通过写入端(发送端)向管道文件中写入信息；读任务通过读出端(接收端)从管道文件中读取信息。两个任务协调不断地进行写和读，便会构成双方通过管道传递信息的流水线。管道通信方式在 UNIX 操作系统中应用较多。

(3) 共享内存

针对消息缓冲需要占用 CPU 进行消息复制的缺点，操作系统提供了一种任务间直接进行数据交换的通信方式——共享内存。顾名思义，这种通信方式允许多个任务在外部通信协议或同步/互斥机制的支持下使用同一个内存段(作为中间介质)进行通信，它是一种最有效的数据通信方式，其特点是没有中间环节，直接将共享的内存页面通过附接，映射到通信任务的虚拟地址空间中，从而使多个任务可以直接访问同一个物理内存页面，如同访问自己的私有空间一样(但实质上不是私有的而是共享的)。因此这种任务间通信方式是较快捷的通信方法。

3. 任务间同步与互斥

任务之间制约性的合作运行机制叫做任务间的同步，任务间互斥是任务间同步的特例。任务间的同步与互斥可以看做是传递的信息量较少的一种通信方式。实现任务同步与互斥的常见方法有以下几种。

(1) 临界区

把一段时间内只允许一个任务访问的资源叫做临界资源(Critical Resource)，即当该资源已被某个任务占用时，新的要使用该资源的申请，必须等到前一个任务完成并释放该资源后，才能执行。在前面提到的共享数据和共享外部设备很多都是临界资源，如打印机。

把程序中使用临界资源的代码称为临界区(Critical Section)。为了实现对临界资源的互斥访问，在进入临界区以前，必须检查该资源当前是否正被访问。如果此刻临界资源未被访问，该任务便可以进入临界区，并将其设置为被访问状态。访问完成后，该任务退出临界区，将其访问标志清除，释放对临界资源的占有。

(2) 信号量

信号量的值是表示资源的物理量，也是一个与队列有关的整形变量，用 s 表示其值仅能由 P、V 操作原语来改变。当 s>0 时，其值代表系统中对应的可用资源数目；当 s<0 时，其绝对值代表因该类资源而被阻塞的任务数目；当 s=0 时，表示系统中对应资源已经用完，并且没有因该类资源而被阻塞的任务。系统利用信号量对任务控制和管理，即控制任务对临界资源或公共变量的访问，以实现任务的同步与互斥。

7.4　内 存 管 理

7.4.1　内存管理分类

为了兼顾存储容量和存储速度，当前计算机几乎毫无例外地采用了层次式存储结构，即以处理器为中心，计算机系统的存储依次为寄存器、高速缓存、主存储器、磁盘缓存、磁盘和可移动存储介质等。通常提到的存储管理，指的是主存空间的分配，即内存管理。内存管理方式有传统的连续式分配方式和现代的离散分配方式。

1. 连续内存分配方式

连续分区式内存管理是一种早期的内存分配方式。其基本思想是把内存划分成若干个连续区域，每个分区装入一个运行程序。又可分为固定式分区和可变式分区两种类型。连续分区式内存管理有一些缺点，系统运行一段时间后，随着一系列的内存分配和回收，原来的一整块大空闲区间形成了若干已使用区和空闲区相间的布局。经过长时间的运行，内存中碎片越来越多。解决内存碎片问题的方法是采用紧凑技术，该技术需要硬件支持，要求能够动态重定位。

虽然分区式内存管理容易产生内存碎片，但因其具有快速而确定的特点，在嵌入式系统中仍然有较多应用。

2. 离散内存分配方式

连续分配方式会形成内存碎片，虽然可通过紧凑方法将碎片拼接成可用的大块空间，但须为之付出很大开销。如果允许将一个进程直接分散地装入到不相邻的分区中，则无须再进行紧凑。基于这一思想而产生了离散分配方式，离散分配方式有分页内存管理方式、分段内存管理方式、段页内存管理方式。

(1) 分页式内存管理

分页式内存管理是将一个任务的逻辑地址空间分成若干个大小相等的片，称为页面或页，并为各页加以编号，如第 0 页、第 1 页等。相应地，也把内存空间分成与页面相同大小的若干个存储块，称为(物理)块或页框(Frame)，也同样为它们加以编号。在为任务分配内存时，以块为单位将任务中的若干个页分别装入到多个可以不相邻接的物理块中。由于任务的最后一页经常装不满一块而形成了不可利用的碎片，称之为页内碎片。页面若太大，页内碎片也可能变大，不利于提高内存利用率；但若页面太小，会使每个任务占用较多的页面，从而导致任务的页表过长，占用大量内存。因此，页面的大小应选择适中，且页面大小应是 2 的幂，通常为 512 B～8 KB。

如图 7.6 所示，分页式内存管理将地址分成页号和位移量两部分。对于某特定机器，其地址结构是一定的。在分页系统中，允许将任务的各个页离散地存储在内存不同的物理块中，但系统应能在内存中找到每个页面所对应的物理块。为此，系统为每个任务建立了一张页面映像表，简称页表。在进程地址空间内的所有页(0～n)，依次在页表中有一页表项，其中记录了相应页在内存中对应的物理块号。页表的作用是实现从页号到物理块号的地址映射。

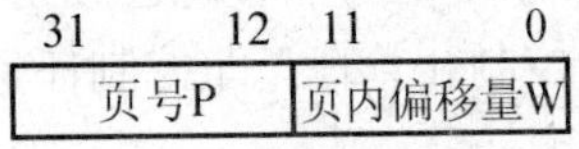

31	12 11	0
页号P	页内偏移量W	

图 7.6 分页式内存管理地址结构图

页表大多驻留在内存中，在系统中设置一个页表寄存器(Page-Table Register，PTR)，在其中存放页表在内存的起始地址和页表的长度。任务未执行时，页表的起始地址和页表长度存放在本任务的 TCB 中。当调度程序调度到某任务时，才将这两个数据装入页表寄存器中。

如图 7.7 所示，当任务要访问某个逻辑地址中的数据时，分页地址映射机构会自动地将有效地址(相对地址)分为页号、页内地址两部分，再以页号为索引去检索页表。查找操作由硬件执行。在执行检索之前，先将页号与页表长度进行比较，如果页号大于或等于页表长度，则表示本次所访问的地址已超越任务的地址空间，将产生一个地址越界中断。若未出现越界错误，则将页表始址与页号和页表长度的乘积相加，便得到该表项在页表中的位置，于是可从中得到该页的物理块号，将之装入物理地址寄存器中。与此同时，再将有效地址寄存器中的页内地址送入物理地址寄存器的块内地址字段中。这样便完成了从逻辑地址到物理地址的映射。

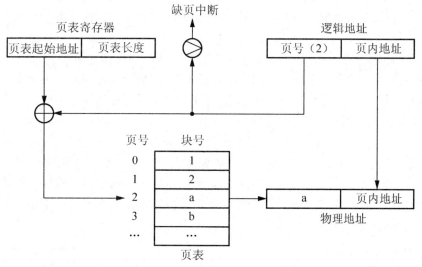

图 7.7　分页式内存管理地址映射

(2) 分段式内存管理

分段式内存管理与分页式内存管理及其类似，只是以段为单位，为任务离散分配存储空间。段在现代程序设计中被广泛使用，编程人员希望把信息按内容和逻辑关系分成多个部分，每个部分都有自己的名字，且可以根据名字来访问相应的信息块。分段内存管理机制就实现了这种模式。分段机制需要编译器的支持，目前，大多数编译器都支持分段，它们往往将程序划分为代码段、数据段、未初始化数据段。分段机制对模块化程序和变化的数据结构的处理，以及不同作业之间的某些公共子程序对数据块的共享及保护机制的实现，都提供了有力的支持。分段式内存管理就是以段为单位，分散装入内存中的分配方式。

分段和分页有很多相同的地方，特别是得到物理地址的过程几乎相同，但是，分页对用户是透明的，而分段是用户可见的，页是信息的物理单位，使用分页机制是为了实现离散分配，以减少内存碎片。段是信息的逻辑单位，而使用分段是为了方便用户的编程。

(3) 段页式内存管理

顾名思义，段页式内存管理是将分页式和分段式综合起来的一种内存管理方法。首先，将用户的任务空间分成若干个段，再把每个段划分成若干个页。本质上说，段页式内存管理是用页式方法来分配和管理内存空间，用段式方法对用户程序进行逻辑划分，融合了分页式和分段式的各自优势，是现代操作系统广泛采用的内存管理方法。

7.4.2　虚拟内存

众所周知，若处理器有 32 位地址线，那么其最大寻址 4GB 的空间。但是，通常是不会给计算机配备如此多的实际内存的。假如在这样的计算机中配备了 4MB 的内存，占用存储空间为 0x00000000～0x003FFFFF，于是 0x00400000～0xFFFFFFFF 这一大段的寻址空间就没有实际存储空间与其对应了。那么能否既不需要扩展实际存储器，又要充分利用处理器的寻址空间呢？可以，即采用虚拟存储技术来实现虚拟存储器。在虚拟存储技术的概念之下，编程人员在设计程序时，完全可以不顾及实际存储内存有多少，只要不超过计算机处理器寻址空间即可。

为了讨论问题方便，把处理器所提供的地址空间叫做虚拟地址空间或者逻辑地址空间，而真正的实际配备的存储器所提供的地址空间叫做物理地址空间。于是上面所谈的问题用一句话来说，就是编程人员可以在虚拟地址空间上编写应用程序，而且每个应用程序的首地址都为 0，长度以处理器的寻址空间为限。

那么这些程序存储在何处呢？当然是磁盘中，嵌入式系统通常是存储在 Flash 中。那么一个有限的主存空间又怎么能运行或读取如此大的程序及数据结构呢？因为计算机在运行某个程序时并不是同时使用全部信息的，所以就可把当前要运行或使用的那些部分先放到主存中使用，而当用到另外一部分时，就把前面已存在主存但现在不用的部分写回磁盘，以把要用的部分放到主存中来使用。

1. 虚拟存储器基本原理

基于局部性原理，一个作业在运行之前，没有必要全部装入内存，而仅将那些当前要运行的那部分页面和段先装入内存便可以开始运行。在程序的运行中，发现所要访问的段不在内存中时，再由操作系统将其调入内存，程序便可继续执行下去。

这样，在运行过程中，程序只需要部分装入内存，其余部分可以存放在外存，等到确实需要时，再调用到内存中。对用户来说，看到的是一个大容量的内存，可以同时运行躲到的任务。利用局部性原理，把内存与外存有机地结合起来使用，从而为用户提供一个容量很大的、速度足够快的"内存"，这就是虚拟存储器，简称虚存。

影响虚拟存储器容量的因素包括两个方面，首先是计算机硬件所能提供的最大地址空间，这个地址空间一般受地址线数目的限制；其次，外存的大小也限制了所能交换的地址空间。多数情况下，外存大小往往是限制虚拟存储器容量的主要因素。

2. 页面的调入与换出

由于内存大小的限制，在程序运行过程中，虚拟存储器管理会出现两种需要特殊处理的情况。一种是所要访问的页当前不在内存中，需要将其从外存中调入；另一种情况是在向内存中调入一个页面时，发现内存空间不足，这时，需要将内存中一些页面交换到外存中，以便腾出空间来调入新的页面。这两种操作分别叫做页面的换入与换出。

页面的换入通过缺页中断机制来实现。当程序指令访问的操作数不在已经装入的页面的范围中时，CPU 会触发一个硬件中断，通知操作系统，当前发生了一个缺页事件。操作系统对应的中断系统程序则负责从外存中调入该操作数所在的页面。缺页中断实际上是发生在指令执行的过程中，并且由于一个指令可能有多个操作数，因此在一条指令的执行过程中可能发生多次缺页中断。

页面的换出既可能是操作系统的定期行为，也可能是由用户的页面调入请求引起的。它选择内存中的某些页，将其标记为未装入，然后释放其空间，以便装入新的页面。页面换出时最大的问题在于如何选择被换出的页面。把进行这种选择的算法叫做页面置换算法。

3. 页面置换算法

目前常见的页面置换算法包括最优置换算法、LRU、FIFO、NRU 等。

(1) 最优置换算法

该算法选择将来最长时间不使用的页面换出，可以获得最好的性能。但是由于无法动态预测一个程序访问内存页面的情况，所以该算法是不可实现的。主要用于估计其他算法的性能。

(2) LRU 算法

LRU 算法又称为最近最久未使用算法。它选择过去时间内最久未使用的页面换出。该算法试图用“最近的过去”代表“最近的将来”。理论和实验表明，LRU 算法较好地模拟了最优置换算法，有较好的性能。目前，大多数的请求调页系统都采用了 LRU 算法。

(3) FIFO 算法

FIFO 算法又称为先进先出置换算法。它选择最早进入内存的页面换出。该算法的优点是实现简单，但其性能不好。因为最早进入内存的页面并不一定是使用最少的。

7.5　案例分析

本章导入案例中给出的是 Windows 操作系统任务管理器的使用方法。任务管理器是 Windows 操作系统提供给用户查看程序、进程、内存等信息的应用程序。它是本章操作系统基本原理的外在表现。

(1) 应用程序和进程

Windows 任务管理器中的程序标签显示当前非托盘区的应用程序，而进程标签则显示当前系统运行的所有进程。应用程序和进程并不是一一对应的，一个应用程序可能对应多个进程。

(2) 任务调度

通过任务管理应用软件，用户也可以直观地观察到任务调度。在图 7.2 所示界面中，以 CPU 的使用情况降序排列各进程，然后任意选择某进程，该进程蓝色高亮显示，用户可以看到，随着时间的推移，该进程在列表中的位置会发生变化，即该进程时而使用 CPU，时而不使用，这就体现了任务调度。

(3) 内存使用情况

在 Windows 任务管理器中，可以观察到物理内存、虚拟内存的使用情况。但是不能在此界面中看到内存管理过程，因为内存管理是由操作系统内核完成的，不需要用户干预。

物理内存：计算机所配置的内存总量。若有内存 256MB，即 262144KB，262144KB 的内存减去 512KB 的高位内存，再减去系统内核占用的 16KB，即为实际内存总数 261616KB。

核心内存：操作系统核心程序使用的物理内存总数。通常，这一数值总是越低越好。

分页数：可以复制到页面文件中的内存，一旦系统需要这部分物理内存，它会被“映射”到硬盘，由此可以释放部分物理内存。

未分页：保留在物理内存中的内存，这部分不会被映射到硬盘，即页面文件中。

本 章 小 结

服务于后续章节操作系统内核分析，本章简要介绍了嵌入式操作系统的基本原理，尤其是任务管理和内存管理。

(1) 嵌入式操作系统特点：嵌入式操作系统较通用操作系统，具有实时性、硬件相关性、应用专用性、固化代码等特点。

(2) 进程与线程：进程是多道程序设计的产物，线程则将并行性引入到进程内部，线程被称为轻量级进程。进程是操作系统调度程序执行和分配系统资源的基本单位。线程是操作系统调度程序执行的最小单位，是进程内部的一个执行控制流。

(3) 任务管理：介绍了任务的描述方法、任务的状态、任务的调度策略等。

(4) 内存管理：讲解了内存管理分类，着重介绍了离散内存分配方式。分析了虚拟内存的基本原理及相关算法。

 阅读材料

苹果操作系统(Mac OS)的发展史

1984 年，苹果发布了 System 1，这是一个黑白界面的，也是世界上第一款成功的图形化用户界面操作系统。System 1 含有桌面、窗口、图标、光标、菜单和卷动栏等项目。其中令如今的计算机用户最觉稚嫩而有趣的是创建一个新的文件夹的方法——磁盘中有一个 Empty Folder(空文件夹)，创建一个文件夹的方法就是把这个空文件夹改名；接着，系统就自动又出现了一个 Empty Folder，这个空文件夹就可以用于再次创建新文件夹了。当时的苹果操作系统没有今天的 AppleTalk 网络协议、桌面图像、颜色、QuickTime 等丰富多彩的应用程序，同时，文件夹中也不能嵌套文件夹。实际上，System 1 中的文件夹是假的，所有的文件都直接放在根目录下，文件根据系统的一个表被对应在各自的文件夹中，文件夹的形式只是为了方便用户在桌面上操作文件。

在随后的十几年中，苹果操作系统历经了 System 1 到 6，再到 7.5.3 的巨大变化，苹果操作系统从单调的黑白界面变成 8 色、16 色、真彩色，在稳定性、应用程序数量、界面效果等各方面，苹果都在逐步走向。从 7.6 版开始，苹果操作系统更名为 Mac OS，此后的 Mac OS 8 和 Mac OS 9，直至 Mac OS 9.2.2，以及今天的 Mac OS 10.3，采用的都是这种命名方式。

2000 年 1 月，Mac OS X 正式发布，之后则是 10.1 和 10.2。苹果为 Mac OS X 投入了大量的热情和精力，而且也取得了初步的成功。2002 年，苹果公司的创建者之一，苹果公司现任执行总裁 Steve Jobs 亲自主持了一个仪式：将一个 Mac OS 9 的产品包装盒放到了一个棺材中，正式宣布 Mac OS X 时代的全面来临！

从苹果的操作系统进化史上来看，Mac OS Panther(以下简称 Panther)似乎只是苹果操作系统一次常规性的升级。在下结论以前，先来看一个事实：2003 年的 WWDC(苹果全球开发商大会)，这一历来在 5 月中下旬举行的会议，因为要为开发商提供 Panther Developer Preview(开发商预览版)，而专门推迟到了 6 月。一个月的等待并没有让用户失望，在每年都令无数苹果迷期盼的 Jobs 主题演讲中，我们听到了比以往多得多的掌声。

2003 年 10 月 24 日，Mac OS X 10.3 正式上市；11 月 11 日，苹果又迅速发布了 Mac OS X 10.3 的升级版本 Mac OS X 10.3.1。苹果公司宣称："Mac OS Panther 拥有超过 150 种创新功能，让你感觉就像拥有一台全新的苹果电脑"。

Mac OS X 所具有的优点。

(1) 多平台兼容模式

Java 从来未体验过这种好处，所有的 Java 软件和程序使用 Aqua，用于 Mac OS X 时呈现了令人惊奇的表观效果和感受。视窗得到双倍缓冲，滚动翻页更为平稳，用户界面单元也相应尺寸可调。所有的绘图工作都由 Quartz Extreme 完成，这项 Mac OS X 以 PDF 为基础的成像模式得到了硬件加速，在更好的性能之外，还提供了清晰的文本和图形。

(2) 为安全和服务做准备

Java 是成为优秀的服务器方案的主要构成之一。这也是 Java 作为用于 Xserve 的 Mac OS X 服务器软件系统的重要组分的原因。另外，Xserve 包含了 Tomcat，一款基于 JSP 和 Servlets 用于开发简单的 Java 软件的大众化的服务器。如果这还不够，Xserve 还包含有全部 WebObjects 的 Java 应用软件服务器的配置许可证明，这样就能正确地从寄存器配置经典网络应用软件了。同时，能有效执行的 J2EE 还包括了 Macromedia 的 Jrun 和开放式资源的 JBoss 服务器。

(3) 占用更少的内存

在其他平台上，每一项 Java 软件都会消耗一定的系统内存，因此结束运行多重 Java 软件可能占用更多的内存资源。其他语言是使用共享库来解决这一问题的，如 C 或 C++。苹果公司则发明了一种创新技术，在多重软件交叉运行时可以共享 Java 代码。这样就减少了 Java 软件通常占用的内存量。这种技术完全适合 Sun 公司的 Hot Spot VM，并使 Mac OS X 保持与标准版 Java 的兼容。另外，苹果公司还将其交付 Sun 公司予以实施，使其能配置在其他平台上。这是苹果公司支持标准化和共享以使全行业都受益的例证之一。

(4) 多种途径的开发工具

在 Mac OS X 上有很多方法可以拓展软件。使用许多行业领先的工具都能实现，包括 IntelliJ 的 IDEA，Oracle 的 JDeveloper, Eclipse 和 Sun 的 NetBeans 等。Mac OS X 也包含有支持从寄存器进行 Java 快速开发的免费开发工具。

习　　题

一、选择题

1. 操作系统是一种(　　)。
   A. 系统软件　　　B. 系统硬件　　　C. 应用软件　　　D. 支援软件
2. 在以下存储管理方案中，不适用于多道程序设计系统的是(　　)。
   A. 单用户连续分配　　　　　　　B. 固定式分区分配
   C. 可变式分区分配　　　　　　　D. 页式存储管理
3. 任何两个并发进程之间(　　)。
   A. 一定存在互斥关系　　　　　　B. 一定存在同步关系
   C. 一定彼此独立无关　　　　　　D. 可能存在同步或互斥关系

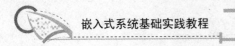

4. 在一个分页式存储管理系统中，页表的内容如下：

若页的大小为 4KB，则地址转换机构将相对地址 0 转换成的物理地址是(   )。

A. 8192   B. 4096   C. 2048   D. 1024

二、判断题

1. 分时系统中，时间片越小越好。   (   )
2. 进程是一个独立的可调度的活动。   (   )
3. 线程是调度的基本单位，但不是资源分配的基本单位。   (   )
4. 虚拟存储器的容量比实际物理内存空间大得多。   (   )

三、问答题

1. 任务间同步和互斥的含义是什么？
2. 什么是输入输出操作？什么是通道？
3. 在分页系统中页表的作用是什么？如何将逻辑地址转换成物理地址？

第 **8** 章

µC/OS-II 嵌入式操作系统内核分析

 学 习 目 标

了解 µC/OS-II 的特点及应用领域;
熟悉 µC/OS-II 的任务管理、时间管理和中断管理;
熟悉 µC/OS-II 任务间的通信和同步;
掌握 µC/OS-II 的移植和裁剪方法。

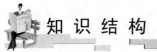 知 识 结 构

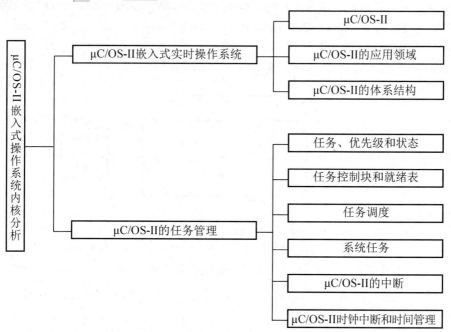

图 8.1　嵌入式系统硬件平台知识结构图

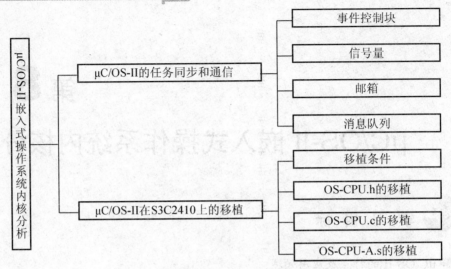

图 8.1　嵌入式系统硬件平台知识结构图(续)

导入案例

设计一个基于 ARM 的配电监控终端。终端的功能: 对电网低压侧的电压、电流进行采样和 AD 转换;对采集到的数据进行计算分析, 得出各种监测指标参数; 对所有的指标参数进行统计分析; 处理液晶显示和键盘扫描, 响应按键命令; 定时或者根据用户的操作, 利用 GPRS 模块把数据发送到控制中心。

系统硬件由 S3C2410 处理器、外扩 NAND Flash、GPRS 通信模块、LCD、键盘阵列、传感器组成,其硬件结构如图 8.2 所示。

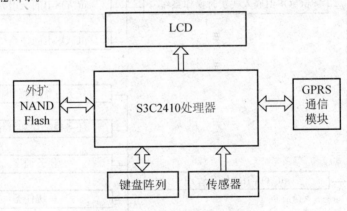

图 8.2　配电监控终端硬件结构

根据终端的功能需求, 软件可以划分成以下几个模块: ①键盘扫描和液晶显示, ②数据采集和 AD转换, ③数据分析, ④数据通信。

如果使用传统的无操作系统的程序设计方法, 在一个无限循环中, 使上面四个软件模块依次轮流运行, 缺点是显而易见的, 为了保证程序能适应各种意外情况的发生, 需要做大量的容错处理, 例如, GPRS信道建立失败如何处理, 较长时间没有收到控制中心的应答如何处理等。越是可靠实用的软件, 容错部分所占的比例越大。程序规模的扩大使得在一个无限循环中完成软件的所有功能变得力不从心, 代码中某个部方的修改可能会影响到其他部分。这样，编程人员不得不耗费大量的精力用于程序结构的设计，而非系统功能的实现。再者，在一个循环中完成所有的功能，如果系统在等待控制中心的应答期间，用户按下了键盘上的操作键，这时终端不能立刻响应按键，用户需要等待，在当前的技术条件下，这种设计是很失败的。

针对上述使用无限循环结构的缺陷，可以这样设想：让四个软件模块既独立运行又互相配合，每个模块分别获得其他模块的输入，再把自己的计算结果输出给其他模块。为了协调几个软件模块(实际上就是任务)工作，需要有一个调度协调程序，这个调度协调程序其实就是嵌入式操作系统，它负责管理系统中并发运行的几个任务，对任务的运行进行协调(同步或者互斥)，并实现任务之间数据的传递(任务通信)。

在众多的嵌入式操作系统中，对于初学者来说，普遍认为 μC/OS-II 是非常适合入门学习并且在工程实际中也得到广泛应用的一个。μC/OS 由 Jean J. Labrosse(1957—)于 1992 年发布，μC/OS 是 "Micro Controller Operation System" 的缩写，意思是 "微控制器操作系统"。μC/OS-II 是众多实时嵌入式操作系统中非常具有特色的一个，它在性能和稳定性上可以与众多的商用嵌入式操作系统相媲美，但是内核短小精悍，并且源代码全部开放，如果用在教育或者纯粹的学术研究中，使用者不需要支付任何费用。

本章将从以下几个方面对 μC/OS-II 进行介绍：μC/OS-II 的特点、用途；μC/OS-II 的任务管理、时间和中断管理；μC/OS-II 的任务间同步和通信；μC/OS-II 的移植和裁剪方法。

8.1　μC/OS-II 嵌入式实时操作系统

8.1.1　μC/OS-II

μC/OS-II 是一个可移植、可固化、可裁剪、占先式的实时多任务内核。这个内核可以运行在多种体系结构的微控制器、微处理器和 DSP 上。为了便于移植，μC/OS-II 是采用和 ANSI C 100%兼容的代码编写的，并且提供了详细的文档资料。

μC/OS-II 可以管理多达 64 个任务，它具有以下功能：信号量；事件标志；消息邮箱和消息队列；任务管理、时间管理和定时器管理；固定大小的内存块管理。

μC/OS-II 的特点如下。

➢ 开源(Open Source)：Labrosse 把 μC/OS-II 的源代码全部公开，并且在源代码中作了详细的注释，专门出版了一本讲解 μC/OS-II 的工作原理的书籍《μC/OS-II—源码公开的实时嵌入式操作系统》。

➢ 可移植(Portable)性好：在设计之初，Labrosse 就很好地考虑到了可移植性。μC/OS-II 的绝大部分源代码是用移植性很强的 ANSI C 编写的。只有和微处理器硬件相关的部分用汇编语言编写。μC/OS-II 中汇编语言编写的部分已经压到最低限度，这使得 μC/OS-II 便于移植到其他微处理器上。目前，μC/OS-II 几乎已经移植到了各种体系结构的 8 位，16 位，32 位微控制器、微处理器和 DSP 上。

➢ 可固化(Romable)：μC/OS-II 是专为嵌入式应用而设计的，只要开发者具有固化手段(C 编译、链接、下载和固化)，μC/OS-II 就可以嵌入到开发者的产品中成为产品的一部分。和 PC 机上的 Windows、Linux 操作系统不同，μC/OS-II 是以源码

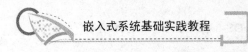

嵌入式系统基础实践教程

的形式出现，和用户的代码混合在一起编译、链接成为一个可在处理器上执行的映像文件。

➤ 可裁剪(Scalable)：μC/OS-Ⅱ可被裁剪到仅包含和特定应用相关的功能(大小从5～24KB)。这样可以减少产品中μC/OS-Ⅱ占用的存储空间(RAM和ROM)，可裁剪性是靠条件编译实现的。只要在μC/OS-Ⅱ的配置文件中(用#define constants 语句)定义哪些μC/OS-Ⅱ的功能是应用程序需要的就可以了。

➤ 占先式(Preemptive)：μC/OS-Ⅱ是占先式的实时内核。占先式即高优先级的任务可以抢占低优先级任务的CPU。μC/OS-Ⅱ总是运行处于就绪状态的优先级最高的任务。大多数商业内核也是占先式的，μC/OS-Ⅱ在性能上和它们类似。

➤ 多任务：μC/OS-Ⅱ可以管理64个任务，目前保留8个给系统，应用程序最多可以有56个任务。每个任务的优先级必须不同，μC/OS-Ⅱ不支持时间片轮转调度法(Round-robin Scheduling)，该调度法适用于调度优先级平等的任务。

➤ 可确定性：全部μC/OS-Ⅱ的函数调用和服务的执行时间具有可确定性。也就是说，全部μC/OS-Ⅱ的函数调用与服务的执行时间是可知的。μC/OS-Ⅱ系统服务的执行时间和应用程序任务的多少无关。

➤ 任务栈：μC/OS-Ⅱ中每个任务有各自不同的栈空间，以便降低应用程序对RAM的需求。使用μC/OS-Ⅱ的栈空间校验函数，可以确定每个任务到底需要多少栈空间。

➤ 系统服务：μC/OS-Ⅱ提供很多系统服务，例如，邮箱、消息队列、信号量、块大小固定的内存的申请与释放、时间相关函数等。

➤ 中断管理：中断可以使正在执行的任务暂时挂起。如果该中断唤醒了优先级更高的任务，则中断服务程序退出后，μC/OS-Ⅱ调度高优先级的任务投入运行，而不是返回原来被中断的任务。μC/OS-Ⅱ的中断嵌套层数可达255层。并且，μC/OS-Ⅱ具有极小的最大中断禁止时间：200个时钟周期(ARM9上通常的配置，无等待状态)。

➤ 稳定性与可靠性：μC/OS-Ⅱ在稳定性和安全性方面十分出色，自1992年以来已经应用到很多商业应用中。目前已经应用在包括航空、医疗、交通、核设施等对安全性有极高要求的系统中。

➤ 易学易用：μC/OS-Ⅱ非常容易使用，具有极短的学习曲线，这使得用户可以使用μC/OS-II快速开发出产品，从而在市场上赢得先机。

➤ 支持教学和科研：Labrosse在20世纪80年代使用商业内核进行嵌入式系统开发时，深感无内核源码和技术支持不够之痛，这促使他下决心编写自己的实时内核。在μC/OS开发成功后，Labrosse不但公开了源代码，而且针对教学和用于和平目的的科学研究不收取任何使用费用，仅对用于盈利目的的商业使用收费。

8.1.2 μC/OS-II 的应用领域

μC/OS-II作为一种嵌入式实时操作系统内核，虽然小巧，但是非常实用，它的应用领域包括：

192

> 航空电子设备；
> 医疗仪器和设备；
> 数据通信仪器；
> 大型家用电器；
> 移动电话，个人数字助理；
> 工业控制设备；
> 消费电子产品；
> 汽车电子设备；
> 广范围的嵌入式应用。

8.1.3 μC/OS-II 的体系结构

μC/OS-II 的文件结构如图 8.3 所示，分为四部分：μC/OS-II 移植包含了用汇编语言编写的和处理器相关的代码。与处理器无关的代码就是 μC/OS-II 的内核，包括了所有的内核代码和系统功能代码。μC/OS-II 配置定义了所有与内核裁剪相关的宏定义和头文件。最顶层是用户的应用程序，由用户自己编写。

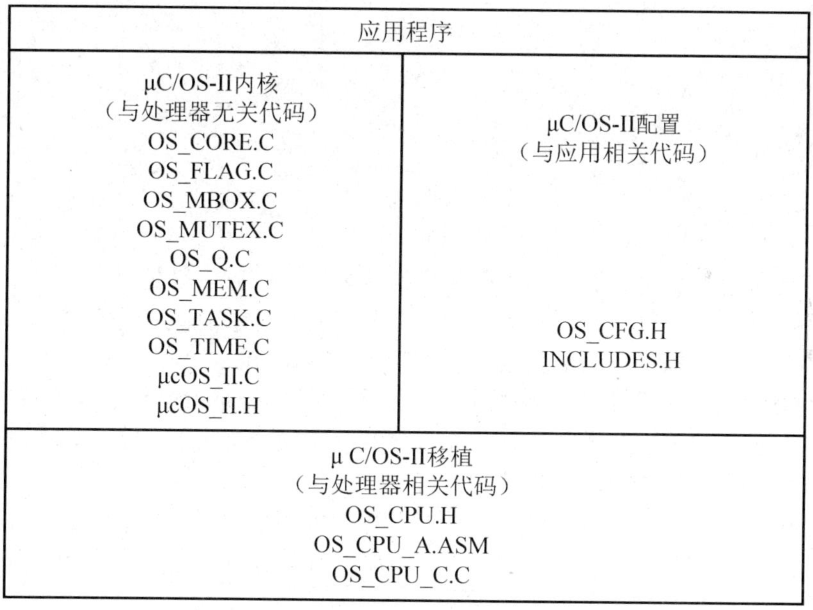

应用程序	
μC/OS-II内核 （与处理器无关代码） OS_CORE.C OS_FLAG.C OS_MBOX.C OS_MUTEX.C OS_Q.C OS_MEM.C OS_TASK.C OS_TIME.C μcOS_II.C μcOS_II.H	μC/OS-II配置 （与应用相关代码） OS_CFG.H INCLUDES.H
μC/OS-II移植 （与处理器相关代码） OS_CPU.H OS_CPU_A.ASM OS_CPU_C.C	

图 8.3 μC/OS-II 的文件结构

虽然在很多情况下，人们把 μC/OS-II 称为嵌入式实时操作系统，但是纯粹的 μC/OS-II 仅仅是一个对多任务进行调度的实时内核。μC/OS-II 只提供了任务管理、任务调度、时间管理、任务间通信等基本功能，其核心的功能是对嵌入式系统中并发运行的多个任务进行合理的调度和管理，μC/OS-II 并没有把文件系统、图形用户接口(GUI)、网络通信协议等操作系统的其他部分一并包含，因此把 μC/OS-II 叫做嵌入式实时内核更加确切。

在 μC/OS-II 内核的基础上，Micrium 公司(Labrosse 创办)还提供可以和 μC/OS-II 配套使

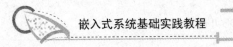

用的其他系统软件，如嵌入式 TCP/IP 协议 µC/TCP-IP、嵌入式文件系统 µC/FS、嵌入式图形用户接口 µC/GUI、嵌入式 USB 主机协议栈 µC/USB Host、嵌入式 USB 设备协议栈 µC/USB Device(详见 http://www.micrium.com)等。这些系统软件本身不属于 µC/OS-II 内核，它们可以和内核有机地结合在一起，构成一个完整的嵌入式操作系统。

8.2　µC/OS-II 的任务管理

µC/OS-II 的核心功能是进行任务的调度和管理，本节介绍 µC/OS-II 中和任务相关的一些概念。

8.2.1　任务的概念

在嵌入式系统中，按照功能软件可以划分为几个部分，这几个部分既相互独立，各自完成不同的功能，又互相配合以实现整体的功能。从直观上来看，完成不同功能的软件部分就是一个任务。在 µC/OS-II 中，任务从形式上看就是一个能完成一定功能的 C 语言函数：

```
void  ucOSTASK(void *pdata)
{
    while(1)
    {
        task_code();
    }
}
```

每个任务都有自己单独的 CPU 寄存器和栈空间，任务代码是一个无限循环，永远不会返回，参数定义成 void 类型的指针是为了使任务可以接收任何类型的变量作为参数，由于任务永不返回，所以任务函数的返回值类型定义成 void。

在 µC/OS-II 中，可以有多个任务并发运行，内核的职责就是按照调度规则把 CPU 分配给各个任务使用。由于多个任务互相配合，共同完成一个大的任务，多个任务共享一个相同的地址空间，所以一个任务也就相当于一个线程。

一个任务一旦建立，正常情况下，在嵌入式系统的整个运行期间，任务都会一直运行(除非被删除)。如果某个任务仅需运行一次，那么该任务可以在完成了相应功能后自我删除，代码如下：

```
void  ucOSTASK(void *pdata)
{
    用户代码;
    OSTASKDEL(OS_PRIO_SELF);
}
```

需要说明的是，一个任务在被删除之后，并不是把任务的代码从存储器中真正删除了，只是通知内核，该任务已经删除，不再对它进行调度而已。

8.2.2　任务的优先级

µC/OS-II 是一种基于优先级的抢占式(Preemptive)多任务内核,每次进行任务调度时总是把 CPU 分配给具有最高优先级的任务,低优先级的任务在运行的过程中,如果高优先级的任务就绪了,高优先级的任务可以抢占低优先级任务的 CPU。

µC/OS-II 系统中的每个任务都有一个独一无二的优先级,用来表示任务在抢夺处理器时的优先权利。优先级的高低用从 0 开始的数字表示,数字越大,优先级越低。µC/OS-II 一共可以支持 64 个任务,0 号任务优先级最高,63 号任务优先级最低。因为在占先式内核中,每个任务的优先级都不一样,所以任务的优先级也用作任务的编号(任务 ID)。

在 µC/OS-II 的头文件 OS_CFG.H 中,通过使用 #define 宏定义一个常数 OS_LOWEST_PRIO,它表示最低的优先级,所有任务的优先级从高到低依次是 0、1、2…、OS_LOWEST_PRIO。同时 OS_LOWEST_PRIO 还表示系统中任务的总数。一旦确定了 OS_LOWEST_PRIO 的值,系统中任务的总数最多不能超过 OS_LOWEST_PRIO+1 个。

目前版本的 µC/OS-II 已经保留了优先级是 OS_LOWEST_PRIO 和 OS_LOWEST_PRIO-1 的两个任务给系统使用,并且把优先级 0、1、2、3 和 OS_LOWEST_PRIO-2、OS_LOWEST_PRIO-3 留给将来的版本使用,所以用户最多可以建立 56 个任务,这对一般的嵌入式应用已经足够了。

µC/OS-II 在运行时,必须建立一个优先级是 OS_LOWEST_PRIO 的任务:空闲任务,这是由µC/OS-II 的调度机制决定的。如果把常数 OS_TASK_STAT_EN 定义为 1,则µC/OS-II 会把优先级 OS_LOWEST_PRIO-1 自动赋给统计任务。

8.2.3　任务的状态

在只有一个 CPU 的嵌入式系统中,任何时刻只能有一个任务在执行,系统中的多个任务由于争夺资源,需要互相同步、通信等原因,会处于不同的状态,随着系统的运行,任务要能够在不同的状态之间进行转换。µC/OS-II 中的任务一共有五种状态:休眠状态(Dormant)、就绪状态(Ready)、运行状态(Running)、等待状态(Waiting)、中断状态(ISR),如图 8.4 所示。

休眠状态是指任务的代码已经存在于内存中,但是内核还没有对任务进行管理和调度,实质是还没有配置 TCB 或者任务控制块已经被剥夺。

就绪状态是指任务的任务控制块已经配置完毕,并且在任务就绪表中进行了登记,只要被内核调度获得 CPU 就能运行的状态。

运行状态是指任务获得了 CPU,正在 CPU 上执行的状态。

等待状态是指正在运行的任务主动延时让出 CPU 或者由于等待某个事件的发生,让出 CPU 后进行等待的状态。

中断状态是指一个正在运行的任务响应中断请求后转去执行中断服务程序(ISR),这时任务就处于中断状态。

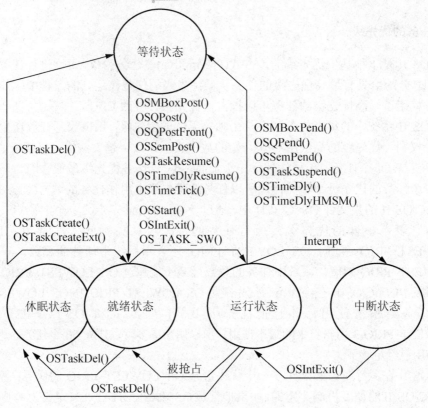

图 8.4　任务的状态及转换

　　系统运行过程中，μC/OS-II 必须随时掌握每一个任务所处的状态，这是通过任务控制块中的一个字段 OSTCBStat 来获得的。每个任务的状态是不断变化的，这可用图 8.4 表示。

　　任务状态之间发生转换的原因已经在图 8.4 中给出。运行态的前一个状态只能是就绪态或者中断态，任务不能从休眠态或者等待态直接投入运行。

　　μC/OS-II 中，在没有用户任务进入就绪态的情况下，内核调度空闲任务运行，空闲任务不必调用延时函数主动让出处理器，因为空闲任务的优先级最低，一旦有用户任务进入就绪态，总是能抢占空闲任务的 CPU。

8.2.4　任务控制块

　　从程序结构上来看，一个任务就是一个 C 函数和与之相关的数据结构的集合体。从存储结构上来看，一个任务由三部分组成：任务代码、任务堆栈和任务控制块。任务代码是任务运行的实体；任务堆栈用来在任务处于非运行状态时保存任务的相关数据；任务控制块用来保存任务的属性，提供给内核使用。

　　μC/OS-II 要管理系统中运行的全部任务，就必须清楚地知道每一个任务的编号、优先级、运行状态、任务堆栈存储区域、任务代码存储区域等属性。这些属性存储在一个叫做任务控制块的结构体中。μC/OS-II 中，每一个任务必须有一个 TCB。TCB 的定义如下：

```
typedef struct os_tcb {
    OS_STK *OSTCBStkPtr;               //指向任务堆栈栈顶的指针
```

196

```
#if OS_TASK_CREATE_EXT_EN
    void  *OSTCBExtPtr;                           //指向 TCB 扩展的用户定义数据指针
    OS_STK *OSTCBStkBottom;                        //栈底指针
    INT32U   OSTCBStkSize;                         //任务堆栈长度
    INT16U OSTCBOpt;                               //OSTaskCreateExt()的任务选项
    INT16U OSTCBId;                                //任务 ID(0-65535)
#endif
 struct os_tcb *OSTCBNext;                         //指向下一个 TCB 的指针
   struct os_tcb *OSTCBPrev;                       //指向前一个 TCB 的指针
#if (OS_Q_EN && (OS_MAX_QS >= 2))                  //OS_MBOX_EN || OS_SEM_EN
    OS_EVENT      *OSTCBEventPtr;                  //指向事件控制块的指针
#endif

#if (OS_Q_EN && (OS_MAX_QS >= 2))                  // OS_MBOX_EN
    void      *OSTCBMsg;                           //接收到的消息指针
#endif

    INT16U         OSTCBDly;                       //任务延时或超时等待的节拍数
    INT8U          OSTCBStat;                      //任务状态
    INT8U          OSTCBPrio;                      //任务优先级
    INT8U          OSTCBX;                         //和优先级对应的组变量中的位位置
    INT8U          OSTCBY;                         //就绪表中的任务优先级索引
    INT8U          OSTCBBitX;                      //存取就绪表中位位置的掩码
    INT8U          OSTCBBitY;                      //存取就绪组中位位置的掩码

#if OS_TASK_DEL_EN
    BOOLEAN        OSTCBDelReq;                    //是否允许自删除标志
#endif
} OS_TCB;
```

从上述代码中，可以找到指向任务堆栈的指针，但是没有发现指向任务代码的指针，实际上内核在运行一个任务时，是先按照任务的优先级找到任务的 TCB，从 TCB 中取得任务的堆栈指针，然后在堆栈区获得指向任务代码的指针。

μC/OS-II 中的每个 TCB 并不是孤立存在的，已经使用的 TCB 链接成一条单链表，称为任务块链表；尚未使用的 TCB 链接成另外一条单链表，称为空任务块链表。空任务块链表是全局的数据结构，它由内核初始化函数 OSInit() 建立并初始化，任务块链表由用户调用 OSTaskCreate()函数创建任务时建立。

在链表中查找一个节点只能是顺序查找，如果要查找的节点在链表的末尾，这将是十分费时的，并且由于节点位置的不同，查找的时间也是不确定的。为了解决这个问题，μC/OS-II 在头文件 μCOS_II.h 中定义了一个数据类型为 OS_TCB * 的指针数组 OSTCBTbl[]，用来存放指向各任务控制块的指针，数组中的指针按照指向的 TCB 所属任务的优先级存放。这样，在访问某个任务的 TCB 时，根据任务的优先级直接从数组 OSTCBTbl[]中取得指向任务控制块的指针，再根据指针访问 TCB。

8.2.5 任务就绪表

μC/OS-II 是一个基于优先级的占先式多任务内核，内核在进行调度时总是选择已经处于就绪状态的任务中具有最高优先级的投入运行，高优先级任务就绪时可以抢占低优先级任务的 CPU。为了实现任务的调度，μC/OS-II 需要有一个数据结构来保存各优先级任务的就绪状态，这个数据结构就是任务就绪表，简称就绪表，如图 8.5 所示。

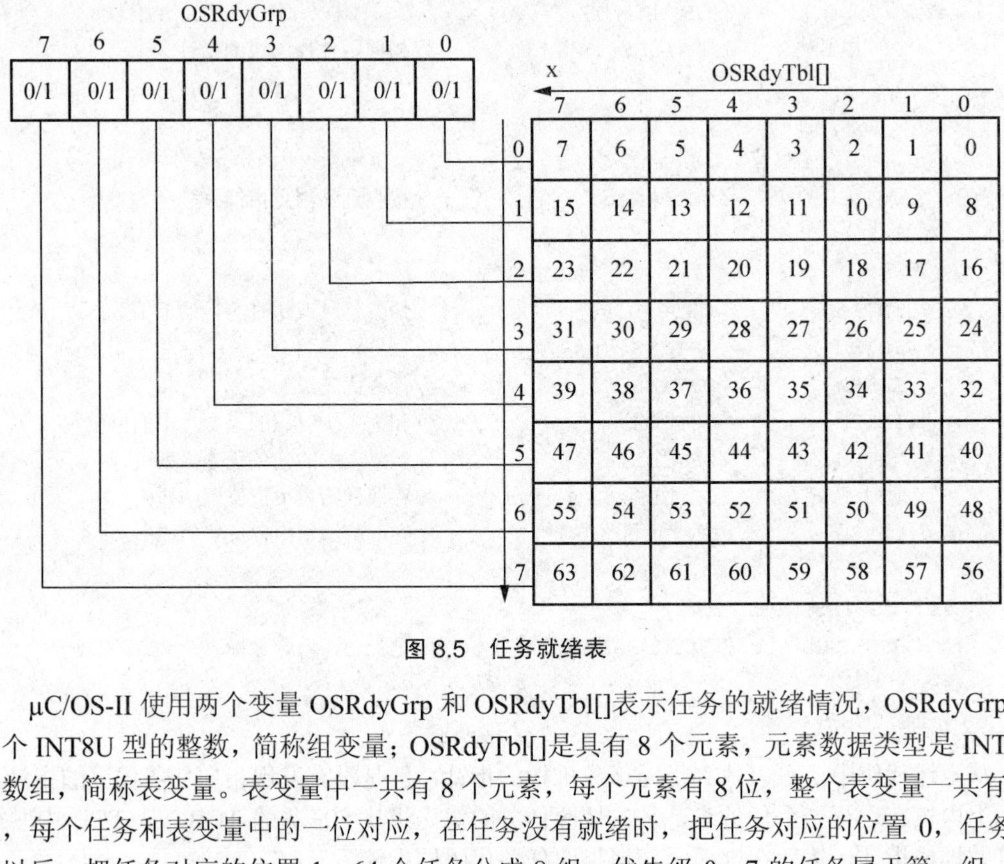

图 8.5　任务就绪表

μC/OS-II 使用两个变量 OSRdyGrp 和 OSRdyTbl[]表示任务的就绪情况，OSRdyGrp 是一个 INT8U 型的整数，简称组变量；OSRdyTbl[]是具有 8 个元素，元素数据类型是 INT8U 的数组，简称表变量。表变量中一共有 8 个元素，每个元素有 8 位，整个表变量一共有 64 位，每个任务和表变量中的一位对应，在任务没有就绪时，把任务对应的位置 0，任务就绪以后，把任务对应的位置 1。64 个任务分成 8 组：优先级 0~7 的任务属于第一组，优先级 8~15 的任务属于第二组，以此类推，优先级 56~63 的任务属于第八组。第一组任务和组变量的第 0 位对应，第二组任务和组变量的第 1 位对应，直到最后第八组任务和组变量的第 7 位对应。每组中只要有一个任务处于就绪状态，就把组变量中对应这一组的位置 1，如果一组 8 个任务中没有一个处于就绪状态，则组变量中对应的位保持为 0。各个任务的优先级(也是任务的编号 ID)和表变量中各位的对应关系，各组任务和组变量各位的对应关系如图 8.5 所示。

μC/OS-II 在进行任务调度时，就是通过查询组变量和表变量来确定处于就绪态的优先级最高的任务。所以任务要想被调度执行，就必须在就绪表中进行登记，即修改组变量和

表变量。调度器在进行调度时，也要查找就绪表，找出已经就绪的具有最高优先级的任务
以便调度执行。

1. 就绪任务的登记

用 prio 表示任务的优先级，由于优先级的最大值是 63，即二进制的 0b111111，所以
prio 最多用一个 6 位二进制数表示。把图 8.5 中的表变量形象地看成是一个 8 行 8 列的表
格，则每个任务就位于每一个小格之中，仔细观察可以发现，把 prio 中的 3～5 位的值作
为表格的行号 y，0～2 位的值作为表格的列号 x，由 x 和 y 确定的小格恰是表示优先级
为 prio 的任务是否就绪的位置。例如，优先级是 35 的任务，把 35 转换成二进制是
0b100011，y=0b100=4，x=0b011=3，对照图 8.5 可见，表示 35 号任务是否就绪的方格处
在第 4 行第 3 列。

当优先级是 prio 的任务就绪时，应当对表变量和组变量中的对应位做出修改：表变量
中的对应位置为 1，组变量中对应该任务所在组的位也要置 1。µC/OS-II 中完成这个功能
的代码如下：

```
    OSRdyGrp  |= OSMapTbl[Prio >> 3];
    OSRdyTbl[Prio >> 3] |= OSMapTbl[Prio & 0x07];
```

上面的代码中用到了一个常量数组 OSMapTbl[]，这是一个为了加快运算速度而定义
的数组，一共有 8 个元素，各个元素的值如下：

```
    OSMapTbl[0] = 0b00000001;
    OSMapTbl[1] = 0b00000010;
    OSMapTbl[2] = 0b00000100;
    OSMapTbl[3] = 0b00001000;
    OSMapTbl[4] = 0b00010000;
    OSMapTbl[5] = 0b00100000;
    OSMapTbl[6] = 0b01000000;
    OSMapTbl[7] = 0b10000000;
```

2. 任务的删除

如果要使一个任务脱离就绪状态，和使任务进入就绪态相反，只要把表变量中相应的
位置 0，同时，如果本组中没有其他任务处于就绪态，还要把组变量中的对应该任务所在
组的位置 0。代码如下：

```
    if((OSRdyTbl[prio >> 3] &= ~OSMapTbl[prio & 0x07] ) == 0)
            OSRdyGrp  &= ~OSMapTbl[prio >> 3];
```

3. 最高优先级就绪任务的查找

从就绪任务表中获得已经就绪的优先级最高的任务可用如下代码实现：

```
        y = OSUnMapTbl[OSRdyGrp];
        prio = (y << 3) + OSUnMapTbl[OSRdyTbl[y]];
```

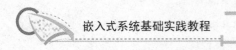

在已有组变量和表变量的情况下，查找已就绪的具有最高优先级的任务时，读者很自然地会想到从表变量中的第一个元素开始遍历，查找第一个被置 1 的位，这种做法不但费时，而且每次进行查找的时间不是固定的。为了解决这个问题，μC/OS-II 引入了一个常数数组 OSUnMapTbl[]，其定义如下：

```
INT8U const OSUnMapTbl[] = {
0, 0, 1, 0, 2, 0, 1, 0, 3, 0, 1, 0, 2, 0, 1, 0,
4, 0, 1, 0, 2, 0, 1, 0, 3, 0, 1, 0, 2, 0, 1, 0,
5, 0, 1, 0, 2, 0, 1, 0, 3, 0, 1, 0, 2, 0, 1, 0,
4, 0, 1, 0, 2, 0, 1, 0, 3, 0, 1, 0, 2, 0, 1, 0,
6, 0, 1, 0, 2, 0, 1, 0, 3, 0, 1, 0, 2, 0, 1, 0,
4, 0, 1, 0, 2, 0, 1, 0, 3, 0, 1, 0, 2, 0, 1, 0,
5, 0, 1, 0, 2, 0, 1, 0, 3, 0, 1, 0, 2, 0, 1, 0,
4, 0, 1, 0, 2, 0, 1, 0, 3, 0, 1, 0, 2, 0, 1, 0,
7, 0, 1, 0, 2, 0, 1, 0, 3, 0, 1, 0, 2, 0, 1, 0,
4, 0, 1, 0, 2, 0, 1, 0, 3, 0, 1, 0, 2, 0, 1, 0,
5, 0, 1, 0, 2, 0, 1, 0, 3, 0, 1, 0, 2, 0, 1, 0,
4, 0, 1, 0, 2, 0, 1, 0, 3, 0, 1, 0, 2, 0, 1, 0,
6, 0, 1, 0, 2, 0, 1, 0, 3, 0, 1, 0, 2, 0, 1, 0,
4, 0, 1, 0, 2, 0, 1, 0, 3, 0, 1, 0, 2, 0, 1, 0,
5, 0, 1, 0, 2, 0, 1, 0, 3, 0, 1, 0, 2, 0, 1, 0,
4, 0, 1, 0, 2, 0, 1, 0, 3, 0, 1, 0, 2, 0, 1, 0
};
```

还是形象地把表变量看成一个方阵，水平方向的 8 个数组元素看成 8 行，每个元素垂直方向的 8 个位看成 8 列。要在表变量中查找处于就绪态的优先级最高的任务 prio，那么首先要找到 prio 所在的行，然后找到 prio 在该行中所处的列。

仔细分析组变量的特点，会发现组变量是一个 8 位的无符号整数，取值范围从 0～255，最多具有 256 个值。如果把组变量的每一个取值 n 作为数组 OSUnMapTbl[] 的下标，组变量的值为 n 时所表示的具有最高优先级的任务所在的行号作为对应的数组元素值，则无论组变量的值是什么，只要以组变量的值作为数组 OSUnMapTbl[] 的下标，取数组元素的值，马上就可以获得 prio 的行号。例如，当 OSRdyGrp=56 时，转化成二进制为 0b00111000，从最低位向最高位看去，第一个为 1 的位是第三位(按照惯例，最低位为第 0 位)，因此 prio 应该处于第三行。假设这时第三行的值是 78，转换成二进制 0b01001110，第一个为 1 的位在第 1 列，可见 prio 位于就绪表的第 3 行第 1 列，其值是 25，即就绪任务的优先级是 25。

实质上，数组 OSUnMapTbl[] 中每个元素的值就是数组元素下标转化成二进制后，从低向高看第一个 1 所在的位的顺序号，所以整个数组 256 个值中，最小值是 0，最大值是 7。这样，在查找最高优先级的任务时，只要以组变量 OSRdyGrp 作为下标，就可以直接取数组 OSUnMapTbl[] 的元素值作为就绪任务的 y 值，取得 y 之后，OSRdyTbl[y] 的值就是表变量中最高优先级任务所在行的值，和查找 y 值一样，以 OSRdyTbl[y] 作为下标，再一次取数组元素 OSUnMapTbl[OSRdyTbl[y]] 的值，就得到就绪任务的 x 值。经过两次取数组元素的操作就可以获得最高优先级就绪任务的 x 值和 y 值，时间固定，且复杂度为 O(1)，符合实时系统的要求。

8.2.6　任务调度

在多任务系统中，按照某种规则选择一个任务准备投入运行叫做任务调度。内核终止一个任务的运行，使另一个任务投入运行叫做任务切换。一般把完成任务调度和切换功能的函数叫做调度器。μC/OS-II 中有两种调度器：任务级的调度器和中断级的调度器。任务级的调度器由函数 OSSched()充当，中断级的调度器由函数 OSIntExit()充当。无论是任务级的调度器还是中断级的调度器，所做的工作都是首先选择一个当前处于就绪状态的优先级最高的任务，然后终止当前任务的运行，使新选出的任务投入运行。

任务级调度器的代码如下：

```
void OSSched (void)
{
    INT8U y;
    OS_ENTER_CRITICAL();
    if ((OSLockNesting | OSIntNesting) == 0) {                //1
        y              = OSUnMapTbl[OSRdyGrp];
        OSPrioHighRdy=(INT8U)((y<<3) + OSUnMapTbl[OSRdyTbl[y]]); //2
        if (OSPrioHighRdy != OSPrioCur) {                     //3
            OSTCBHighRdy = OSTCBPrioTbl[OSPrioHighRdy];       //4
            OSCtxSwCtr++;                                     //5
            OS_TASK_SW();                                     //6
        }
    }
    OS_EXIT_CRITICAL();
}
```

说明：

➢ 判断任务调度是否上锁，调用是否来自中断服务子程序，如果是，则不进行调度，调度器直接退出。

➢ 利用前面介绍的查表法找到已经就绪的最高优先级任务 OSPrioHighRdy。

➢ 如果 OSPrioHighRdy 不是当前正在运行的任务，则进行任务切换。

➢ 以 OSPrioHighRdy 为下标，从已经建立的任务 TCB 指针数组中取出任务 OSPrioHighRdy 的 TCB 指针，这样就可以找到任务的 TCB，从而获取关于任务的信息。

➢ 表示任务切换次数的全局变量 OSCtxSwCtr 加 1。

➢ 调用宏 OS_TASK_SW()进行任务切换，任务切换时涉及对寄存器的操作，因此这一部分要用汇编语言来实现。

从上面的代码可以看出，不管系统中有多少个任务，μC/OS-II 的调度时间都是一样的，这就是前面提到的可确定性。为了防止在调度的过程中发生中断，把其他任务的就绪位置位，所以整个调度过程中断是关闭的。

8.2.7 系统任务

1. 空闲任务

µC/OS-II 正常启动后，自动建立一个空闲任务，空闲任务的优先级最低，其值是 OS_LOWEST_PRIO。在没有其他任务进入就绪态的情况下，空闲任务会一直运行。

空闲任务运行的过程中不断给 32 位计数器 OSIdleCtr 加 1，用于确定空闲任务消耗的 CPU 时间。在对计数器加 1 的过程中，为了防止空闲任务被中断服务子程序或高优先级任务打断，加 1 要作为临界段代码处理。

2. 统计任务

在配置文件 OS_CFG.h 中，如果把常数 OS_TASK_STAT_EN 设为 1，则 µC/OS-II 在初始化时，OSInit()会调用 OS_InitTaskStat()建立统计任务 OSTaskStat()，用来统计用户任务的运行时间。统计任务的程序清单如下：

```
#if OS_TASK_STAT_EN
void OSTaskStat (void *pdata)
{
    INT32U run;
    INT8S  usage;
    pdata = pdata;                          //防止编译器发出没有使用 pdata 的警告
    while (OSStatRdy == FALSE) {
        OSTimeDly(2 * OS_TICKS_PER_SEC);    //等待统计任务就绪
    }
    for (;;) {
        OS_ENTER_CRITICAL();
        OSIdleCtrRun = OSIdleCtr;           //获得上一秒的空闲计数
        run = OSIdleCtr;
        OSIdleCtr = 0L;                     //为下一秒初始空闲计数
        OS_EXIT_CRITICAL();
        if (OSIdleCtrMax > 0L) {
            usage = (INT8S)(100L - 100L * run / OSIdleCtrMax);
            if (usage > 100) {
                OSCPUUsage = 100;
            } else if (usage < 0) {
                OSCPUUsage = 0;
            } else {
                OSCPUUsage = usage;
            }
        } else {
```

```
            OSCPUUsage = 0;
        }
        OSTaskStatHook();                    //调用用户钩子函数
        OSTimeDly(OS_TICKS_PER_SEC);
    }
}
#endif
```

8.2.8　μC/OS-II 的中断

　　处理器在执行任务的过程中，如果发生了内部或者外部的异步事件，暂停当前任务的执行去响应异步事件的过程叫做中断。处理器响应中断而执行的程序称为中断服务程序(Interrupt Service Routines，ISR)。一般情况下，把中断服务程序的入口地址称为中断向量，但是对基于 ARM 内核的微处理器来说，中断向量是一条跳转到中断服务程序的指令。

　　μC/OS-II 响应中断的过程：中断发生后，如果处理器处于中断允许的状态，则按照中断向量转去执行中断服务程序；中断处理程序执行结束之前，内核进行一次调度，如果中断处理过程中使优先级更高的任务进入就绪状态，则中断处理程序结束后转去执行更高优先级的任务，否则从原来被中断的任务继续执行。需要注意，实时内核的中断服务程序运行结束后，程序的控制不一定会返回原来被中断的任务继续执行，而是选择一个优先级最高的任务投入运行。之所以会这样，是由于在中断服务程序结束之前进行了一次中断级的任务调度。

　　μC/OS-II 的中断服务程序的结构大致如下：

　　➢ 保存全部 CPU 寄存器；
　　➢ 调用 OSIntEnter()或 OSIntNesting 直接加 1；
　　➢ 执行用户代码做中断服务；
　　➢ 调用 OSIntExit()；
　　➢ 恢复所有 CPU 寄存器；
　　➢ 执行中断返回指令。

　　μC/OS-II 允许中断嵌套，全局变量 OSIntNesting 用来记录中断嵌套的层数，同时也作为是否允许调度的标志：只有当 OSIntNesting 的值为 0 时才允许进行调度，以保证不会在中断服务程序中进行调度。在中断服务程序中，调用 OSIntEnter()或 OSIntNesting 直接加 1 的作用就是通知内核目前处于中断服务程序中，不能进行任务调度。OSIntEnter()的代码如下：

```
void OSIntEnter (void)
{
    OS_ENTER_CRITICAL();
    OSIntNesting++;
    OS_EXIT_CRITICAL();
}
```

　　函数 OSIntExit()的作用是，如果中断嵌套层数是 0 且调度器未锁定，如果这时处于就绪态的最高优先级的任务不是原来被中断的任务，进行任务切换，否则返回中断服务程序。OSIntExit()的代码如下：

```
void OSIntExit (void)
{
    OS_ENTER_CRITICAL();
    if ((--OSIntNesting | OSLockNesting) == 0) {
        OSIntExitY = OSUnMapTbl[OSRdyGrp];
        OSPrioHighRdy=(INT8U)((OSIntExitY<<3)+ OSUnMapTbl[OSRdyTbl
                    [OSIntExitY]]);
        if(OSPrioHighRdy!=OSPrioCur){
            OSTCBHighRdy  = OSTCBPrioTbl[OSPrioHighRdy];
            OSCtxSwCtr++;
            OSIntCtxSw();
        }
    }
    OS_EXIT_CRITICAL();
}
```

在函数 OSIntExit()中使用宏 OSIntCtxSw()进行任务的切换，OSIntCtxSw()的功能和任务级的任务切换宏 OS_TASK_SW()类似，只是缺少了上下文的保存，因为上下文保存已经在中断服务程序中完成了。

8.2.9　μC/OS-II 的时钟中断

计算机系统中要完成的很多工作都是和时间密切相关的，例如，每隔一段时间进行一次采样或者控制，这就需要一个相对比较精确的时钟信号。在 μC/OS-II 中，要实现任务的延时，对超时的确认或者其他和时间有关的功能，都需要一个周期性的时钟信号。

μC/OS-II 需要一个由硬件产生的周期为毫秒级的时钟中断作为系统时钟，这个时钟周期也称为时间节拍(Tick)。节拍的变化一般在每秒 10～100 次为宜，节拍率越高，系统的额外负担越重，节拍率越低，则时间精度也随之降低。节拍率的大小可以根据应用程序的需要来选择，头文件 OS_CFG.H 中的常数 OS_TICKS_PER_SEC 即是系统的节拍率。时钟节拍是一种外部中断，时钟中断发生之后，μC/OS-II 要进入中断服务程序进行处理，和时钟节拍有关的服务在函数 OSTimeTick()中实现。时钟中断服务的示意代码如下：

```
void OSTickISR(void)
{
    保存处理器寄存器的值;
    调用 OSIntEnter()或者把 OSIntNesting 加 1;
    调用 OSTimeTick();
    调用 OSIntExit();
    恢复处理器寄存器的值;
    执行中断返回指令;
}
```

在时钟中断服务程序中调用的 OSTimeTick() 是时钟服务函数，它的源代码如下：

```
void OSTimeTick (void)
{
    OS_TCB *ptcb;
    OSTimeTickHook();
        ptcb = OSTCBList;
        while (ptcb->OSTCBPrio != OS_IDLE_PRIO) {
        OS_ENTER_CRITICAL();
        if (ptcb->OSTCBDly != 0) {
            if (--ptcb->OSTCBDly == 0) {
                if (!(ptcb->OSTCBStat & OS_STAT_SUSPEND)) {
                    OSRdyGrp|= ptcb->OSTCBBitY;
                    OSRdyTbl[ptcb->OSTCBY] |= ptcb->OSTCBBitX;
                } else {
                 ptcb->OSTCBDly=1;
                }
            }
        }
        ptcb=ptcb->OSTCBNext;
        OS_EXIT_CRITICAL();
    }
OS_ENTER_CRITICAL();
OSTime++;
OS_EXIT_CRITICAL();
}
```

从上面的代码可以看出，每当响应时钟中断时，函数 OSTimeTick() 所做的工作主要是从头开始遍历 TCB 链表，把各个 TCB 中用来存放任务延时节拍数的成员变量 OSTCBDly 减 1，如果某个 TCB 中的 OSTCBDly 是 0，并且该任务又不是被挂起的任务(任务的主动延时时间到)，则调整就绪表，使该任务进入就绪态。OSTimeTick() 还要把用来记录系统运行时间的计数器 OSTime 加 1，系统运行后到目前为止运行的时间用时钟中断发生的次数表示，每次时钟中断发生，把中断次数加 1。

因为 OSTimeTick() 是内核调用的函数，为了使应用程序能在系统函数中插入一些自己的工作，OSTimeTick() 还调用了钩子函数 OSTimeTickHook()。

8.2.10 µC/OS-II 的时间管理

在 µC/OS-II 中，任务是一个无限循环，并且 µC/OS-II 是基于优先级的占先式内核，也就是只要高优先级的任务就绪就会一直运行，低优先级的任务得不到处理器无法运行。为了给低优先级的任务获得处理器，得到运行的机会，高优先级的任务运行一段时间后应该主动让出处理器。对此，µC/OS-II 采用的是延时的方法，在任务中通过调用延时函数

OSTimeDly()主动延时，使调度器可以调度低优先级的任务运行。延时函数的原形是 void OSTimeDly(INT16U ticks)，参数 ticks 是延时的时钟节拍数。延时函数的代码如下：

```
void OSTimeDly (INT16U ticks)
{
    if (ticks > 0) {
        OS_ENTER_CRITICAL();
        if ((OSRdyTbl[OSTCBCur->OSTCBY]
&= ~OSTCBCur->OSTCBBitX) == 0) {
            OSRdyGrp &= ~OSTCBCur->OSTCBBitY;    //1
        }
        OSTCBCur->OSTCBDly=ticks;                //2
        OS_EXIT_CRITICAL();
        OSSched();                               //3
    }
}
```

该函数主要完成了三个工作：①使当前任务脱离就绪态，②把延时节拍数存入 TCB；③进行一次任务调度。

除了 OSTimeDly()之外，μC/OS-II 还提供了一个以具体时间为参数的延时函数 INT8U OSTimeDlyHMSM (INT8U hours, INT8U minutes, INT8U seconds, INT16U milli)，OSTimeDlyHMSM()的四个参数分别是表示延时时间的小时、分钟、秒和毫秒。和 OSTimeDly()一样，当延时时间结束时，OSTimeDlyHMSM()也要引起一次任务调度。实际上，函数 OSTimeDlyHMSM()是把延时的时间转换成节拍数之后，最终通过调用函数 OSTimeDly()来完成延时的。

如果某个任务处在延时状态，可以通过在其他任务中调用函数 OSTimeDlyResume () 取消延时。函数 OSTimeDlyResume ()的原形是 INT8U OSTimeDlyResume (INT8U prio)，参数是取消延时的任务的优先级，取消某个任务的延时之后同样要进行一次任务调度。

μC/OS-II 定义了一个 32 位的无符号整数 OSTime，用来记录系统的运行时间。μC/OS-II 初始化时，把 OSTime 的值初始化为 0，每发生一次时钟中断，OSTime 的值就增加 1。可以通过调用函数 OSTimeGet ()获得系统自运行至今的时钟节拍数，从而间接计算出系统一共运行的时间。μC /OS-II 还提供了一个函数 OSTimeSet()用来设置系统时间，即设置系统的 OSTime 值。

8.3　μC/OS-II 中的任务同步和通信

μC/OS-II 中的各个任务实际上是整个软件系统这个大任务中的一个组成部分，多个任务之间一般不是各自独立的，它们需要互相合作共同完成一个整体的功能。

多个任务之间的关系有以下四种。

➢　独立：各个任务完成的功能相互无关，每个任务只需完成自己的工作即可。

> ➤ 互斥：多个任务都需要去访问相同的资源，在某一时刻该资源只允许一个任务访问，即任务在访问某个资源时具有排他性。
> ➤ 同步：一个任务的执行要以其他任务的执行结果作为条件，任务之间的运行推进要符合预先设定的先后次序。
> ➤ 通信：多个任务之间为了互相协作，需要以某种方式交换数据，也就是进行通信。

μC/OS-II 提供了信号量、邮箱、消息队列等机制，用来实现任务之间的同步和通信。在 μC/OS-II 中用来进行任务间通信的信号量、邮箱、消息队列统称为事件(Event)，用来描述事件的数据结构是事件控制块(Event Control Block，ECB)。

8.3.1　事件控制块

事件控制块在头文件 μC /OS-II.h 中定义，它是一个结构类型，定义如下：

```
typedef struct {
    void   *OSEventPtr;
    INT8U  OSEventTbl[OS_EVENT_TBL_SIZE];
    INT16U OSEventCnt;
    INT8U  OSEventType;
    INT8U  OSEventGrp;
} OS_EVENT;
```

在事件控制块中，OSEventPtr 是指向邮箱或消息队列的指针；OSEventTbl[]是等待事件发生的任务列表；OSEventCnt 是信号量计数器；OSEventType 表示事件类型：信号量、邮箱或者消息队列，相应地分别用常数 OS_EVENT_TYPE_MBOX、OS_EVENT_TYPE_Q 或 OS_EVENT_TYPE_SEM 来表示；OSEventGrp 表示等待事件的任务组。

事件控制块的成员 OSEventTbl[OS_EVENT_TBL_SIZE]是一个数组，这个数组的格式和前面讲到的任务就绪表中表变量的格式是一样的，即系统中的所有任务都和数组元素中的某一位对应，如果某个任务处于等待事件的状态，它对应的位置 1，否则置 0。同样，OSEventGrp 类似任务就绪表中的组变量，按照优先级每 8 个任务分成一组，只要某组中有一个任务在等待事件的发生，就把该组在 OSEventGrp 中的对应位置 1。

和 TCB 类似，μC/OS-II 在进行初始化时，会在 OSInit()函数中初始化 OS_MAX_EVENTS (在头文件 OS_CFG.h 中定义)个事件控制块，并且利用事件控制块中的指针成员 OSEventPtr 把所有的事件控制块链接成一个单链表，称为空事件控制块链表。当应用程序创建一个事件时，从空事件控制块链表中取下一个事件控制块，并对它按照创建的事件进行初始化。

8.3.2　信号量

在 μC/OS-II 中，如果要使用信号量，需要把头文件 OS_CFG.h 中的常量 OS_SEM_EN 设置为 1。μC/OS-II 的信号量由两部分组成：一是信号量的计数值，即用事件控制块中的 OSEventCnt，它用一个 16 位的无符号整数表示，其值在 0~65535 之间；二是等待该信号量的等待任务表，用事件控制块中的数组 OSEventTbl[]表示。

信号量用于实现任务与任务之间、任务与中断服务程序之间的互斥和同步。图 8.6 说明了任务、中断服务程序(ISR)和信号量之间的关系，图中的钥匙或者旗帜表示信号量。如果信号量用于对共享资源的访问，信号量就用钥匙符号，旁边的数字 N 代表可用资源数。对于二值信号量，N 的值就是 1。如果用信号量表示某事件的发生，那么就用旗帜符号，旁边的数字 N 代表事件已经发生的次数。根据用途，信号量可以分成三类：互斥信号量、二值信号量和计数信号量。

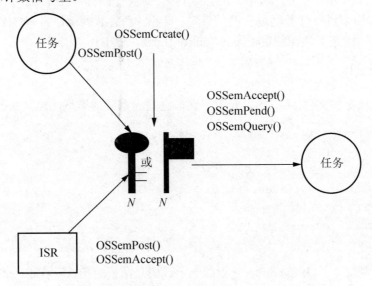

图 8.6　任务、中断服务程序和信号量之间的关系

互斥信号量用来实现对共享资源的互斥访问。在对互斥信号量进行初始化时，把它的值初始化成 1，表示目前还没有任务访问共享资源，并且最多只能有一个任务访问共享资源。第一个试图访问共享资源的任务将获得信号量，并对信号量进行 P 操作，此时如再有其他任务试图访问共享资源，则因为信号量的值为 0 而进入等待状态。当占有信号量的任务完成对共享资源的访问后，应该对信号量进行 V 操作，以便其他任务可以访问共享资源。互斥信号量是一种特殊的二值信号量。

二值信号量主要用于任务与任务之间、任务与中断服务程序之间的同步。用于同步的二值信号量初始值应为 0，表示等待的事件尚未产生。如果任务 1 申请信号量以等待同步事件的产生，当另一个任务 2 或中断服务程序到达同步点时，对二值信号量进行 V 操作，表示同步事件发生，这时等待事件的任务 1 被唤醒，实现和任务 2 或中断服务程序的同步。

计数信号量用于控制对系统中允许多个任务同时访问的资源的访问。信号量的初值初始化为资源总数，有任务要求访问共享资源时，如果共享资源的总数大于 0，则允许任务访问，同时对信号量进行 P 操作；如果共享资源的总数小于等于 0，则使要求访问的任务进入等待状态。当任务释放共享资源时，对计数信号量进行 V 操作。

在 μC/OS-II 中，如果有正在使用信号量的任务释放了信号量，则会在任务等待列表中找出等待该信号量的优先级最高的任务，并在使它就绪后调用调度器进行一次调度；如果任务等待表中已经没有等待任务，则信号量计数器加 1 即可。

1. 创建信号量

应用程序在使用信号量之前，必须先创建信号量。创建信号量的函数原形是 OS_EVENT *OSSemCreate (INT16U cnt)。参数 cnt 是信号量计数器的初值，返回值是指向创建的信号量的指针。

2. 请求信号量

请求信号量即 P、V 操作中的 P 操作。根据请求的信号量在无效的情况下，任务是否进入就绪态，用来请求信号量的函数有两个：OSSemPend() 和 OSSemAccept()。函数 OSSemPend() 规定了在任务请求信号量，暂时得不到的情况下等待的时间，函数 OSSemAccept() 是无等待的请求信号量，即请求信号量时无论请求是否成功，任务都不等待而是继续执行。

函数 OSSemPend() 的原形是 void OSSemPend (OS_EVENT *, INT16U timeout, INT8U *err)，参数 pevent 是被请求信号量的指针，timeout 是等待的时限，err 是错误信息。函数调用成功时 err 的值是 OS_NO_ERR，如果失败，err 的值会根据具体情况分别表示各种错误的值。

当任务访问受信号量保护的共享资源时，可以调用 OSSemPend() 请求信号量。如果此时信号量计数器的值大于 0，则把信号量计数器减 1，然后继续运行任务。如果信号量计数器的值小于等于 0，则使任务进入等待状态，并把等待的时间 timeout 写入 TCB 的成员 OSTCBDly 中。如果等待的时间超过设定的超时 timeout 还不能获得信号量，则可以在超时结束后使请求信号量的任务直接进入就绪态。如果超时 timeout 的初值被设为 0，则只要不能获得信号量，任务就一直等待。

OSSemAccept() 的原形是 INT16U OSSemAccept (OS_EVENT *pevent)，唯一的一个参数是指向所请求的信号量的指针，当调用函数成功时的返回值是 OS_NO_ERR。使用 OSSemAccept() 请求信号量，如果不能得到信号量，任务不是挂起而是继续运行。

3. 发送信号量

发送信号量和请求信号量相反，是 P、V 操作中的 V 操作。发送信号量的函数是 OSSemPost()，它的原形是 INT8U OSSemPost (OS_EVENT *pevent)。参数 pevent 是指向要发送的信号量的指针。函数调用成功的返回值是 OS_NO_ERR，调用失败的返回值根据具体情况分别是 OS_ERR_EVENT_TYPE 或者是 OS_SEM_OVF。

OSSemPost() 执行时，如果有其他任务在等待 OSSemPost() 释放的信号量，则进行一次调度；如果没有，则把信号量计数器加 1。

4. 查询信号量状态

任务可以调用函数 OSSemQuery() 查询信号量的状态，该函数的原形是 INT8U OSSemQuery (OS_EVENT *pevent, OS_SEM_DATA *pdata)。参数 pevent 指向要查询的信号量，pdata 指向存储信号量状态的结构体，函数调用成功的返回值是 OS_NO_ERR。

8.3.3 邮箱

邮箱是 μC/OS-II 的又一种通信机制，是一个指向某个数据结构的指针。如果两个任务之间或者一个任务和一个中断服务程序需要互相传递数据，因为数据的类型和数据量的大小差别很大，直接传递数据处理比较烦琐，所以比较好的做法是在内存中开辟一块数据存储区，需要传递的数据放在这块存储区中，任务之间传递的不是实际的数据，而是指向存放数据的缓冲区的指针。图 8.7 描述了任务、中断服务程序和邮箱之间的关系。为了在程序中使用邮箱，需要把头文件 OS_CFG.h 中的常量 OS_MBOX_EN 的值设为 1。

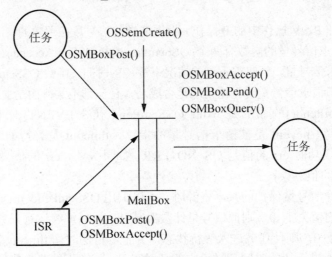

图 8.7　任务、中断服务程序和邮箱之间的关系

1. 创建邮箱

在程序中使用邮箱传递数据，必须先创建邮箱。创建邮箱的函数是 OSMboxCreate()，它的原形是 OS_EVENT *OSMboxCreate (void *msg)。参数 msg 是指向准备存放在邮箱中数据的指针，函数的返回值是指向表示邮箱的事件控制块的指针。

2. 向邮箱发送消息

向邮箱中发送消息要调用函数 OSMboxPost()，原形是 INT8U OSMboxPost (OS_EVENT *pevent, void *msg)。参数 pevent 指向要接收消息的邮箱的事件控制块，msg 是指向要发送的消息的指针。函数的返回值是表示操作情况的常量。

3. 等待邮箱消息

等待邮箱消息的函数是 OSMboxPend()，它的原形是 void *OSMboxPend (OS_EVENT *pevent, INT16U timeout, INT8U *err)。参数 pevent 是指向要请求的邮箱的指针，timeout 是请求邮箱的超时时间，err 是错误信息。当任务调用函数 OSMboxPend()成功时，如果邮箱指针不为空，则返回邮箱中的消息指针，如果邮箱指针为空，则使任务进入等待状态，并进行一次任务调度。

4. 查询邮箱状态

任务可调用 OSMboxQuery()查询邮箱的当前状态，它的原形是 INT8U OSMboxQuery (OS_EVENT *pevent, OS_MBOX_DATA *pdata)。参数 pevent 是指向邮箱的指针，pdata 是

指向存放邮箱信息结构体的指针。函数调用成功的返回值是 OS_NO_ERR，失败的返回值是 OS_ERR_EVENT_TYPE。

8.3.4　消息队列

消息队列是 μC/OS-II 中任务间通信的又一种方法，邮箱只能在任务间传递一个指针，消息队列可以传递多个指向消息的指针。消息队列可以使一个任务或中断服务程序向另一个任务发送多个消息。图 8.8 说明了任务、中断服务程序和消息队列之间的关系。如果要使用消息队列，需要把头文件 OS_CFG.h 中的常量 OS_Q_EN 设置为 1。消息队列由三部分组成：事件控制块、消息队列和消息。

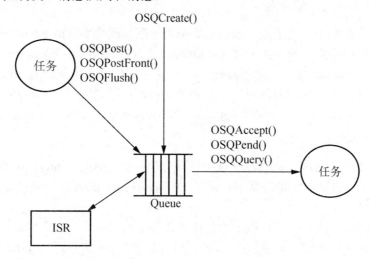

图 8.8　任务、中断服务程序和消息队列之间的关系

使用消息队列时，事件控制块中的成员 OSEventPtr 指向一个叫做队列控制块 OS_Q 的结构，OS_Q 中有一个数组 Msg_Tbl[]，这个数组中存放的就是指向消息的指针。OS_Q 结构的定义如下：

```
typedef struct os_q {
  struct os_q   *OSQPtr;
  void        **OSQStart;
  void        **OSQEnd;
  void        **OSQIn;
  void        **OSQOut;
  INT16U        OSQSize;
  INT16U        OSQEntries;
} OS_Q;
```

OSQPtr 用来在空闲队列控制块中链接所有的队列控制块，它用在建立一个消息队列时获取消息控制块，当消息队列建立之后，OSQPtr 就不再起作用了。OSQStart 是指向消息指针数组起始地址的指针，OSQEnd 是指向消息指针数组结束单元的下一个单元，它使数组构成一个循环缓冲区。OSQIn 是指向插入下一条消息位置的指针，当它移动到与

OSQEnd 相等时，被调整到指向数组的起始单元。OSQOut 是指向被取出消息位置的指针，当它移动到与 OSQEnd 相等时，被调整到指向数组的起始单元。OSQSize 表示数组的长度，OSQEntries 表示已存放指针的元素数目。

1. 创建消息队列

创建消息队列的函数是 OSQCreate()，它的原形为 OS_EVENT *OSQCreate (void **start, INT16U size)。参数 start 是存放消息缓冲区指针数组的地址，参数 size 是数组的长度，函数的返回值是指向消息队列的指针。创建消息队列时，必须先定义一个指针数组，把消息缓冲区的地址存入数组，然后以这个数组的起始地址作为 OSQCreate() 的第一个参数。

2. 等待消息队列中的消息

为了从消息队列中取得消息，须调用等待消息队列函数 OSQPend()，它的原形是 void *OSQPend (OS_EVENT *pevent, INT16U timeout, INT8U *err)。参数 pevent 是所请求的消息队列的指针，timeout 是等待的超时时限，err 是错误信息。函数的返回值是消息指针。

如果希望在没有消息的时候请求消息无需等待，可以调用函数 OSQAccept()，它的原形是 void *OSQAccept (OS_EVENT *pevent)。参数 pevent 是指向所请求消息队列的指针。

3. 向消息队列发送消息

向消息队列发送消息的函数是 OSQPost() 或者 OSQPostFront()。函数 OSQPost() 以 FIFO(先进先出) 的方式组织消息队列；函数 OSQPostFront() 以 LIFO(后进先出) 的方式组织消息队列。

函数 OSQPost() 执行时先检查是否有任务在等待该消息队列中的消息，当事件控制块的 OSEventGrp 不为 0 时，说明有任务在等待，这时调用函数 OSEventTaskRdy() 使等待任务中优先级最高的任务进入就绪状态，如果 OSQPost() 不是在中断服务程序中被调用的，则接着调用 OSSched() 进行任务调度。函数 OSQPost() 的原形是 INT8U OSQPost (OS_EVENT *pevent, void *msg)，参数 pevent 是指向消息队列的指针，msg 是指向消息的指针，返回值是表示执行情况的错误码。

函数 OSQPostFront() 的原形是 INT8U OSQPostFront (OS_EVENT *pevent, void *msg)，其参数和返回值的含义与函数 OSQPost() 的相同，而 OSQPostFront() 是以 LIFO 的形式组织消息队列。

4. 有关消息队列的其他操作

关于消息队列操作的函数，还有清空消息队列 INT8U OSQFlush (OS_EVENT *pevent)，查询消息队列状态 INT8U OSQQuery (OS_EVENT *pevent, OS_Q_DATA *pdata)。

8.4 μC/OS-II 在 S3C2410 上的移植

在计算机领域，移植(Port) 就是使一个软件程序经过少量修改或者无需修改，能在另外的硬件平台或者软件平台上运行起来。对于 μC/OS-II 来说，移植就是使 μC/OS-II 在其他的微处理器、微控制器或者 DSP 上能运行。

μC/OS-II 在最初设计的时候就充分考虑到了可移植性,它的绝大部分代码是用 ANSI C 编写的, 只有和处理器紧密相关的部分才是用汇编语言编写的, 因此, 在移植 μC/OS-II 时只需修改和处理器相关的部分即可。

8.4.1　移植条件

(1) 目标处理器的 C 编译器能产生可重入代码

可重入(Reenterable)代码是指一段代码可以被多个任务同时调用, 而每个任务中的私有数据不会被破坏。一般情况下, 一段可重入代码就是一个函数, 称为可重入型函数。可重入型函数任何时候都可以被中断, 过一段时间之后, 可重入型函数继续运行, 数据不会丢失。

下面分别给出一个可重入型函数和非可重入型函数的例子:

```
// 可重入型函数                          // 非可重入型函数
                                         int tmp;
void swap(int *a,int *b)                 void swap(int *a,int *b)
{                                        {
    int tmp;
    tmp = *a;                                tmp = *a;
    *a = *b;                                 *a = *b;
    *b = tmp;                                *b = tmp;
}                                        }
```

对上面的可重入型函数来说, 变量 tmp 是函数内部的局部变量, 每次调用 swap()时, 都会在栈区给 tmp 分配一个空间, 也就是说每次的 tmp 是不同的, 所以多次调用 swap(), 不会改变函数的执行结果。而对于非可重入型函数来说, tmp 是全局变量, 只有一个存储空间, 每次调用都会改变 tmp 的值, 所以一旦 swap()的执行被中断, 下次再恢复执行时, 很可能由于 tmp 的改变而导致结果错误。

使用以下三种方法可以使函数具有可重入性: 只使用局部变量; 调用函数之前关中断, 调用之后再开中断; 用信号量禁止函数在使用过程中被再次调用。

(2) 在程序中用 C 语言就可以打开和关闭中断

因为现在大部分的编译器都支持内嵌汇编, 所以可以把用汇编语言编写的打开和关闭中断的汇编语句定义成宏, 在程序中需要打开和关闭中断时调用定义的宏即可。

(3) 处理器支持中断且能产生定时中断

对中断和时钟中断的支持基本上是每一种处理器的标准配置。

(4) 处理器支持能够容纳一定量数据的硬件堆栈

这里的硬件堆栈是指仅用入栈(如 PUSH)和出栈(如 POP)指令, 而无需其他指令的配合就能进行入栈和出栈操作并且修改栈顶指针的栈。

(5) 处理器具有将栈指针和其他 CPU 寄存器存储、读出到栈(或者内存)的指令

上述的 5 个移植条件,S3C2410 完全满足,下面介绍具体的移植步骤。从图 8.3μC/OS-II 的文件结构中可以看到, 移植 μC/OS-II 仅需修改三个和处理器、编译器相关的文件: OS_CPU.h、OS_CPU_A.asm、OS_CPU_C.c。

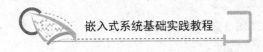

8.4.2 OS_CPU.h 的移植

1. μC/OS-II 数据类型的定义

不同的微处理器有不同的字长，ANSI C 中的同一种数据类型在不同的微处理器，不同的编译器上位长是不一样的。例如，在大多数的 8 位和 16 位微控制器上，int 的位长是 16 位，而在 32 位的微处理器上，int 是 32 位。为了方便在不同的微处理器间移植，μC/OS-II 没有使用 short、int、long 等数据类型，而是自行定义了一套数据类型。通过对自定义数据类型的修改，确保自定义的数据类型在不同的平台上有相同的位长。这样，自定义的数据类型就是可移植的。μC/OS-II 中的自定义数据类型如下：

```
typedef unsigned char   BOOLEAN;
typedef unsigned char   INT8U;    /*8 位无符号整数*/
typedef signed   char   INT8S;    /*8 位有符号整数*/
typedef unsigned int    INT16U;   /*16 位无符号整数*/
typedef signed   int    INT16S;   /*16 位有符号整数*/
typedef unsigned long   INT32U;   /*32 位无符号整数*/
typedef signed   long   INT32S;   /*32 位有符号整数*/
typedef float           FP32;     /*单精度浮点数*/
typedef double          FP64;     /*双精度浮点数*/
```

例如，数据类型 INT16U 代表 16 位的无符号整数，这样，用户就可以估计出声明为该数据类型的变量的取值范围是 0~65535，将 μC/OS-II 移植到 32 位的微处理器上也就意味着 INT16U 实际被声明为无符号的短整型数，而不是无符号的整型数。

另外，用户还需定义任务堆栈的数据类型。这是通过把宏 OS_STK 声明为正确的数据类型来实现的。在 S3C2410 上，堆栈成员是 32 位位长，并且无符号整型数是 32 位的，所以通过一个类型定义：

```
typedef unsigned int   OS_STK;
```

就正确的声明了栈的数据类型。在 μC/OS-II 中，所有的任务堆栈都必须用 OS_STK 声明。

2. 定义开关中断的宏

μC/OS-II 执行代码的临界段时，采用的是关闭中断的方法，并且临界段执行完毕，需要重新允许中断。这种做法可以保护临界区代码免受多任务或者中断服务程序的破坏。开关中断涉及对寄存器的操作，一般要用汇编语言来实现，现在编译器几乎都提供了在 C 代码中插入汇编语言的机制，因此 μC/OS-II 中定义了两个宏 OS_ENTER_CRITICAL()和 OS_EXIT_CRITICAL()，分别实现关闭中断和打开中断的功能。这两个宏所代替的汇编代码在文件 OS_CPU_A.s 中。

3. 设置堆栈的增长方向

大多数微处理器和微控制器的堆栈是从高地址端向低地址端生长的，即栈底在高地址端，栈顶在低地址端，但是也有些微处理器和微控制器的堆栈是从低地址向高地址方向生长。对这两种情况，μC/OS-II 都能兼容，只要改变常量 OS_STK_GROWTH 的值即可。OS_STK_GROWTH 为 0 表示堆栈从下往上生长；OS_STK_GROWTH 为 1 表示堆栈从上往下生长。

8.4.3　OS_CPU.c 的移植

1. 任务堆栈初始化函数 OSTaskStkInit()

用户在建立一个任务的时候，需要调用函数 OSTaskCreate() 或者函数 OSTaskCreateExt()，这两个函数都要调用函数 OSTaskStkInit() 对任务的堆栈进行初始化，初始化之后堆栈看起来就像刚发生过中断并将所有的寄存器保存到堆栈中一样。图 8.9 函数显示 OSTaskStkInit() 放入正在被建立的任务堆栈中的内容，这里的堆栈是从上往下增长的。

低地址内存	堆栈指针
存储的处理器寄存器值	
中断返回地址	
处理器状态字	
任务起始地址	
pdata	
高地址内存	堆栈增长方向

图 8.9　任务栈的初始化

堆栈初始化完成后，OSTaskStkInit() 返回堆栈指针给调用者，OSTaskCreate() 或者 OSTaskCreateExt() 会获得该地址并把它保存在任务控制块中。

2. OSTaskCreateHook()

当用函数 OSTaskCreate() 或者 OSTaskCreateExt() 建立一个任务的时候都会调用函数 OSTaskCreateHook()。μC/OS-II 设置完自己的内部结构后，会在调用任务调度程序之前调用 OSTaskCreateHook()，用户可以通过这个函数扩展 μC/OS-II 的功能。当 OSTaskCreateHook() 被调用的时候，它会收到指向已建立任务的任务控制块的指针，这样，OSTaskCreateHook() 就可以访问任务控制块的所有成员。

调用 OSTaskCreateHook() 时中断是被禁止的，因此，用户应尽量减少 OSTaskCreateHook() 中的代码，以缩短关中断的时间。

3. OSTaskDelHook()

删除一个任务时会调用函数 OSTaskDelHook()。该函数在把任务从 μC/OS-II 的内部任务链表中删除之前被调用。当调用 OSTaskDelHook() 时，它会收到指向正被删除任务的 TCB 的指针，这样它就可以访问所有的结构成员，该函数可以用来检验是否建立了一个 TCB 的扩展，并进行一些清除工作。

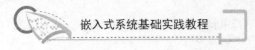

4. OSTaskSwHook()

当发生任务切换的时候会调用函数 OSTaskSwHook()，该函数可以直接访问以全局变量形式出现的 OSTCBCur 和 OSTCBHighRdy，OSTCBCur 指向被换出任务的 TCB，OSTCBHighRdy 指向新任务的 TCB。在调用 OSTaskSwHook()时，中断一直关闭，因此，应尽量减少该函数中的代码以缩短中断被禁止的时间。

5. OSTaskStatHook()

函数 OSTaskStatHook()每秒钟都会被函数 OSTaskStat()调用一次。用户可以通过调用函数 OSTaskStatHook()来扩展统计功能。例如，用户可以保持并显示每个任务的执行时间，每个任务所用的 CPU 份额以及每个任务执行的频率等。

6. OSTimeTickHook()

在每个时钟节拍的中断服务程序中都会调用函数 OSTimeTickHook()，该函数是在节拍被 μC/OS-II 真正处理并通知用户的应用程序之前被调用的。

8.4.4　OS_CPU_A.s 的移植

1. 时钟节拍中断服务函数

时钟节拍是特定的周期性中断。这个中断可以看做系统心脏的脉动。时钟的节拍式中断使得内核可以将任务延时若干个整数时钟节拍，以及当任务等待事件发生时，提供等待超时的依据。时钟节拍率越快，系统的额外开销就越大。中断之间的时间间隔取决于不同的应用，本移植使用 S3C2410 的 timer 0 作为时钟节拍源，产生间隔 10ms 的时钟节拍。OSTickISR()就是时钟节拍中断服务函数，也就是 S3C42410 的 timer 0 的中断处理函数。

OSTickISR()首先在被中断任务堆栈中保存 CPU 寄存器的值，然后调用 OSIntEnter()。随后，OSTickISR()调用 OSTimeTick()，检查所有处于延时等待状态的任务，判断是否有延时结束就绪的任务。OSTickISR()的最后调用 OSIntExit()，如果在中断中(或其他嵌套的中断)有更高优先级的任务就绪，并且当前中断为中断嵌套的最后一层，OSIntExit()将进行任务调度。注意如果进行了任务调度，OSIntExit()将不再返回调用者，而是用新任务的堆栈中的寄存器数值恢复 CPU 现场，然后用 IRET 实现任务切换。如果当前中断不是中断嵌套的最后一层，或中断中没有改变任务的就绪状态，OSIntExit()将返回调用者 OSTickISR()，最后，OSTickISR()返回被中断的任务。

OSTickISR()先关闭中断，然后清除 timer 0 中断标记(只有清除当前中断标记才能够引发下一次中断)。接着将调用 IrqStart()，μC/OS-II 要求在中断服务程序开头将记录中断嵌套层数的全局变量 OSIntNesting 加 1。随后 OSTickISR()调用 OSTimeTick()，检查所有处于延时等待状态的任务，判断是否有延时结束就绪的任务。然后调用函数 IrqFinish()，IrqFinish()将调用函数 OSIntExit()，如果在中断中(或其他嵌套的中断)有更高优先级的任务就绪，并且当前中断为中断嵌套的最后一层，OSIntExit()将进行任务调度，并在函数 OSIntCtxSw()中设置 need_to_swap_context 标记为 1。接下来 OSTickISR()判断 need_to_swap_context 标记是否为 1，如果为 1 则进行任务调度，将不再返回被中断的任务，而是用新任务的堆栈中的寄存器数值恢复 CPU 现场，然后实现任务切换。如果当前中断不是中断嵌套的最后一层，或中断中没有改变任务的就绪状态，OSTickISR()将返回被中断的任务。

下面给出 OSTickISR()的完整代码：

```
.GLOBAL OSTickISR
OSTickISR :
STMDB    sp!,{r0-r11,lr}
mrs      r0, CPSR
orr      r0, r0, #0x80          @ and set IRQ disable flag
msr      CPSR_cxsf, r0
LDR r0, =I_ISPC
LDR r1, =BIT_TIMER0
STR r1, [r0]
BL  IrqStart
BL  OSTimeTick
BL  IrqFinish
LDR      r0, =need_to_swap_context
LDR      r2, [r0]
CMP      r2, #1
LDREQ    pc, =_CON_SW
_NOT_CON_SW :
@not context switching
LDMIA    sp!,{r0-r11, lr}
SUBS pc, lr, #4
_CON_SW:
@set need_to_swap_context is '0'
MOV      r1, #0
STR      r1, [r0]
@now context switching
LDMIA    sp!,{r0-r11,lr}
SUB      lr, lr, #4
STR lr, SAVED_LR
@Change Supervisor mode
MRS            lr, SPSR
AND lr, lr, #0xFFFFFFE0
ORR CPSR_cxsf, lr
MSR lr, lr, #0x13
@Now Supervisor mode
STR  r12, [sp, #-8]            @ saved r12
LDR      r12, SAVED_LR
STMFD    sp!, {r12}            @ r12 that PC of task
```

```
SUB       sp, sp, #4              @ inclease stack point
LDMIA     sp!, {r12}             @ restore r12
STMFD     sp!, {lr}              @ save lr
STMFD     sp!, {r0-r12}          @ save register file and ret address
MRS       r4, CPSR
STMFD     sp!, {r4}              @ save current PSR
MRS       r4, SPSR
STMFD     sp!, {r4}              @ save SPSR
@ OSPrioCur = OSPrioHighRdy
LDR r4, addr_OSPrioCur
LDR r5, addr_OSPrioHighRdy
LDRB r6, [r5]
STRB r6, [r4]


@ Get current task TCB address
LDR r4, addr_OSTCBCur
LDR r5, [r4]
STR sp, [r5]                     @ store sp in preempted tasks's TCB
@ Get highest priority task TCB address
LDR r6, addr_OSTCBHighRdy
LDR r6, [r6]
LDR sp, [r6]                     @ get new task's stack pointer
@ OSTCBCur = OSTCBHighRdy
MSR SPSR_cxsf, r4
LDMFD     sp!, {r4}
MSR CPSR_cxsf, r4
LDMFD     sp!, {r0-r12, lr, pc}
```

2. 退出临界区和进入临界区函数

  它们分别是用退出临界区和进入临界区的宏指令实现。主要用于在进入临界区之前关闭中断，退出临界区的时候恢复原来的中断状态。它们的实现如下所示：

```
.GLOBAL  ARMDisableInt
ARMDisableInt:
STMDB     sp!, {r0}
MRS       r0, CPSR
ORR       r0, r0, #NoInt
MSR       CPSR_cxsf, r0
LDMIA     sp!, {r0}
MOV pc, lr


.GLOBAL ARMEnableInt
```

```
ARMEnableInt:
STMDB    sp!, {r0}
MRS r0, CPSR
BIC r0, r0, #NoInt
MSR CPSR_cxsf, r0
LDMIA    sp!, {r0}
MOV pc, lr
```

3. 任务级上下文切换函数

任务级的上下文切换函数是 OS_TASK_SW()，它是当任务因为被阻塞而主动请求 CPU 调度时被执行，由于此时的任务切换都是在非异常模式下进行的，因此区别于中断级别的任务切换。它的工作是先将当前任务的 CPU 现场保存到该任务堆栈中，然后获得最高优先级任务的堆栈指针，从该堆栈中恢复此任务的 CPU 现场，使之继续执行。这样就完成了一次任务切换。其程序清单如下所示：

```
.GLOBAL OS_TASK_SW
OS_TASK_SW:
STMFD    sp!, {lr}              @ save pc
STMFD    sp!, {lr}              @ save lr
STMFD    sp!, {r0-r12}          @ save register file and ret address
MRS r4, CPSR
STMFD    sp!, {r4}              @ save current PSR
MRS r4, SPSR
STMFD    sp!, {r4}              @ save SPSR
@ OSPrioCur = OSPrioHighRdy
LDR r4, addr_OSPrioCur
LDR r5, addr_OSPrioHighRdy
LDRB r6, [r5]
STRB r6, [r4]
@ Get current task TCB address
LDR r4, addr_OSTCBCur
LDR r5, [r4]
STR sp, [r5]                   @ store sp in preempted tasks's TCB

@ Get highest priority task TCB address
LDR r6, addr_OSTCBHighRdy
LDR r6, [r6]
LDR sp, [r6]

@ get new task's stack pointer
@ OSTCBCur = OSTCBHighRdy
STR r6, [r4]
```

```
LDMFD    sp!, {r4}
MSR SPSR_cxsf, r4
LDMFD    sp!, {r4}
MSR CPSR_cxsf, r4
@ set new current task TCB address
LDMFD    sp!, {r0-r12, lr, pc}
```

4. OSStartHighRd

函数 OSStartHighRd()是在 OSStart()多任务启动之后，负责从最高优先级任务的 TCB 中获得该任务的堆栈指针 SP，通过 SP 依次将 CPU 现场恢复，这时系统就将控制权交给用户创建的该任务，直到该任务被阻塞或者被其他更高优先级的任务抢占 CPU。该函数仅仅在多任务启动时被执行一次，用来启动第一个，也就是最高优先级的任务执行。程序清单如下：

```
.GLOBAL OSStartHighRdy
OSStartHighRdy:
LDR r4, addr_OSTCBCur        @ Get current task TCB address
LDR r5, addr_OSTCBHighRdy    @ Get highest priority task TCB address
LDR r5, [r5]
LDR sp, [r5]

STR r5, [r4]



LDMFD    sp!, {r4}
MSR SPSR_cxsf, r4
LDMFD    sp!, {r4}
MSR CPSR_cxsf, r4
LDMFD    sp!, {r0-r12, lr, pc } @ start the new task
```

8.5 案 例 分 析

本章导入案例给出了一个基于 ARM 的配电监控终端的设计需求，从对终端功能的要求中可以看出：终端软件的设计如果继续采用循环轮转方式或者前后台系统，会导致软件的设计过于复杂。因此，下面将用本章讲到的知识，在基于 RTOS 的基础上进行终端软件的设计。

8.5.1 监控终端软件任务的划分

按照每个任务独立完成一定功能的原则，对终端软件中的任务划分如下。

 ➤ ISR：在对电压、电流模拟通道信号的采样和 A/D 转换过程中，为保证严格的等时间间隔，将这部分事件处理放到定时器中断中进行。

> ➤ 任务 1：采样数据分析处理作为一个任务，完成数据的分析工作。
> ➤ 任务 2：键盘扫描和液晶显示处理部分程序，作为人机交换信息最直接的通道，设计成一个任务。
> ➤ 任务 3：终端和控制中心的 GPRS 通信作为一个独立的任务。
> ➤ 任务 4：为了保证上述几个任务的正常运行，还需建立一个系统监视任务，一旦发现某个任务死掉就要重启。

8.5.2 监控终端软件任务之间的通信

根据 8.5.1 节中的分析可知，ISR 需要和任务 1 通信：ISR 把采集到的原始数据送给任务 1 处理。任务 1 需要和任务 3 通信：任务 1 处理完的数据通过任务 3 发送出去。对任务和任务(ISR)之间的通信采用共享内存的方式进行，为了避免任务和 ISR 同时对共享内存进行访问，采用信号量实现它们之间的互斥。

首先定义全局数组 buf1[N](N 是一个利用#define 定义的宏，其值大小可以根据应用调整)作为 ISR 和任务 1 之间的共享内存，定义信号量 Sem1 用来实现对 buf1 的互斥访问；再定义全局数组 buf2[N]作为任务 1 和任务 3 之间的共享内存，定义信号量 Sem2 实现对 buf2 的互斥访问。

8.5.3 通过 μC/OS-II 实现任务的调度

首先根据每个任务的具体功能，完成任务的编码，然后在自己编写的主函数中按照 μC/OS-II 的工作机制，完成硬件初始化、操作系统初始化、创建任务、启动多任务调度等工作即可。从形式上来看，需要把 μC/OS-II 的源代码和自己编写的代码加入一个工程中融合起来，经过交叉编译后得到可以在目标板上执行的映像文件。

本 章 小 结

本章以 μC/OS-II 内核为基础，介绍了 μC/OS-II 的特点和应用领域，阐述了任务的概念，分析了 μC/OS-II 内核管理任务的数据结构和对任务的调度方法，介绍了 μC/OS-II 处理中断的方法，μC/OS-II 对时钟中断的处理以及对时间的管理，然后讲述了 μC/OS-II 任务间同步和通信的三种方法：信号量、消息邮箱和消息队列，最后给出了 μC/OS-II 在 S3C2410 上的移植方法。

1) 嵌入式操作系统 μC/OS-II：μC/OS-II 仅是一个实时内核，它具有突出的性能特点和广泛的应用领域。

2) μC/OS-II 的任务管理：给出了任务的概念，即一个完成一定功能且无限循环的函数。讲解了 TCB 和任务就绪表的数据结构，分析了任务级和中断级任务调度的方法，介绍了 μC/OS-II 对时钟中断的处理和对时间的管理方法。

3) μC/OS-II 中的任务同步和通信：分析了事件控制块的数据结构，讲解了在 μC/OS-II 中使用信号量、消息邮箱和消息队列进行任务同步和通信的方法。

4) μC/OS-II 在 S3C2410 上的移植：分析出了 μC/OS-II 移植的基本条件，介绍了可重入型函数，给出了 μC/OS-II 在 S3C2410 上的移植步骤和方法。

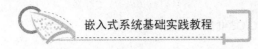

阅读材料

常用嵌入式操作系统

1. VxWorks

VxWorks 是 Wind River System 公司开发的具有工业领导地位的高性能实时操作系统内核，具有先进的网络功能。VxWorks 的开放式结构和对工业标准的支持，使得开发人员易于设计高效的嵌入式系统，并可以以很小的工作量移植到其他不同的处理器上。

VxWorks 板级支持包(BSP)包含了开发人员需要在特定的目标机上运行 VxWorks 所需要的一切支持：支持特定目标机的软件接口驱动程序等，以及从主机通过网络引导 VxWorks 的 Boot Rom。VxWorks 是一个商用操作系统，用户需要购买 Licence。

2. QNX

QNX 是由 QNX 软件系统有限公司开发的一套实时操作系统，它是一个实时的、可扩展的操作系统，部分遵循了 POSIX 相关标准，可以提供一个很小的微内核及一些可选择的配合进程。其内核仅提供四种服务：进程调度、进程间通信、底层网络通信和中断处理。其进程在独立的空间中运行，所有其他操作系统服务都实现为协作的用户进程，因此 QNX 内核非常小巧，大约几千字节，而且运行速度极快。这个灵活的结构可以使用户根据实际的需求，将系统配置为微小的嵌入式系统或者包括几百个处理器的超级虚拟机系统。

POSIX(Portable Operating System Interface)表示可移植操作系统接口。但是 QNX 目前的市场占有量不是很大，大家对它的熟悉程度也不够，并且 QNX 对于 GUI 系统的支持不是很好。

3. Palm OS

3Com 公司的 Palm OS 在 PDA 市场上占有很大的份额，它有开放的操作系统 API 接口，开发商可以根据需要自行开发所需要的应用程序。目前大约有 3500 个应用程序可以在 Palm 上运行，这使得 Palm 的功能得以不断增多。这些软件包括计算器、各种游戏、电子宠物、GIS 等。

4. Windows CE

Microsoft Windows CE 是从整体上为有限资源的平台设计的多线程、完整优先权、多任务的操作系统。它的模块化设计允许其对从 PDA 到专用的工业控制器用户的电子设备进行定制，操作系统的基本内核至少需要 200KB。现在 Microsoft 又推出了针对移动应用的 Windows Mobile 操作系统。Windows Mobile 是 Microsoft 进军移动设备领域的重大品牌调整，包括 Pocket PC、Smartphone 及 Media Centers 三大平台体系，面向个人移动电子消费市场。

5. Linux

Linux 操作系统是 UNIX 操作系统的一种克隆系统，它诞生于 1991 年的 10 月 5 日(第一次正式向外公布的时间)。以后借助于 Internet 网络，并通过全世界各地计算机爱好者的共同努力，已成为世界上使用最多的一种 UNIX 类操作系统，并且使用人数还在迅猛增长。

Linux 是一套免费使用和自由传播的类 UNIX 操作系统，是一个基于 POSIX 和 UNIX 的多用户、多任务、支持多线程和多 CPU 的操作系统。它能运行主要的 UNIX 工具软件、应用程序和网络协议。它支持 32 位和 64 位硬件。Linux 继承了 UNIX 以网络为核心的设计思想，是一个性能稳定的多用户网络操作系统。它主要用于基于 Intel x86 系列 CPU 的计算机上。这个系统是由全世界各地的成千上万的程序员设计和实现的。其目的是建立不受任何商品化软件的版权制约的、全世界都能自由使用的 UNIX 兼容产品。

Linux 以它的高效性和灵活性著称，Linux 模块化的设计结构，使得它既能在价格昂贵的工作站上运行，也能够在廉价的嵌入式系统上实现全部的 UNIX 特性，具有多任务、多用户的能力。Linux 是在 GNU 公共许可权限下免费获得的，是一个符合 POSIX 标准的操作系统。Linux 操作系统软件包不仅包括完整的 Linux 操作系统，而且还包括文本编辑器、高级语言编译器等应用软件。它还包括带有多个窗口管理器的 X-Windows 图形用户界面，如同使用 Windows 一样，允许使用窗口、图标和菜单对系统进行操作。

6. μClinux

uClinux 开始于 Linux 2.0 的一个分支，它被设计用来应用于微控制器领域。uClinux 最大的特征是没有 MMU(内存管理单元模块)，很适合那些没有 MMU 的处理器，如 ARM7TDMI 等。这种没有 MMU 的处理器在嵌入式领域中应用得相当普遍。同标准的 Linux 相比，uClinux 的源代码经过了重新编写，以紧缩和裁剪基本的代码。这就使得 uClinux 的内核同标准的 Linux 内核相比比较小，但是它仍能保持 Linux 操作系统常用的 API，小于 512KB 的内核和相关的工具。操作系统所有的代码加起来小于 900KB。

uClinux 有完整的 TCP/IP 协议栈，同时对其他多种网络协议都提供支持，这些网络协议都在 uClinux 上得到了很好的实现。uClinux 可以称为是一个针对嵌入式系统的优秀网络操作系统。uClinux 所支持的文件系统很多，其中包括了最常用的 NFS(网络文件系统)、ext2(第二代扩展文件系统，它是 Linux 文件系统的标准)、MS-DOS 及 FAT16/32、Cramfs、jffs2、ramfs 等。

7. μC/OS-II

源码开放(C 代码)的嵌入式操作系统 μC/OS-II 简单易学，提供了嵌入式操作系统的基本功能，其核心代码短小精悍，如果针对硬件进行优化，还可以获得更高的执行效率。当然，μC/OS-II 相对于商用嵌入式系统来说还是过于简单，而且存在开发调试困难的问题。μC/OS-II 的主要特点包括公开源代码、可移植性很强(采用 ANSI C 编写)、可固化、可裁剪、占先式、多任务、系统任务、中断管理、稳定性和可靠性都很强。

8. Nuclues

Nuclues 操作系统是由 Advanced Technology Inc 开发的。Nuclues Plus 是为实时嵌入式应用而设计的一个抢占式多任务操作系统内核，其 95%的代码是用 ANSI C 写成的，因此，非常便于移植并能够支持大多数类型的处理器。从现实角度来看，Nuclues Plus 是一组 C 函数库，应用程序代码与核心函数库连接在一起，生成一个目标代码，下载到目标板的 RAM 中或直接烧录到目标板的 ROM 中执行。在典型的目标环境中，Nuclues Plus 核心代码一般不超过 20KB。Nuclues Plus 采用了软件组件的方法，每个组件具有单一而明确的目的，通常由几个 C 及汇编语言模块构成，提供清晰的外部接口，对组件的引用就是通过这些接口完成的。Nuclues Plus 的组件包括任务控制、内存管理、任务间通信、任务的同步与互斥、中断管理、定时器及 I/O 驱动等。

习　题

一、选择题

1. 嵌入式操作系统中，(　　)不属于任务间同步机制。

    A. 信号量　　　　B. 事件　　　　　　C. 定时器　　　　D. 信号

2. 下列任务状态变化中，(　　)变化是不可能发生的。

    A. 运行→就绪　　B. 等待→运行　　　C. 运行→等待　　D. 等待→就绪

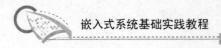
二、判断题

1．实时操作系统可以保证高优先级的任务比低优先级的任务先完成。　　　　（　　）

2．严格意义上来讲，µC/OS-II 仅仅是一个实时操作系统的内核。　　　　（　　）

三、简答题

1．什么是任务？

2．简述 µC/OS-II 中任务的五种状态及相互转换。

3．如果优先级是 18,29 的两个任务进入就绪态，如何修改表变量和组变量？并写出相应的代码。

4．不用查表，给出数组 OSUnMapTbl[]的元素下标 123,226，求出这两个数组元素的值。

5．简述任务级任务调度的处理过程。

6．简述中断级任务调度的处理过程。

7．简述 µC/OS-II 对时钟中断的处理。

8．简述任务之间的四种关系。

9．如何利用信号量实现两个任务之间的同步？

10．什么是可重入型函数？如何编写可重入型函数？

第**9**章
基于 µC/OS-II 的软件体系结构设计

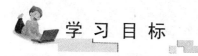 学 习 目 标

了解基于 µC/OS-II 内核的嵌入式软件的体系结构;
熟悉 µC/FS、µC/GUI 的架构、特点以及和 µC/OS-II 的整合方法;
掌握以读写外设寄存器为基础的驱动程序的编写方法。

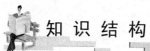 知 识 结 构

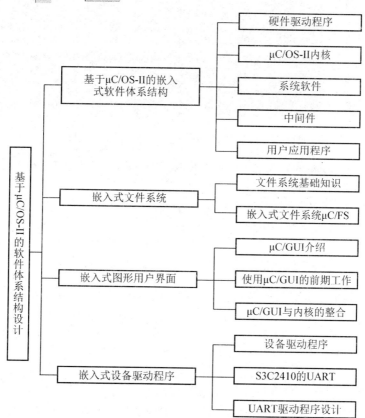

图 9.1　基于 µC/OS-II 的嵌入式软件体系结构知识结构图

导入案例

现在的嵌入式设备已经渗透到了生产和生活的方方面面。类似智能手机、PDA、数码相机等电子消费产品已经成为人们特别是年轻人不可或缺的"标配"物品。面对成千上万种产品，以智能手机为例，总结一下它们的共同特点：色彩绚丽、细腻清晰的用户界面；可以方便地安装、卸载生产厂家或者第三方的应用程序；可以像 PC 那样存储或者删除各种文件；可以上网，支持蓝牙、WiFi 等多种通信协议。图 9.2 就是当前很流行的 Android 手机的软件体系结构。

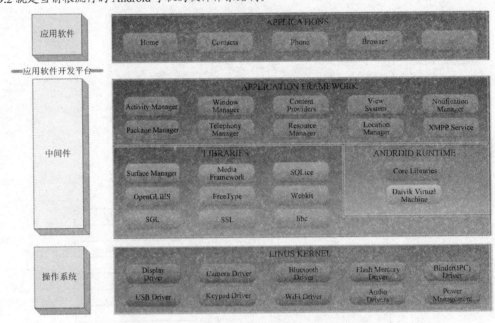

图 9.2　基于 Android 的智能手机软件体系结构

"智能手机"(Smart Phone)简单地说，就是拥有支持多任务的独立操作系统的手机。"智能手机"是和"功能手机"(Feature Phone)相对而言的。

从智能手机的特点可以看出，智能手机的操作系统显然不能只有任务调度功能，而是应该具有图形用户界面(GUI)、文件系统、各种通信协议的协议栈等诸多组成部分。

从操作系统的角度来看，操作系统作为计算机硬件资源的管理者，应该具有四大管理功能：任务管理、存储器管理、I/O 设备管理、文件管理。显然，μC/OS-II 仅是实现了四大管理功能中的一项：任务管理，因此，要成为一个真正意义上的操作系统，μC/OS-II 还需要扩充。

μC/OS-II 仅仅是一个实时内核，它的主要功能是对任务进行管理和完成任务间的同步和通信，并不是一个完整的操作系统。要想建立一个完善的嵌入式实时操作系统，还需要在这个内核的基础上做一系列的扩展工作：设计各种外部设备的驱动程序，建立文件系统，建立图形用户界面(GUI)，建立 TCP/IP 协议栈，编写供用户程序使用的编程接口(API)等。

本章将在前面讲述的有关 μC/OS-II 内核知识的基础上，详细介绍基于 μC/OS-II 内核的完整的嵌入式操作系统的各个组成部分，以及如何把这些组成部件和内核进行整合，从而构成一个完整的嵌入式实时操作系统。

9.1　基于 μC/OS-II 的嵌入式软件体系结构

在把 μC/OS-II 移植到相应的微处理器后，要做的工作就是根据实际需要进行扩展，从而构成一个完整的操作系统。一般来说，基于 μC/OS-II 内核经过扩展的嵌入式软件的体系结构如图 9.3 所示。

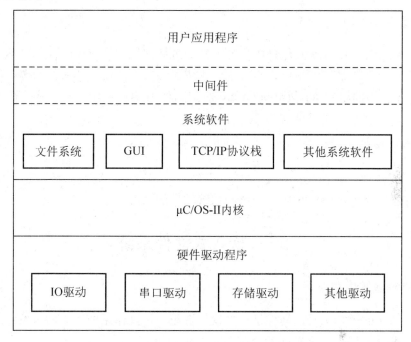

图 9.3　基于 RTOS 的嵌入式软件体系结构

9.1.1　硬件驱动程序

驱动程序是对系统的硬件直接进行操作控制的函数，通过驱动程序可以对硬件设备进行初始化，设定硬件设备的工作方式，读取硬件设备的状态，对硬件设备进行数据的写入和读出等操作。一般情况下，把对硬件的操作封装成驱动程序，以格式相对固定的函数形式出现。这样就可以把上层程序(包括系统软件和应用程序)和底层硬件分离开来，底层的硬件发生改变后，只要修改相应的驱动程序，而无需对上层软件进行修改。

嵌入式系统的应用领域广泛，硬件组成也各不相同，因此系统驱动程序中包含的驱动程序也不相同。一般系统中会根据实际需要包含 GPIO、串口、AD 转换、存储设备、网络接口等的驱动程序。

9.1.2　μC/OS-II 内核

在硬件设备驱动程序上的部分是操作系统内核。根据所用的处理器，参考相应的处理器和编译器技术手册，对 μC/OS-II 中的 OS_CPU.h、OS_CPU_C.c、OS_CPU_A.s 进行相应的修改，即可得到可以在给定微处理器上运行的 μC/OS-II 内核。

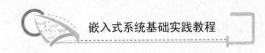

9.1.3 系统软件

所谓系统软件就是在 μC/OS-II 内核基础上扩展出来的一组软件,这些扩展软件不属于操作系统内核,也不属于用户的应用程序,而是用来为用户的应用程序提供服务的一组软件。它包括用来对文件进行组织和管理的文件系统,为用户提供图形界面的 CUI,使系统具有网络接入能力的 TCP/IP 协议栈等。

9.1.4 中间件

在一些比较复杂的嵌入式软件中,为了增加可移植性,使应用软件可以不加修改或者很少修改地运行在其他软件或硬件平台上,往往还会对内核及系统软件的接口函数再进行一次封装,构成所谓的中间件(Middleware)。中间件不是必须存在的,它往往出现在需要运行在多个平台并且比较复杂的软件中。

9.1.5 用户应用程序

在嵌入式软件体系结构的最上层是由用户自己编写的,完成系统特定功能的应用程序,应用程序可以调用驱动程序、内核和系统软件的 API。

9.2 嵌入式文件系统

9.2.1 文件系统基础知识

从操作系统的角度来看,文件是一种软件资源,是操作系统管理的对象;从用户的角度来看,文件是信息在计算机存储介质上的存储。

1. 文件

文件是信息的一种组织形式,是存放在外部存储介质上信息的集合,每个文件都有一个表明自己身份的文件名。文件可以是源程序、可执行二进制代码、表格、声音、图像等。文件存储在外部非易失性存储器上,可以为用户多次使用。用户使用文件时只需考虑文件的逻辑内容,而无需考虑文件在存储介质上的实际存放位置。

2. 文件的逻辑结构

从文件的逻辑结构来看,文件分为流式文件和记录文件。

流式文件由一系列字符序列组成,文件内的信息不再划分结构,常见的文本文件就是最常见的流式文件。

记录文件的内部信息具有特定的结构,在记录文件内部把信息划分成多个记录,用户以记录为单位来组织和使用信息,数据库文件就是一种典型的记录文件。

3. 文件的物理结构

从物理结构上来看,文件存储时被划分为若干个大小相等的物理块,文件物理块是给文件分配存储空间的基本单位，同时也是内存与文件系统交换信息的基本单位。文件物理块的大小取决于存储设备和操作系统。

从存储方式来看，有顺序文件、链接文件和索引文件。存储文件时，如果按照逻辑文件中的记录顺序依次把逻辑记录存放到连续的物理块中，形成的文件就是顺序文件；如果把存放文件信息的各个物理块用类似链表的形式链接起来，形成的文件则称为链接文件；如果为文件另外建立了一个指示逻辑记录和物理块之间对应关系的索引表，那么索引表和文件本身组成的文件就称为索引文件。

4. 文件系统

文件系统是负责对文件进行存取和管理的一组系统软件。文件系统具有以下几个基本功能：建立文件时为文件分配存储空间；删除文件时回收文件占用的存储空间归还给系统；向用户提供对文件进行操作的各种接口函数，使用户不必了解文件系统的内部细节即可对文件进行操作。

9.2.2　嵌入式文件系统 μC/FS

1. μC/FS 简介

除了 μC/OS，Micrium 公司还提供其他的嵌入式系统软件，如嵌入式文件系统 μC/FS、嵌入式图形用户界面 μC/GUI、嵌入式 TCP/IP 协议栈 μC/TCP-IP、嵌入式 USB 协议栈 μC/USB 等。这些系统软件和 μC/OS 同属一个产品系列，可以和 μC/OS 无缝结合，但是它们的使用是要收费的。

μC/FS 是一种几乎可以运行在所有介质上的基于 FAT(文件分配表)的文件系统，前提是这种介质能提供基本的访问功能。μC/FS 针对各种不同的设备，在速度、内存使用等方面进行了很好的优化，具有良好的性能。

μC/FS 的代码全部使用 ANSI C 编写，可以运行在几乎所有的 CPU 上。它具有以下特征：

➢ 支持兼容 MS-DOS/MS-Windows 的 FAT12、FAT16 文件系统；
➢ 支持多种设备驱动程序，在 μC/FS 中可以使用不同的设备驱动程序，这些驱动程序可以访问不同的硬件；
➢ 支持多种存储介质，对不同存储介质的访问依赖于设备驱动程序；
➢ 支持多种操作系统，μC/FS 可以很容易地和多种操作系统集成，使 μC/FS 可以在多线程环境下工作；
➢ 具有类似 ANSI C 中 stdio.h 的 API，使用 ANSI C 标准 I/O 库编写的应用程序可以很容易地移植到使用 μC/FS 的系统中；
➢ 简单的设备驱动程序结构，μC/FS 仅需要对块进行读和写的函数；
➢ 具有可以应用在各种读卡器接口上的通用智能卡驱动程序；
➢ 具有易于集成的使用 SPI 工作模式的多媒体卡、SD 卡的通用设备驱动程序。

2. μC/FS 的体系结构

μC/FS 由四个层次组成，如图 9.4 所示。

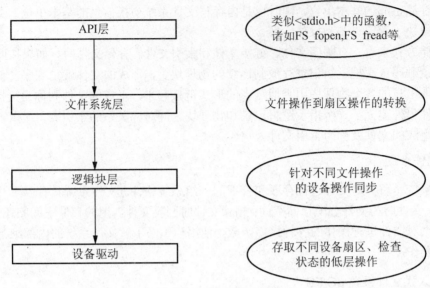

图 9.4 μC/FS 的体系结构

(1) API 层

API 层是 μC/FS 和应用程序之间的接口，它包含一个用 ANSI C 写成的文件操作函数库，具有诸如 FS_Fopen，FS_Fwrite 等函数。API 层把对文件操作函数的调用传递到文件系统层。目前，μC/FS 中仅有 FAT 文件系统层，但是 API 层可以和不同的文件系统层相衔接，因此可以同时支持 FAT 及其他类型的文件系统层。

(2) 文件系统层

文件系统层把文件操作转换成对逻辑块的操作。在完成转换后，文件系统调用逻辑块层并且对设备指定使用相应的驱动程序。

(3) 逻辑块层

使用逻辑块层的目的是对设备驱动程序进行同步存取，并且为文件系统层建立一个接口。逻辑块层调用设备驱动程序对块进行操作。

(4) 设备驱动层

设备驱动程序是用来存取硬件的底层例程，设备驱动程序的结构要尽量简单，以便于实现和硬件的接口。

3. μC/FS 的安装及与内核的整合

获得 μC/FS 的源代码后，先把源代码保存在 PC 硬盘的某个目录下。在把 μC/FS 和操作系统整合之前，用户需要对自己使用的项目管理器、编译器、链接器等工具非常熟悉，能把文件、目录加入搜索路径中，同时要对所使用的操作系统有深刻的理解。

(1) 建立一个不包含 μC/FS 的简单项目

首先建立一个小的项目，假设这个项目的名字是 "hello world"，建立这个项目要求使用操作系统，并且具有某种在屏幕或者串口输出文字的方法。

(2) 设置 μC/FS

为了设置 μC/FS，首先要在 μC/FS 的设置目录下新建一个子目录，从另外一个子目录下把文件 fs_conf.h 和 fs_port.h 复制到新建的子目录下，为讨论方便起见，假设新建的子目录是 FS\CONFIG\myconfig。设置 µC/FS 通常只需要用户修改文件 fs_conf.h 即可。为了便于掌握设置的方法，建议用户关闭除了 RAM 盘驱动之外的其他所有驱动程序。

(3) 加入 µC/FS 的源文件

在(1)中建立的项目中增加以下列出的所有的目录和子目录，并复制每个目录下的源代码。需要增加的目录是：FS\API、FS\FSL、FS\LBL、FS\OS、FS\DEVICE\RAM。

(4) 设置搜索路径

为了正确编译(3)中增加的源文件，需要为头文件增加以下路径：FS\API、FS\CONFIG\myconfig、FS\LBL、FS\OS。

(5) 增加通用例子代码

为了快速简单地测试 µC/FS 和内核的整合，可以使用 FS\sample\main.c 中的代码进行测试。

(6) 编译和测试应用程序

当所有的项目都正确设置后，就可以在目标系统中建立一个包含 RAM 盘的应用程序。如果在编译过程中遇到问题，一般是包含路径或者系统设置不正确。通常 µC/FS 的源代码在编译过程中连警告都不会出现。如果测试程序编译运行通过，则证明 µC/FS 已经正确安装。

4. µC/FS 的设置

在 µC/FS 的设置目录下，有两个文件 fs_conf.h 和 fs_port.h，用户可以根据自己的需求对这两个文件进行修改。

(1) fs_conf.h

在文件 fs_conf.h 中包含了关于文件系统的主要设置，在该文件中定义使用的驱动程序，并且对驱动程序进行设置。

在文件 fs_conf.h 中可以指定使用 µC/OS-II、embOS、Windows 中的一种作为操作系统，或者不使用操作系统。如果要使用上述操作系统中的某一种，只需把相应的常量 FS_OS_UCOS_II、FS_OS_EMBOS、FS_OS_WINDOWS 的值设置为 1 即可，如果不使用操作系统，则把三个常量的值都置为 0。

如果要给文件加上日期和时间，则需把常量 FS_OS_TIME_SUPPORT 的值置为 1。

µC/FS 可以同时支持不同的文件系统，这可以通过把相应的常量 FS_USE_XXX_FSL 的值设为 1 来实现。这里 XXX 是文件系统的名字。目前的 µC/FS 仅支持 FAT 文件系统，故只需要把 FS_USE_FAT_FSL 的值置为 1。

µC/FS 支持多种存储介质，相应地也要进行设置。µC/FS 允许用户建立任意多个 RAM 盘驱动器，为了支持 RAM 盘，只需简单地把常量 FS_USE_RAMDISK_DRIVER 的值设为 1。默认情况下，µC/FS 实现了一个容量是 16KB 的 RAM 盘。µC/FS 还可以支持智能卡、多媒体卡、CF 卡和 IDE 硬盘，为了实现对这几种存储介质的支持，需要相应的把常量 FS_USE_SMC_DRIVER、FS_USE_MMC_DRIVER、FS_USE_IDE_DRIVER 的值置为 1，并提供对底层硬件进行读写的函数。

(2) fs_port.h

仅在使用比较特殊的 CPU 时，才需要对这个文件进行细微的修改。对于这个文件，主要是检查其中的类型定义是否和处理器、编译器相匹配。

5. μC/FS 的 API 函数

要在应用程序中使用 μC/FS，必须通过 μC/FS 的 API 函数进行。下表列出 μC/FS 中的 API 函数，并对其功能做一简要介绍。

表 9-1　μC/FS 的 API 函数及功能

例程	功能
文件系统控制函数	
FS_INIT()	启动文件系统
FS_EXIT()	停止文件系统
文件存取函数	
FS_FOpen()	打开一个文件
FS_FClose()	关闭一个文件
直接输入/输出函数	
FS_FRead()	从文件中读取数据
FS_FWrite()	向文件中写入数据
文件定位函数	
FS_FSeek()	设置文件指针位置
FS_FTell()	返回文件指针位置
错误处理函数	
FS_ClearErr()	清除错误状态
FS_FError()	返回错误码
文件操作函数	
FS_Remove()	删除文件

μC/FS 文件操作函数的具体使用方法不再赘述，如有需要读者可以查阅 μC/FS 的使用手册。

9.3　嵌入式图形用户界面

随着嵌入式硬件性能的提高，在软件中使用图形用户界面(Graphic User Interface，GUI)已经成为嵌入式软件系统发展的必然趋势。伴随着以智能手机、PDA 为核心的信息家电的发展，在产品中使用 GUI，可以使软件界面美观，方便用户操作。

嵌入式 GUI 运行在硬件资源相对有限的嵌入式系统中，因此嵌入式 GUI 具有不同于桌面 GUI 的特点。嵌入式 GUI 应该具备以下几个特点：
➢ 具有较高的性能，可以满足基本的应用需求；
➢ 运行时占用较少的资源，体积小；
➢ 具有较高的可靠性；
➢ 上层接口和硬件无关，易于裁剪，易于移植。
本节将着重介绍 Micrium 公司的嵌入式图形用户接口 μC/GUI。

9.3.1　μC/GUI 介绍

μC/GUI 被设计成用于给使用一个图形 LCD 的任何应用程序提供一个高效率的，与处理器和 LCD 控制器无关的 GUI。它适合于单一任务和多任务环境，专用的操作系统或者任何商业的实时操作系统(RTOS)。μC/GUI 以 C 源代码形式提供。它可以适用于任何尺寸的物理和虚拟显示，任何 LCD 控制器和 CPU。其特点包括下列这些：

一般特点：

➢ 支持任何 8 位、16 位，32 位 CPU，只需要一个与 ANSI 兼容的 C 编译器；

➢ 任何控制器支持(如果有合适的驱动程序)的任何(单色的，灰度级或者彩色)LCD；

➢ 在较小显示屏上，可以不要 LCD 控制器工作；

➢ 使用配置宏可以支持任何接口；

➢ 显示屏大小可配置；

➢ 字符和位图可能是写在 LCD 上的任一点，而不仅仅局限于偶数的字节的地址；

➢ 程序对大小和速度都进行了最优化；

➢ 允许编译时的切换以获得不同的优化；

➢ 对于较慢的 LCD 控制器，LCD 能够被存储到内存当中，减少访问的次数使其最小，从而得到很高的速度；

➢ 清晰的结构；

➢ 支持虚拟显示，虚拟显示能够比实际的显示表现更大尺寸的内容。

图库特点：

➢ 支持不同颜色深度的位图；

➢ 有效的位图转换器；

➢ 绝对没有使用浮点运算；

➢ 快速线、点绘制(没有使用浮点运算)；

➢ 非常快的圆、多边形的绘制；

➢ 不同的绘画模式。

字体特点：

➢ 为基本软件提供了不同种类的字体：4*6，6*8，6*9，8*8，8*9，8*16，8*17，8*18，24*32，以及 8，10，13，16 等几种高度(以像素为单位)的均衡字体；

➢ 可以定义和简便地链接新的字体；

➢ 只有用于应用程序的字体才实际与执行结果链接，这样保证了最低的 ROM 占用；

➢ 字体可以分别在 X 轴和 Y 轴方向上充分地缩放；

➢ 提供有效的字体转换器，任何在主系统(即 Microsoft Windows)上的有效字体都可以转换。

字符串/数值输出程序特点：

➢ 程序支持任何字体的十进制、二进制、十六进制的数值显示；

➢ 程序支持任何字体的十进制、二进制、十六进制的数值编辑。

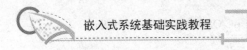
视窗管理器特点：
 ➢ 完全的窗口管理器，包括剪切在内一个窗口的外部区域的改写是不可能的；
 ➢ 窗口能够移动和缩放；
 ➢ 支持回调函数(可选择用法)；
 ➢ 使用极小的 RAM(大约每个窗口 20 字节)。

9.3.2　使用 μC/GUI 的前期工作

1. 屏幕和坐标

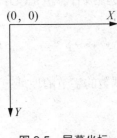

图 9.5　屏幕坐标

　　屏幕由能够被单独控制的许多点组成，这些点被称做像素。大部分 μC/GUI 在它的 API 中向用户程序提供的文本和绘图函数能够在任何指定像素上写或绘制。像素坐标如图 9.5 所示。
　　一个二维坐标用 X 轴和 Y 轴坐标表示，即值(X,Y)。在程序中需要用到 X 和 Y 坐标时，X 坐标总在前面。显示屏(或者一个窗口)的左上角为一默认的坐标(0,0)。正的 X 值方向总是向右；正的 Y 值方向总是向下。图 9.5 说明了坐标系和 X 轴、Y 轴的方向。所有传递到一个 API 函数的坐标总是以像素为单位所指定。

2. 连接 LCD 到微控制器

μC/GUI 处理所有的 LCD 访问。事实上任何 LCD 控制器都能够被支持，不取决于它是如何访问的。LCD 如何与系统连接并不是非常重要，只要它通过软件以某种方式达到，可能是按多种方式完成的。大多数这些接口通过一个提供源代码方式的驱动程序来支持。这些驱动程序通常不需要修改，但是用于用户的硬件时，要通过修改文件 LCDConf.h 进行配置。

(1) 带有存储映像 LCD 控制器的 LCD

LCD 控制器直接连接到系统的数据总线，即能够如同访问一个 RAM 一样访问控制器。这是一个很有效的访问 LCD 控制器方法。LCD 地址被定义为段 LCDSEG，为了能访问该 LCD，连接程序/定位器只需要告知这些段位于什么地方。该位置必须与物理地址空间中访问地址相吻合。驱动程序对于这类接口是有效的，并且能用于不同的 LCD 控制器。

(2) 带有 LCD 控制器的 LCD 连接到端口/缓冲区

对于在快速处理器上使用较慢的 LCD 控制器，端口连线的使用可能是唯一的方案。这个访问 LCD 的方法有稍微比直接总线接口慢一些的缺点，但是，特别是在使用一个减少 LCD 访问次数的高速缓存的情况下，LCD 刷新并不会有大的延迟。所有那些需要处理的是定义程序或者宏，设置或者读取与 LCD 连接的硬件端口/缓冲区。这类接口也被用于不同的 LCD 控制器的不同的驱动程序所支持。

(3) 特殊方案——没有 LCD 控制器的 LCD

LCD 可以不需要 LCD 控制器而进行连接。在这种情况下，LCD 数据通常通过控制器经由一个 4 位或 8 位移位寄存器直接提供。这些特殊的硬件方案有价格便宜的优点，但是使用上的缺点是占用了大部分有效的计算时间。根据不同的 CPU，这会占到 CPU 开销的 20%到几乎 100%之间；对于较慢的 CPU，它是极不合理的。这类接口不需要一个特殊的 LCD 驱动器，因为 µC/GUI 简单地将所有显示数据放入 LCD 高速缓存中。用户必须写硬件相关部分软件，周期性地将数据从高速缓存的内存传递到LCD。

3. 数据类型

因为 C 语言并不提供与所有平台相吻合的固定长度的数据类型，大多数情况下，µC/GUI 使用它自己的数据类型，如表 9-2 所示。对于大多数 16/32 位控制器来说，该设置将工作正常。然而，如果用户在自己程序的其他部分中有相似的定义，则需对它们进行修改或者重新配置。一个推荐的位置是置于配置文件 LCDConf.h 中。

表 9-2　µC/GUI 的数据类型

数据类型	定义	说明
I8	signed char	8 位有符号值
U8	unsigned char	8 位无符号值
I16	signed short	16 位有符号值
U16	unsigned short	16 位无符号值
I32	signed long	32 位有符号值
U32	unsigned long	32 位无符号值
I16P	signed short	16 位(或更多)有符号值
U16P	unsigned short	16 位(或更多无符号值

9.3.3　µC/GUI 与内核的整合

在把 µC/GUI 和内核整合之前，首先要复制 µC/GUI 的源代码，推荐使 µC/GUI 和应用文件分离。在工程文件的"root"目录的 GUI 子目录下保留所有的程序文件(包括头文件)。目录结构应该和图 9.6 相似。这种习惯的优点是很容易升级更新版本的 µC/GUI，只需要替换 GUI 目录就可以实现。

用户需要确认，在包含路径中有以下目录(顺序不重要)：Config、GUI\Core、GUI\Widget（如果使用视窗控件库）、GUI\WM(如果使用视窗管理器)。

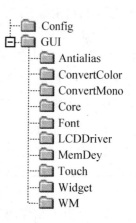

图 9.6　µC/GUI 的目录结构

1. 向目标程序加入 µC/GUI

当把 µC/GUI 加入目标程序时，有两种选择，将工程中使用的 µC/GUI 源文件包括进来，然后进行编译和连接；或者建立一个库并链接这个库文件。如果用户的链接工具支持"智能化"链接(仅仅链接那些使用到的模块而不是链接所有的模块)，那么就完全没有必要建立一个库。如果用户的链接工具不支持"智能化"连接，建立一个库就很有意义了，否则如果将每样东西都要进行链接的话，程序会变得非常大。

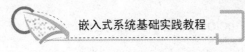

2. 将 μC/GUI 的 C 文件加入工程中

将以下目录下的 C 文件加入工程即可：GUI\Core、GUI\ConvertColor、GUI\ConvertMono、GUI\Font。

3. 配置 μC/GUI

配置目录应该包含与用户的要求相匹配的配置文件。文件 LCDConf.h 通常包含所有配置 μC/GUI 需要的定义。如果因为没有选择正确的显示方案或选择了错误的 LCD 控制器而导致 μC/GUI 的配置出现问题，则 LCD 可能不会显示任何内容，或者显示一些不正确的内容。因此，修改 LCDConf.h 文件时要加以注意。

配置文件中主要是关于宏的一些配置。

(1) 二进制开关 "B"

这个开关的数值是 0 或 1，0 表示不激活，而 1 表示激活(除了 0 以外的数值都可以激活，但是使用 1 使配置文件更易于阅读)。这些开关能够启用或禁止某一个功能或行为。开关是配置宏中最简单的格式。

(2) 数值 "N"

数值在代码中的某些地方使用，以代替常量。

(3) 选择开关 "S"

选择开关用于从多个选项中选择一项(只能选中一项)。典型的例子是用于所使用的 LCD 控制器的选择，选择的数值指示调用相应源代码(相应的 LCD 驱动)产生目标代码。

(4) 别名 "A"

一个类似于简单的文本替代这样操作的宏。一个典型例子是定义 U8，预处理程序会用 "unsigned char" 代替 "U8"。

(5) 替换函数 "F"

该宏被视为一个正常的函数，尽管有某些应用上的限制，宏依旧被放入代码当中，与文本代换的例子相同。函数替换主要用于给一个高度依赖硬件的模块增加一些特殊的函数(如 LCD 的访问)，这类宏通常使用括弧(与可选择参数一起)来声明。

4. 在目标系统上使用 μC/GUI

(1) 定制 μC/GUI

通常第一步是修改 LcdConf.h 定制 μC/GUI，必须先定义一些基本数据类型(U8、U16 等)，有关显示方案和所使用的 LCD 控制器的开关配置。

(2) 定义访问地址和访问规则

对于使用存储器映像的 LCD，只需在 LcdConf.h 中定义访问地址。对于使用端口缓冲的 LCD，必须定义接口程序，这些接口程序可以在 Samples\Lcd_x 目录下找到。

(3) 测试范例程序

μC/GUI 带有一些单任务和多任务环境下的范例程序，用户在学习使用 μC/GUI 前，可以先编译、链接、测试这些范例程序，直到熟练为止。然后，可以在范例程序的基础上进行简单的修改，增加额外的功能。

(4) 编写 μC/GUI 应用程序

当用户熟悉了 μC/GUI 的范例程序后，就可以根据实际需求编写自己的应用程序。在 μC/GUI 的其他函数运行之前，必须先运行初始化函数 GUI_Init()，这个函数初始化 LCD 和 μC/GUI 的内部数据结构。GUI_Init()必须放在所有 GUI 函数第一行的位置上，如果忽略了这个调用，整个图形系统没有初始化，将无法进行下面的工作。

9.4 嵌入式设备驱动程序

本节首先介绍设备驱动程序的基本概念，然后以 S3C2410 的通用异步收发器(UART)驱动程序为例，介绍嵌入式系统中驱动程序的设计思路和方法。

9.4.1 设备驱动程序

设备驱动程序是应用程序和底层硬件设备之间的接口，当上层的应用程序需要对外部设备进行读、写访问时，一般不是直接对硬件进行操作，而是通过驱动程序进行。简言之，驱动程序的主要任务是接收上层软件发来的抽象请求，如 read 或 write 命令，再把它转换为具体请求后，发送给设备控制器启动设备执行；此外，驱动程序也把设备控制器发来的信号传递给上层软件。

驱动程序是在请求 I/O 的任务与设备控制器之间的一个通信程序，它将任务的 I/O 请求传送给控制器，而把设备控制器中的记录的设备状态，I/O 操作完成情况等返回给请求 I/O 的任务。驱动程序与外部设备的特性紧密相关。因此，对于不同的设备，应提供不同的驱动程序，并且部分驱动程序要用汇编语言编写。驱动程序还与 I/O 控制方式紧密相关，常用的 I/O 控制有轮询、中断、DMA，I/O 控制方式不同，驱动程序也不相同。

9.4.2 S3C2410 的 UART

S3C2410 内部具有三个独立的 UART 控制器，每个控制器都可以工作在 Interrupt(中断)模式或 DMA(直接内存访问)模式中，也就是说 UART 控制器可以在 CPU 与 UART 控制器传送数据的时候产生中断或 DMA 请求。并且每个 UART 均具有 16 字节的 FIFO(先入先出寄存器)，支持的最高波特率可达到 230.4Kbps。

S3C2410 的 UART 还支持可编程波特率、红外收发，1 或 2 位停止位，5 位、6 位、7 位或 8 位的数据宽度及奇偶校验位。每个 UART 包括一个如图 9.4 所示的波特率发生器、数据发送器、数据接收器及控制单元，具有以下特点：

➢ 基于中断或 DMA 操作的 RxD0、TxD0、RxD1、TxD1、RxD2 和 TxD2；
➢ 包括 IrDA 1.0 和 16 字节 FIFO 的 UART 通道 0、1、2；
➢ 包括 nRTS0、nCTS0、nRTS1 和 nCTS1 的 UART 通道；
➢ 支持握手方式的接收和发送。

内部数据通过并行总线到达发送单元后，进入 FIFO 队列，然后再通过发送移相器的发送引脚发送出去。S3C2410 的 UART 发送和接收电平是 TTL 电平，使用中还需要通过 MAX232 等类似芯片进行转换获得 RS-232 电平。接收数据时，外部输入由接收引脚进入接收移相器，经过转换后进入接收 FIFO 队列中，最后到达数据总线。

UART 线控制寄存器，包括 ULCON0、ULCON1 和 ULCON2。主要用来选择每帧的数据位位数、停止位位数、奇偶校验模式及是否使用红外模式。

UART 控制寄存器，包括 UCON0、UCON1 和 UCON2，主要用来选择时钟、接收和发送中断类型(电平触发还是脉冲触发)、接收超时使能、接收错误状态中断使能、回环模式、发送接收模式等。

UART 错误状态寄存器，包括 UERSTAT0、UERSTAT1 和 UERSTAT2，状态寄存器的相关位表明是否有帧错误或者溢出错误发生。

UART 波特率因子寄存器，包括 UBRDIV0、UBRDIV1 和 UBRDIV2，存储在波特率因子寄存器中的值决定 UART 发送和接收的波特率，计算公式如下：

$$UBRDIVn=(int)(PCLK / (bps * 16))-1$$

或

$$UBRDIVn=(int)(UCLK / (bps * 16))-1$$

例如，如果波特率是 115200，PCLK 或 UCLK 是 40MHz，则

$$UBRDIVn = (int)(40000000/(115200 * 16))-1=(int)(21.7)-1=20$$

UART 的操作分为数据发送、数据接收、产生中断、产生波特率、Loopback 模式、红外模式以及自动流控模式几个部分。

9.4.3 UART 驱动程序设计

编写驱动程序控制硬件，实际上就是按照硬件手册的要求，编写程序对设备的命令寄存器、状态寄存器和数据寄存器进行操作。当要对设备进行操作时，首先向命令寄存器中写入控制命令字，然后查询状态寄存器的值，根据状态寄存器的值确定设备是否准备好，是否完成了相应的操作。如果设备已经完成命令控制字所要求的操作，则可以向数据寄存器写入要发送的数据或者从数据寄存器读出硬件设备中的数据。

对于基于 ARM9 内核的 S3C2410 来说，在 CPU 内核的基础上集成了大量的外设。外部设备寄存器和内存统一编址，对于外设寄存器的读写和对内存的读写完全一样。因此，在编写驱动程序时，首先使用宏定义把外设寄存器的地址用一个宏来表示，在驱动程序中使用第 5 章讲过的直接读写内存的方法对寄存器进行读写即可。当然，对于寄存器的操作要参考 S3C2410 的手册，以此确定写入命令寄存器的命令字，以及从状态寄存器读出的状态字的含义。下面是一个示意性的 S3C2410 的 UART 驱动程序。

```
/*UART 寄存器定义*/
#define rULCON0  (*(volatile unsigned *)0x50000000) //UART 0 Line control
#define rUCON0   (*(volatile unsigned *)0x50000004) //UART 0 Control
#define rUFCON0 (*(volatile unsigned *)0x50000008) //UART 0 FIFO control
```

```
#define rUMCON0 (*(volatile unsigned *)0x5000000c) //UART 0 Modem control
#define rUTRSTAT0 (*(volatile unsigned *)0x50000010) //UART 0 Tx/Rx status
#define rUERSTAT0 (*(volatile unsigned *)0x50000014) //UART 0 Rx error status
#define rUFSTAT0  *(volatile unsigned *)0x50000018) //UART 0 FIFO status
#define rUMSTAT0 (*(volatile unsigned *)0x5000001c) //UART 0 Modem status
#define rUBRDIV0 (*(volatile unsigned *)0x50000028) //UART 0 Baud rate divisor

#define rULCON1  (*(volatile unsigned *)0x50004000) //UART 1 Line control
#define rUCON1   (*(volatile unsigned *)0x50004004) //UART 1 Control
#define rUFCON1  (*(volatile unsigned *)0x50004008) //UART 1 FIFO control
#define rUMCON1 (*(volatile unsigned *)0x5000400c) //UART 1 Modem control
#define rUTRSTAT1 (*(volatile unsigned *)0x50004010) //UART 1 Tx/Rx status
#define rUERSTAT1 (*(volatile unsigned *)0x50004014) //UART 1 Rx error status
#define rUFSTAT1 (*(volatile unsigned *)0x50004018) //UART 1 FIFO status
#define rUMSTAT1 (*(volatile unsigned *)0x5000401c) //UART 1 Modem status
#define rUBRDIV1 (*(volatile unsigned *)0x50004028) //UART 1 Baud rate divisor

#define rULCON2  (*(volatile unsigned *)0x50008000) //UART 2 Line control
#define rUCON2   (*(volatile unsigned *)0x50008004) //UART 2 Control
#define rUFCON2  (*(volatile unsigned *)0x50008008) //UART 2 FIFO control
#define rUMCON2 (*(volatile unsigned *)0x5000800c) //UART 2 Modem control
#define rUTRSTAT2 (*(volatile unsigned *)0x50008010) //UART 2 Tx/Rx status
#define rUERSTAT2 (*(volatile unsigned *)0x50008014) //UART 2 Rx error status
#define rUFSTAT2 (*(volatile unsigned *)0x50008018) //UART 2 FIFO status
#define rUMSTAT2 (*(volatile unsigned *)0x5000801c) //UART 2 Modem status
#define rUBRDIV2 (*(volatile unsigned *)0x50008028) //UART 2 Baud rate divisor

#define rUTXH0 (*(volatile unsigned char *)0x50000020) //UART 0 Transmission Hold
#define rURXH0 (*(volatile unsigned char *)0x50000024) //UART 0 Receive buffer
#define rUTXH1 (*(volatile unsigned char *)0x50004020) //UART 1 Transmission
 Hold
#define rURXH1 (*(volatile unsigned char *)0x50004024) //UART 1 Receive buffer
#define rUTXH2 (*(volatile unsigned char *)0x50008020) //UART 2 Transmission
 Hold
#define rURXH2 (*(volatile unsigned char *)0x50008024) //UART 2 Receive buffer

#define WrUTXH0(ch) (*(volatile unsigned char *)0x50000020)=(unsigned
 char)(ch)
#define RdURXH0()  (*(volatile unsigned char *)0x50000024)
#define WrUTXH1(ch) (*(volatile unsigned char *)0x50004020)=(unsigned
 char)(ch)
#define RdURXH1()  (*(volatile unsigned char *)0x50004024)
```

```
#define WrUTXH2(ch) (*(volatile unsigned char *)0x50008020)=(unsigned
 char)(ch)
#define RdURXH2()   (*(volatile unsigned char *)0x50008024)

#define UTXH0       (0x50000020)     //Byte_access address by DMA
#define URXH0       (0x50000024)
#define UTXH1       (0x50004020)
#define URXH1       (0x50004024)
#define UTXH2       (0x50008020)
#define URXH2       (0x50008024)


/*UART 初始化*/
void Uart_Init(int pclk,int baud)
{
    int i;

    if(pclk == 0)
    pclk   = PCLK;
    rUFCON0 = 0x0;  //UART channel 0 FIFO control register, FIFO disable
    rUFCON1 = 0x0;  //UART channel 1 FIFO control register, FIFO disable
    rUFCON2 = 0x0;  //UART channel 2 FIFO control register, FIFO disable
    rUMCON0 = 0x0;  //UART chaneel 0 MODEM control register, AFC disable
    rUMCON1 = 0x0;  //UART chaneel 1 MODEM control register, AFC disable

    /* 串口 0 */
    rULCON0 = 0x3;  //Line control register : Normal,No parity,1 stop,8 bits

    rUCON0  = 0x245;                        // Control register
    rUBRDIV0=( (int)(pclk/16./baud) -1 );  //Baud rate divisior register 0

    /* 串口 1 */
    rULCON1 = 0x3;
    rUCON1  = 0x245;
    rUBRDIV1=( (int)(pclk/16./baud) -1 );

    /* 串口 2 */
    rULCON2 = 0x3;
    rUCON2  = 0x245;
    rUBRDIV2=( (int)(pclk/16./baud) -1 );

    for(i=0;i<100;i++);
}
```

```
    /*用查询方式从串口接收一个字符*/
char Uart_Getch(void)
{
    if(whichUart==0)
    {
        while(!(rUTRSTAT0 & 0x1)); //Receive data ready
        return RdURXH0();
    }
    else if(whichUart==1)
    {
        while(!(rUTRSTAT1 & 0x1));          //Receive data ready
        return RdURXH1();
    }
    else if(whichUart==2)
    {
        while(!(rUTRSTAT2 & 0x1));          //Receive data ready
        return RdURXH2();
    }
}
/*发送一个字符*/
void Uart_SendByte(int data)
{
    if(whichUart==0)
    {
        if(data=='\n')
        {
            while(!(rUTRSTAT0 & 0x2));
            WrUTXH0('\r');
        }
        while(!(rUTRSTAT0 & 0x2));          //Wait until THR is empty.
        WrUTXH0(data);
    }
    else if(whichUart==1)
    {
        if(data=='\n')
        {
            while(!(rUTRSTAT1 & 0x2));
            rUTXH1 = '\r';
        }
        while(!(rUTRSTAT1 & 0x2));          //Wait until THR is empty.
        rUTXH1 = data;
```

```
    }
    else if(whichUart==2)
    {
        if(data=='\n')
        {
            while(!(rUTRSTAT2 & 0x2));
            rUTXH2 = '\r';
        }
        while(!(rUTRSTAT2 & 0x2));          //Wait until THR is empty.
            rUTXH2 = data;
    }
}
```

本 章 小 结

本章首先给出了一个完整的嵌入式操作系统的架构，分析了 RTOS 各个组成部分的功能和特点；然后在基于 μC/OS-II 内核的基础上，介绍了嵌入式文件系统 μC/FS 的特点，μC/FS 和内核的整合及使用方法；嵌入式图形用户接口 μC/GUI 的特点，μC/GUI 和内核的整合及使用方法；最后以 S3C2410 的 UART 为例，介绍了驱动程序的编写方法。

(1) 基于 μC/OS-II 的软件体系结构：指出了 μC/OS-II 仅仅是一个内核，要构成一个完整的 RTOS，还需要在 μC/OS-II 内核的基础上进行扩展。介绍了驱动程序、文件系统、GUI 等系统软件，中间件的基本概念。

(2) 嵌入式文件系统：介绍了 μC/FS 的特点，讲解了把 μC/FS 和 μC/OS-II 内核整合以及对 μC/FS 进行配置的方法，给出了 μC/FS 的使用方法。

(3) 嵌入式图形用户界面：介绍了 μC/GUI 的特点，使用 μC/GUI 前的准备工作，讲解了把 μC/GUI 和内核的整合及对 μC/GUI 进行配置的方法，给出了在 μC/GUI 范例程序的基础上，修改程序使用 μC/GUI 的方法。

(4) 嵌入式设备驱动程序：讲解了驱动程序的基本概念，介绍了 S3C2410 处理器的 UART 接口寄存器，给出了通过对接口寄存器进行读写编写设备驱动程序的方法。

 阅读材料

常用嵌入式 GUI

比较常用的嵌入式 GUI 有如下几种：μC/GUI、MiniGUI、MicroWindows、OpenGUI、QT/Embedded 及紧缩的 X Window 系统等。下面简单介绍这些系统。

1. μC/GUI

μC/GUI 由 Micrium 公司开发，属于 μC/OS 产品系列，是一种用于嵌入式应用的图形支持软件。它被设计成用于为使用任何一个图形 LCD 的应用提供一个有效的不依赖于处理器和 LCD 控制器的 GUI。它能工作于单任务或多任务的系统环境下。μC/GUI 适用于使用任何 LCD 控制和 CPU 的任何尺寸的物理和虚拟显示。它的设计是模块化的，由在不同的模块中的不同的层组成。一个层称做 LCD，包含了对 LCD 的全部访问。μC/GUI 适用于所有的 CPU，因为它是用 100% 的 ANSI C 语言编写的。

μC/GUI 很适合大多数的使用黑色/白色和彩色 LCD 的应用程序。它有一个很好的颜色管理器，允许它处理灰阶。μC/GUI 也提供一个可扩展的 2D 图形库和一个视窗管理器，在使用一个最小的 RAM 时能支持显示窗口。

2. MiniGUI

MiniGUI 由原清华大学教师魏永明开发，是一种面向嵌入式系统的图形用户界面支持系统。它主要运行于 Linux 控制台，实际上可以运行在任何一种具有 POSIX 线程支持的 POSIX 兼容系统上。MiniGUI 同时也是国内最早出现的几个自由软件项目之一。

3. MicroWindows

MicroWindows 是一个著名的开放源码的嵌入式 GUI 软件。MicroWindows 提供了现代图形窗口系统的一些特性。MicroWindows API 接口支持类 Win32 API，接口试图和 Win32 完全兼容。它还实现了一些 Win32 用户模块功能。MicroWindows 采用分层设计方法，以便不同的层面能够在需要的时候改写，基本上用 C 语言实现。MicroWindows 已经支持 Intel 16 位和 32 位 CPU、MIPS R4000 以及 ARM 芯片；但作为一个窗口系统，该项目提供的窗口处理功能还需要进一步完善，例如，控件或构件的实现还很不完备，键盘和鼠标等的驱动还很不完善。

4. OpenGUI

OpenGUI 在 Linux 系统上已经存在很长时间。这个库是用 C++编写的，只提供 C++接口。OpenGUI 基于一个用汇编实现的 x86 图形内核，提供了一个高层的 C/C++图形/窗口接口。OpenGUI 提供了二维绘图原语、消息驱动的 API 及 BMP 文件格式支持。OpenGUI 功能强大，使用方便。OpenGUI 支持鼠标和键盘的事件，在 Linux 上基于 Frame buffer 或者 SVGALib 实现绘图。由于其基于汇编实现的内核并利用 MMX 指令进行了优化，OpenGUI 运行速度非常快。正由于其内核用汇编实现，可移植性受到了影响。通常在驱动程序一级，性能和可移植性是矛盾的，必须找到一个折中。

5. QT/Embedded

QT/Embedded 是著名的 QT 库开发商 Trolltech 的面向嵌入式系统的 QT 版本。这个版本的主要特点是可移植性较好，许多基于 QT 的 X Window 程序可以非常方便地移植到嵌入式系统；但是该系统不是开放源码的，如果使用这个库，可能需要支付昂贵的授权费用。

习　题

一、判断题

1. 嵌入式文件系统 μC/FS 只能用在 μC/OS-II 内核上。　　　　　　　　　（　　）

2. μC/GUI 支持多种 8 位，16 位，32 位 CPU。　　　　　　　　　　　（　　）

二、简答题

1. 简述一个完整的嵌入式操作系统的组成。

2. μC/FS 如何和 μC/OS-II 内核整合？整合后如何针对具体系统进行配置？

3. μC/GUI 如何和 μC/OS-II 内核整合？整合后如何针对具体系统进行配置？

4. 什么是驱动程序？驱动程序的功能是什么？

第 **10** 章
嵌入式系统的应用开发实例

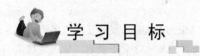

学 习 目 标

了解嵌入式系统开发流程;
了解工业控制器的基本构成;
熟悉嵌入式系统开发的基本流程;
熟悉工业控制器的简单应用。

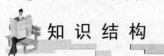

知 识 结 构

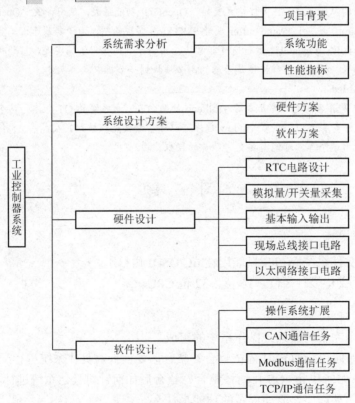

图 10.1　嵌入式系统硬件平台知识结构图

本章以本书涉及的嵌入式系统基本理论为基础，介绍应用于充换电站系统的工业控制器的设计过程。首先进行需求分析，得到系统的功能描述，然后提出系统的硬件、软件设计方案，接着进行硬件模块设计、软件模块设计，最后经过调试后完成系统工业控制器的设计。

10.1　嵌入式系统开发流程

按照常规的工程设计方法，嵌入式系统的设计可以分成三个阶段：分析、设计和实现。分析阶段是确定要解决的问题及需要完成的目标，也常常被称为需求阶段；设计阶段主要是解决如何在给定的约束条件下完成用户的要求；实现阶段主要是解决如何在所选择的硬件和软件基础上进行整个软、硬件系统的协调实现。在分析阶段结束后，开发者通常面临的一个棘手的问题就是硬件平台和软件平台的选择，因为它的好坏直接影响实现阶段任务的完成。

通常，硬件和软件的选择包括处理器、硬件部件、操作系统、编程语言、软件开发工具、硬件调试工具、软件组件等。在上述选择中，处理器往往是最重要的，操作系统和编程语言也是非常关键的。处理器的选择常常会限制操作系统的选择，操作系统的选择又会限制开发工具的选择。

当前，嵌入式开发已经逐步规范化，在遵循一般工程开发流程的基础上，嵌入式开发有其自身的一些特点，如图 10.2 所示为嵌入式系统开发的一般流程。主要包括系统需求分析、体系结构设计、软硬件及机械系统设计、系统集成、系统测试，最后得到最终产品。

1. 系统需求分析

确定设计任务和设计目标，并提炼出设计规格说明书，作为正式设计指导和验收的标准。系统的需求一般分为功能性需求和非功能性需求两方面。功能性需求是系统的基本功能，如输入输出信号、操作方式等；非功能需求包括系统性能、成本、功耗、体积、质量等因素。

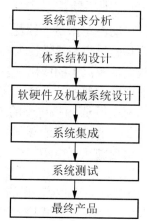

图 10.2　嵌入式系统开发流程图

2. 体系结构设计

描述系统如何实现所述的功能需求和非功能需求，包括对硬件、软件和执行装置的功能划分，以及系统的软件、硬件选型等。一个好的体系结构是设计成功与否的关键。

3. 硬件、软件协同设计

基于体系结构，对系统的软件、硬件进行详细设计。为了缩短产品开发周期，设计往往是并行的。嵌入式系统设计的工作大部分都集中在软件设计上，采用面向对象技术、软件组件技术、模块化设计是现代软件工程经常采用的方法。

4. 系统集成

把系统的软件、硬件和执行装置集成在一起，进行调试，发现并改进单元设计过程中的错误。

5. 系统测试

对设计好的系统进行测试，看其是否满足规格说明书中给定的功能要求。

图 10.2 所示只是嵌入式系统设计过程的一个大概流程，在实际的系统开发过程中，有一些重要因素是必需要考虑的，包括功耗、性能(速度与精度达到要求)、成本、用户界面。

另外，还必须考虑在系统设计的每一步骤中所要完成的任务，在设计过程的每一步骤中再添加以下细节：

> 必须在设计的每一个阶段对设计进行分析，以决定如何才能满足规格说明要求；
> 必须不断地细化设计、添加细节；
> 必须不断地核实设计，保证它依然满足所有的系统目标，如成本、速度、精度等。

10.2 工业控制器概述

10.2.1 项目背景

电动汽车作为一种发展前景广阔的绿色交通工具，今后的普及速度会异常迅猛，未来的市场前景也是异常巨大的。在全球能源危机和环境危机严重的大背景下，我国政府积极推进新能源汽车的应用与发展，充/换电站作为发展电动汽车所必需的重要配套基础设施，具有非常重要的社会效益和经济效益。

充电柜是充/换电站的重要组成部分。一部充电柜由 12 台充电机、若干检测设备和一台基于工业控制器的管理系统组成。如图 10.3 所示，虚线框内即是充电柜的构成。充电机用于对电池箱充电(属强电部分，在图中未将连接画出)，它通过 CAN 总线与工业控制器相连，以接受控制命令并反馈相关信息。电池箱的电池管理系统(Binary Management System, BMS)模块与工业控制器的另一路 CAN 总线相连，以报告电池箱的温度等信息。相电检测模块以开关量的形式接入工业控制器，工业控制器在数据口检测或控制相电的通断情况；另外，工业控制器通过模拟量输入口检测机柜风扇电压，以判断机柜风扇的运转状况。充电柜的参数可通过一块触摸屏来集中配置，充电柜的工业控制器通过 RS-485 总线与触摸屏连接，两者基于 Modbus 协议进行通信，一块触摸屏可以配置多台充电柜。充电柜的总体运行信息通过工业控制器的以太网口向充/换电站系统发送，同时，充/换电站系统的控制指令也通过该接口发布。

本章的工业控制器主要针对充/换电站系统中充电柜的控制部分而开发设计。需要顺应工业控制系统集成化、网络化、微型化、智能化、数字化、模块化、信息化的发展方向，实现丰富的协议接口，便于数据采集与实时控制。使用 ARM 芯片取代传统的 8/16 位单片机作为工业控制器的核心。这样不仅可以利用 ARM 芯片丰富的片内、片外资源简化系统硬件结构，而且更为方便的是可以通过运行嵌入式操作系统来实现接口协议，减小实际应用的开发难度，便于向高端系统应用升级。

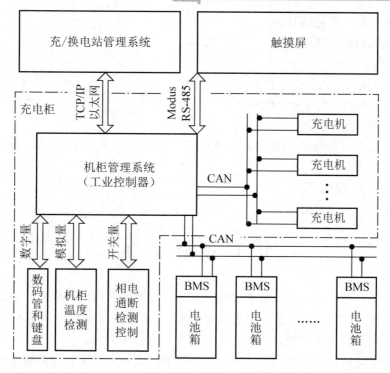

图 10.3　充电柜结构示意图

10.2.2　功能描述

充电机柜的机柜管理系统(工业控制器)表现为一个智能控制节点，负责对本充电机柜内的各个充电机及检测设备进行管理，并与触摸屏、充/换电站管理系统进行命令和数据交互。主要功能如下。

(1) 显示功能
➤　指示与充/换电站管理系统的通信状态；
➤　指示与触摸屏的通信状态；
➤　指示充电机柜中每个充电机的工作状态：待机、充电、充满；
➤　显示充电机的运行参数：输出电压、输出电流等；
➤　显示充电时电池箱内电池的状态：温度、每节电池的电压等；
➤　显示已充电时间；
➤　显示正负母线之间的电阻。

(2) 控制功能
➤　控制每台充电机的启动和停止；
➤　提供现场的手动控制操作功能，控制每台充电机的启动和停止；
➤　控制机柜内温控系统、报警指示灯的启动和停止等；
➤　动态调整充电机的充电参数、自动完成充电过程的功能。

(3) 状态监测
➤　监测每台充电机的工作状态；

> ➤ 监测机柜风扇运转状态；
> ➤ 监测相电通断状态。

(4) 通信功能

> ➤ 通过 CAN 总线与电池箱的 BMS 通信；
> ➤ 通过 CAN 总线与充电机通信；
> ➤ 通过 RS-485 与触摸屏通信；
> ➤ 通过以太网与充/换电站管理系统通信。

(5) 设置功能

> ➤ 充电柜 IP 地址设置；
> ➤ 充电机工作参数设置。

10.3　设　计　方　案

　　充电柜中的工业控制器功能复杂、接口丰富，涉及的通信协议众多。设计时要求硬件具有较强的数据处理能力，支持扩展多种通信接口；而软件应具有较高的可靠性、稳定性，能够充分利用硬件资源的潜能，同时，软件开发周期尽可能短。

　　本节从硬件、软件两方面设计工业控制器方案。硬件方案主要规划硬件模块，软件方案侧重于软件架构。

10.3.1　硬件方案

　　正如前文所述，S3C2410X 具有 ARM920T 内核，处理能力强大，芯片包含多种片内外设，可与多种接口无缝对接，满足工业控制器接口丰富、可扩展性强的要求，因此，本章选用 S3C2410X 作为工业控制器的主处理器芯片，并以该芯片为核心扩展外围模块，构建面向充电柜的工业控制器系统。

　　工业控制器的硬件方案如图 10.4 所示，硬件主要包括 S3C2410 核心处理器、串口、RS485 通信口、CAN 通信口、以太网口、数字量输入/输出、模拟量输入/输出、LCD、按键、存储器、JTAG、实时时钟 RTC、震荡电路、电源以及复位电路等。

　　电源模块负责为其余模块供电。ARM 处理器负责调度整个系统的运行，包括接受操作者输入、管理系统参数、监控系统运行等。LCD 模块负责显示各种运动参数。键盘控制模块负责检测并获取被按下的按键值。存储器模块负责管理操作者编写的程序存储。I/O接口模块提供 AI、AO、DI、DO 接口，可以连接数字外设及测量模拟量。

　　S3C2410 没有专门的以太网控制器，但要实现控制通信功能扩展网络模块是必不可少的，可以通过专用的以太网芯片实现工业控制器的以太网口。RS-485 是为连接支持Modbus 协议的设备预留的通信接口，S3C2410 可以支持三个 UART，可以将其中之一转换成 RS485 接口。CAN 通信协议在工业控制网络中被广泛采用，本设计中需要两路 CAN通信接口，因此需要专用 CAN 协议芯片扩展该接口。

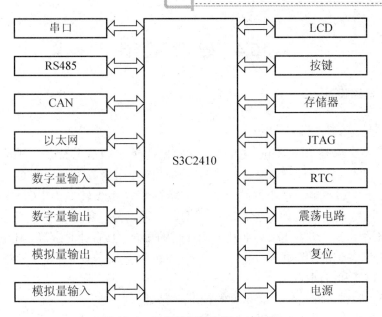

图 10.4　工业控制器硬件方案框图

10.3.2　软件方案

　　既能有效管理复杂的硬件系统资源，又能把硬件虚拟化，使得开发人员从繁忙的驱动程序移植和维护中解脱出来，开发可靠的应用程序，那么采用嵌入式操作系统是必要的。这里，选用 μC/OS-II 作为工业控制器嵌入式操作系统，它完成任务调度、任务管理、时间管理和任务间的通信等基本功能，并以此为基础扩展其他软件模块。

　　如图 10.5 所示，机柜管理系统工业控制器的软件系统分为系统软件、应用软件两个层次，其中，系统软件层又分为驱动程序层、操作系统层、通信协议层。

　　驱动程序是软硬件协调的交点，也是任何嵌入式系统中最重要的组成部分之一，底层驱动程序的可靠性直接影响到系统的运行效率和稳定性。这里 CAN 驱动程序、以太网驱动程序主要实现芯片的初始化以及数据收发功能，为上层程序提供函数调用。

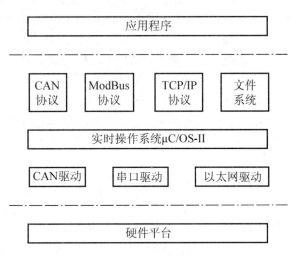

图 10.5　工业控制器软件结构示意图

　　通信协议层是工业控制器的重要组成部分。因为专用通信芯片往往仅实现通信协议的物理层和数据链路层，高层协议需要用软件实现，所以它承担着实现协议规范，并向应用程序提供函数接口的任务。

10.4　硬　件　设　计

10.4.1　RTC 电路设计

1. RTC 电路功能

RTC 的英文全称是 Real-Time Clock，即实时时钟。RTC 芯片是一种能提供日历/时钟(世纪、年、月、时、分、秒)及数据存储等功能的专用集成电路。RTC 电路能够在系统断电的情况下由后备电池供电继续工作，它能将 8 位数据转换为 BCD 码的格式传送给主处理器，这些数据包括秒、分、时、日期、星期、月、年。

RTC 电路适用于一切需要微功耗及准确计时的场合，具有计时准确、耗电低、体积小、价格便宜的特点，通常用作如下功能：

➢　跟踪日期和时间；

➢　报警、闹钟、看门狗、高精度的校准寄存器；

➢　在待机状态下，作为逻辑电路的主时钟；

➢　信号时钟源和参数设置存储电路。

在本章工业控制器中，RTC 电路主要用于提供准确的系统时间，作为数据通信以及控制决策的依据。

2. 电路设计

S3C2410 芯片内部自带 RTC 模块，其内部结构如图 10.6 所示。其中，XTIrtc 引脚与 XTOrtc 引脚是连接外部晶振的两个引脚，如图 10.7 所示，它们连接 32.768kHz 的晶振，为 RTC 内部提供频率输入；2^{15} 时钟分频器负责对从晶振外部输入的信号进行分频，分频精度为 2^{15}。时钟滴答发生器产生时钟滴答，可以引起中断，时钟滴答的周期可通过 TICNT 寄存器进行设置，该寄存器中有中断使能位和计数数值 N(N 的取值范围是 1～127)，时钟滴答的周期按照式周期=$(N+1)/128$ 秒计算。闰年发生器按照从日、月、年得来的 BCD 数据决定一个月的最后一天是 28、29、30 还是 31 号(也就是计算是否是闰年)。报警发生器可以根据具体的时间决定是否报警。控制寄存器控制读/写 BCD 寄存器的使能、时钟复位、时钟选择等。重置寄存器可以选择"秒"对"分"进位的边界，提供三个可选边界：30 秒、40 秒或者 50 秒。

RTC 最重要的功能就是显示时间。在掉电模式下，RTC 依然能够正常工作，此时，RTC 模块通过外部的电池工作。电池一般选用能够提供 1.8V 电压的银芯电池，电池与专用于 RTC 电源的引脚 RTCVDD 连接。RTC 时间显示功能是通过读/写寄存器实现的。要显示秒、分、时、日期、月、年，CPU 必须读取存于 BCDSEC、BCDMIN、BCDHOUR、BCDDAY、BCDDATE、BCDMON 与 BCDYEAR 寄存器中的值。时间的设置是通过写以上的寄存器实现的，即以上寄存器是可读可写的。

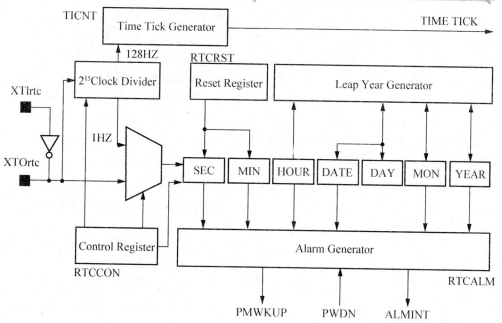

图 10.6 S3C2410 的 RTC 模块结构框图

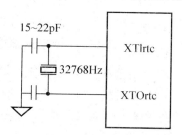

图 10.7 RTC 晶振连接电路

10.4.2 模拟量输入接口

1. 功能描述

充电柜中有多台充电机同时工作，电子器件产生热量。为确保及时散热，需要检测充电柜内温度，必要时启动风扇。温度传感器输出的温度值是用电压表示的模拟信号，该信号通过模拟量输入口送入工业控制器，由工业控制器处理、决策。

2. 接口设计

图 10.8 是温度采集电路框图，温度传感器产生温度模拟量，经信号调理电路后，送入 S3C2410 处理器的 A/D 接口，由 S3C2410 处理采样值后得到温度值。

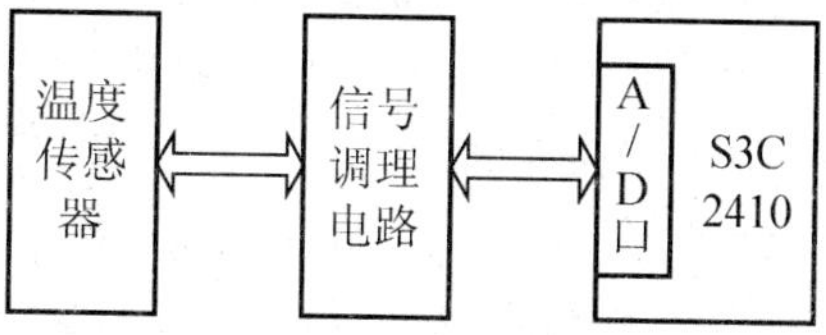

图 10.8 温度采集电路框图

这里采用的温度传感器是 National Semi-conductor 所生产的 LM35。测量范围为-55～+150℃，其输出电压与摄氏温标呈线性关系，比例因数是 10mV/℃。在常温下，LM35 不需要额外的校准处理即可达到 1/4℃的准确率。其电源供应模式有单电源与正负电源两种：正负双电源的供电模式能够提供负温度的测量；单电源模式在 25℃下静止电流约 50μA，工作电压较宽，可在 4～20V 的供电电压范围内正常工作。

S3C2410 具有 8 通道模拟输入的 10 位 CMOS A/D 转换器，它可将输入的模拟信号转换为 10 位二进制代码，在 A/D 转换器时钟下，最大转化速率可达 500KSPS(kilo samples per secona)，最大工作时钟为 2.5MHz。

S3C2410 的 A/D 接口的转换精度近似±3.3mV，相对于 LM35 的10mV/℃电压温度比例因数，A/D 转换后至少可以达到 1℃的准确度，满足本设计要求的对充电柜温度的粗略测量，信号调理电路使用电压跟随器即可，没必要对信号放大。另外，本设计温度测量的主要目的是决策是否启动以及启动多少风扇，根据实际情况，不需要测量负温度，因此，LM35 电源供应方式选择单电源模式即可，供电电压选择 5V。

根据上述分析与芯片选型，设计温度采集电路如图 10.9 所示，LM35 的模拟电压输出经电压跟随器后，输入到 S3C2410 的模拟量采集接口，由内部 A/D 转换器将模拟量转变成数字量，然后根据温度值做出风扇控制决策。

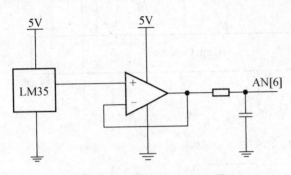

图 10.9　温度采集电路原理图

注：在某些特殊应用中，S3C2410 自带的 A/D 转换器不能满足需求时，可以选用其他独立的 A/D 转换器，如选用 MAX521 芯片。MAX521 是 MAXIM 公司生产的单电源、低功耗、16 位、单/双极性转换的高精度串行逐次逼近型 A/D 转换器。其内部带有跟踪/保持及校准电路，可使用内部或外部参考电压及时钟。MAX521 应用于工业过程控制、数据采集系统、便携式数据记录、医疗或掌上设备以及系统检测等领域，MAX521 可以进行 8 路的模拟转换，同时性价比较高。

10.4.3　开关量输入/输出接口

1. 接口分类与功能

开关量输入信号可以分为"电压型开关量信号"和"无源触点型开关量信号"。电压型开关量信号一般为传感器的输出信号，无源触点型信号一般为继电器的输出、按钮开关输出等。根据输入信号与输入电路是否共地，可分为"非隔离输入"和"隔离输入"两种方式。在设计开关量输入电路时，必须根据外部输入信号的类型选用合适的电路，例如，输入信号的电压等级，输入信号的高低电平的范围，是否为无源开关信号等。在非隔离型输入电路中增加光耦隔离器件就可以实现信号的隔离输入。

对于现场所需要的开关量信号，也具有多种电压等级，这就需要通过不同的输出驱动电路来实现。同时采用不同的输出器件可以使开关量输出信号具有不同的输出形式，如晶体管输出，继电器输出、光电隔离晶体管输出、双向可控硅输出等。根据输出信号与输出电路是否需要共地，可分为"非隔离输出"和"隔离输出"两种方式。在非隔离型输出电路中增加光耦隔离器件就可以实现信号的隔离输出。无源触点型的输出信号可以通过电磁继电器实现，它是一种最常用的能够提供触点开关的器件，是通过控制线圈的电流来完成机械开关的切换。

因工业要求，本设计中的充电柜需要使用三相电工作，所以工业控制器需要检测三相电 A、B、C 的合分状态，并控制三相电 A、B、C 的分合。电源控制板与工业控制器板工作在不同电压下，因此，检测三相电的合分状态需采用数字量"隔离输入"方式，同样，三相电的合分状态控制则采用数字量"隔离输出"方式。

2．接口设计

图 10.10 是 A 相合分状态检测开关量输入电路。S3C2410 通过引脚 U10 的状态获得 A 相的合分情况。电源控制板工作电压 24V，而工业控制器板工作电压只有 3.3V，因此采用 TLP181 元件隔离输入，当 A 合端为闭合时，经光电耦合器件作用，U10 引脚为高电平，反之为低电平，TLP181 可以隔离 3750V 电压，可以使 S3C2410 采集不同电压的开关量输入。开关量输出与开关量输入电路类似，也是通过光电隔离实现的。

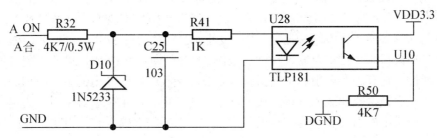

图 10.10　A 相合分状态检测开关量输入电路

10.4.4　CAN 接口

1．模块功能描述

充电机和电池箱的 BMS 都具有 CAN 总线接口，并通过该接口与充电柜的工业控制器进行信息交换。因此，工业控制器需要具备两路 CAN 接口。

选择 CAN 作为重要模块间信息交互接口，是因为 CAN 在实际的控制系统中应用广泛，具有诸多优秀特点，例如，CAN 是一种多主方式的串行通信总线，有高的位速率，高抗电磁干扰性，而且能够检测出任何产生的错误；当信号传输距离达到 10km 时，CAN 仍可提供高达 50kbps 的数据传输速率；在自动化电子领域的汽车发动机控制部件、传感器、抗滑系统等应用中，CAN 的位速率可高达 1Mbps；CAN 总线允许多站点同时发送，既保证了信息处理的实时性，又使得 CAN 总线网络可以构成多主结构的系统，保证了系统的可靠性。另外，CAN 采用短帧结构，且每帧信息都有校验及其他检错措施，保证了数据的实时性、低传输出错率。

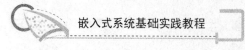

2. CAN 接口设计

S3C2410 芯片不带 CAN 控制器，实现 CAN 接口需要处理器芯片和 CAN 控制器芯片进行组合设计。为实现总线上 CAN 节点之间的电器隔离，CAN 控制器芯片与 CAN 总线之间要有收发隔离装置，这里选用 CTM1050 作为隔离模块。

CTM1050 是一款高速隔离型收发驱动模块，该模块内部集成光电隔离模块、CAN 收发控制驱动模块及电源管理模块，在保证高速收发控制的同时具有 2500VDC 的隔离功能与 EDS 保护功能，使网络系统具有更高的可靠性与电器安全性。

CAN 控制器采用 MCP2510 芯片。MCP2510 是一款独立 CAN 控制器，是为简化连接CAN 总线的应用而开发的。如图 10.11 所示，MCP2510 主要由如下三个部分组成：

1) CAN 协议引擎；

2) 用来为器件及其运行进行配置的控制逻辑和 SRAM 寄存器；

3) SPI 协议模块。

CAN 协议引擎的功能是处理所有总线上的报文发送和接收。报文发送时，首先将报文装载到正确的报文缓冲器和控制寄存器中。利用控制寄存器位，通过 SPI 接口或使用发送使能引脚均可启动发送操作。通过读取相应的寄存器可以检查通信状态和错误。任何在CAN 总线上侦测到的报文都会进行错误检测，然后与用户定义的滤波器进行匹配，以确定是否将其转移到两个接收缓冲器之一。微处理器芯片通过 SPI 接口与 MCP2510 通信，使用标准 SPI 读写命令对寄存器进行读写操作。另外，MCP2510 所提供的中断引脚提高了系统的灵活性，它有一个多用途中断引脚，以及各接收缓冲器专用的中断引脚，可用于指示有效报文是否被接收和载入各接收缓冲器。是否使用专用中断引脚由用户决定，若不使用，也可用通用中断引脚和状态寄存器(通过 SPI 接口访问)确定有效报文是否已被接收。器件还有三个引脚，用来将装载在三个发送缓冲器之一中的报文立即发送出去。若不使用，也可通过 SPI 接口访问控制寄存器的方式来启动报文发送。

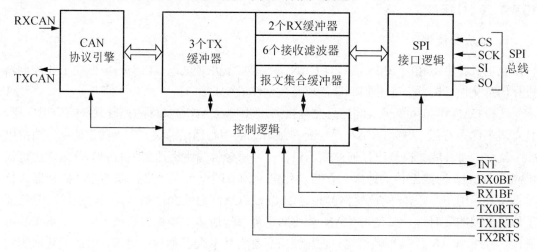

图 10.11　MCP2510 结构框图

S3C2410 芯片集成两路 SPI 接口。通过这两路 SPI 接口分别连接两路 CAN 控制器芯片，构建充电柜所需的两路 CAN 总线。电路原理如图 10.12 所示，S3C2410 通过 SPI 接口与 MCP2510 的 SPI 接口相连，MCP2510 通过 CTM1050 芯片与 CAN 总线隔离。

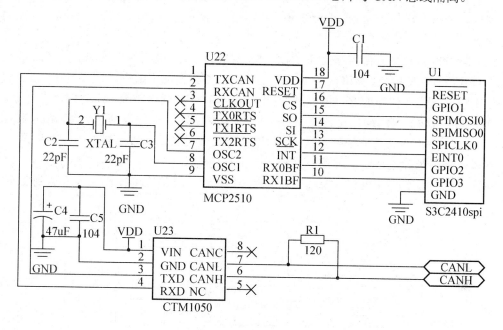

图 10.12　工业控制器 CAN 接口电路图

10.4.5　以太网接口

1. 模块功能描述

以太网在实时操作、可靠传输、标准统一等方面的卓越性能及其便于安装、维护简单、不受通信距离限制等优点，已经被国内外很多监控、控制领域的研究人员广泛关注，并在实际应用中展露出显著的优势。

正因如此，充电柜通过以太网与充/换电站管理机相连，基于 TCP/IP 协议，充/换电站管理系统与多台充电柜通信，采集信息、发布控制命令。

S3C2410 没有专门的以太网控制器，这里采用 DM9000 网络接口芯片扩展 S3C2410 的以太网接口。DM9000 是一个高效的快速以太网控制器，带通用处理器接口，10/100M 自适应的 PHY 和 4K 的双字 SRAM。典型支持电压为 3.3V，可承受 5V 的电压。

DM9000 实现以太网媒体介质访问层(MAC)和物理层(PHY)的功能，包括 MAC 数据帧的组装/拆分与收发、地址识别、CRC 编码/校验、MLT-3 编码器、接收噪声抑制、输出脉冲成形、超时重传、链路完整性测试、信号极性检测与纠正等。

2. 以太网接口设计

如图 10.13 所示，DM9000 可与微处理器以总线方式连接。并可根据需要以单工或全双工等模式运行。在系统上电时，处理器通过总线配置 DM9000 内部网络控制寄存器(NCR)、中断寄存器(ISR)等，完成 DM9000 的初始化。随后 DM9000 进入数据收发等待状态。

当处理器要向以太网发送数据帧时，先将数据打包成 UDP 或 IP 数据包。并通过 8 总线逐字节发送到 DM9000 的数据发送缓存中。然后将数据长度等信息填充到 DM9000 相应寄存器内。随后发送使能命令。DM9000 将缓存的数据和数据帧信息进行 MAC 组帧，并发送出去。

当 DM9000 接收到外部网络送来的以太网数据时，首先检测数据帧的合法性，如果帧头标志有误或存在 CRC 校验错误，则将该帧数据丢弃。否则将数据帧缓存到内部 RAM，并通过中断标志位通知处理器，处理器收到中断后对 DM9000 接收 RAM 的数据进行处理。

DM9000 自动检测网络连接情况。根据网速设置内部的数据收发速率为 10Mbps 或 100 Mbps。同时，DM9000 还能根据 RJ45 接口连接方式改变数据收发引脚的方向，因此无论外部网线是采用对等还是交叉方式。系统均能正常通信。

网卡隔离变压器使用 PE65745，该芯片符合 IEEE802.3 规格要求，耐温指标达到 235℃，具有良好的隔离性和稳定性。

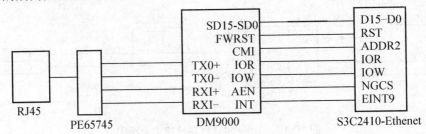

图 10.13　工业控制器以太网接口电路示意图

10.4.6　RS-485 接口

1.　模块功能描述

在工业控制领域，RS-232/485 是常用的计算机与外部串行设备之间进行数据交换的通信接口，它是一种基于差分信号传送的串行通信链路层协议。RS-485 接口具有良好的抗噪声干扰性，长的传输距离和多站能力等优点。同时，由于串行通信具有结构简单、可靠性强、实现及使用成本低、通信标准统一等优点，因此在测控系统和工程中应用十分广泛。

RS-485 接口标准主要用于多站互联。现在许多仪表具有 RS-485 通信接口。RS-485 协议的技术指标为传输速率最大为 10Mbit/s；最大距离为 1200m；高阻抗抗噪声的差分(有补偿线)传送；最高为 32 个节点；单组双绞线电缆上的双向主从通信；并行连接的节点、多工通信。

充电柜工业控制器通过 RS-485 总线接口与触摸屏模块通信。触摸屏为主站，而工业控制器为从站，一台触摸屏可以管理多个工业控制器。下面阐述工业控制器的 RS-485 接口设计。

2.　RS-485 接口设计

选用 RSM3485 芯片，在 S3C2410 异步串行口 UART2 的基础上扩展 RS-485 接口。RSM3485 芯片是周立功公司开发的隔离收发模块，集成电源隔离、电器隔离、RS-485 接口芯片和总线保护器于一身，方便嵌入用户设备，使产品具有连接 RS-485 网络的功能，该芯片采用灌封工艺，具有很好的隔离特性，隔离电压高达 2500V DC。

电路连接非常简单，如图 10.14 所示，RSM3485 的第 3、第 4 引脚分别连接 S3C2410 串口 2 的 TXD 和 RXD，而 RSM3485 的 CON 作用是方向选择，连接 S3C2410 的 GPIO 引脚 L14。RSM3485 的 A、B 引脚连接到 RS-485 总线。

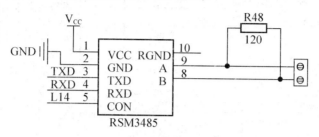

图 10.14　工业控制器 RS-485 接口电路图

10.5　软　件　设　计

根据 12.2 节描述的软件设计方案，将软件分成系统软件和应用软件两个层次，其中系统软件以 μC/OS-II 操作系统为核心，做必要的扩展，应用软件则是为实现一个或多个功能而创建的任务，在操作系统的管理下，各任务协调工作，争用资源，实现用户需求。

10.5.1　工业控制器软件架构

前面章节已经对 μC/OS-II 内核做了较为详尽的分析，该内核为任务管理提供了便利，但是在实际应用中，往往需要系统扩展，即以 μC/OS-II 为核心编写驱动程序、建立系统消息队列、创建具有基本输入/输出功能的系统任务，提供应用需要的 API 函数。

图 10.15 是工业控制器的软件架构，该架构扩展了 μC/OS-II 操作系统，描述了系统内核、驱动程序、API 函数、系统任务、系统消息队列之间的关系，在此基础上建立了用户任务、设计了操作界面。

μC/OS-II 仅是一个实时内核，它只提供了任务管理、任务的通信同步和简单的内存管理三项基本服务，没有对驱动程序做统一的格式要求，这里使用信号量、邮箱等同步互斥机制实现驱动程序。另外将键盘扫描、LCD 显示刷新等作为系统任务，完成基本输入/输出功能。

根据需求分析，本章设计的工业控制器主要完成与充换电站管理系统、触摸屏、充电机、电池箱的通信，并协调处理各方信息。因此，应用程序主要实现用户界面和用户任务，其中，用户任务有 CAN 通信任务 1、CAN 通信任务 2、TCP/IP 通信任务、Modbus 通信任务。

本章以下各节主要围绕用户任务的实现展开论述，各用户任务的核心是通信协议的实现，所以涉及协议特点、数据格式、设计与实现等内容。

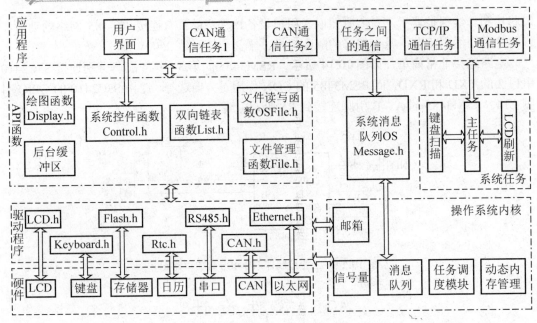

图 10.15　工业控制器软件架构

10.5.2　CAN 通信协议

1. CAN 通信协议特点

控制器局域网(CAN－Controller Area Network)属于现场总线(Fieldbus)的范畴，是现场总线标准之一。它是一种有效支持分布式控制或实时控制的串行通信网络，以其短报文帧及 CSMA/CD-AMP(带有信息优先权及冲突检测的载波监听多路访问)的 MAC(媒介访问控制)方式而在工业自动化领域中得到广泛应用。CAN 具有如下优点：

➢ 较低的成本与极高的总线利用率；
➢ 数据传输距离可长达 10km，传输速率可高达 1Mbps；
➢ 可靠的错误处理和检错机制，发送的信息遭到破坏后可自动重发；
➢ 节点在错误严重的情况下具有自动退出总线的功能；
➢ 报文不包含源地址或目标地址，仅用标志符来指示功能信息和优先级信息。

2. CAN 协议数据格式

CAN 总线以报文为单位进行信息传送，它支持四种不同类型的报文帧，即数据帧、远程帧、超载帧和错误帧，其作用如下。

➢ 数据帧(Data Frame)：数据帧带有应用数据；
➢ 远程帧(Remote Frame)：通过发送远程帧可以向网络请求数据，启动其他资源节点传送它们各自的数据，远程帧包含六个不同的位域，即帧起始、仲裁域、控制域、CRC 域、应答域、帧结尾，其中，仲裁域中的 RTR 位的隐极性表示远程帧；
➢ 错误帧(Error Frame)：错误帧能够报告每个节点的出错，由两个不同的域组成，第一个域是不同站提供的错误标志的叠加，第二个域是错误界定符；

- ➤ 过载帧(Overload Frame)：如果节点的接收尚未准备好就会传送过载帧，由两个不同的域组成，第一个域是过载标志，第二个域是过载界定符。

数据帧由以下七个不同的位域(Bit Field)组成：帧起始、仲裁域、控制域、数据域、CRC域、应答域、帧结尾，其标准帧结构如表 10-1 所示，各域功能如下。

- ➤ 帧起始：标志帧的开始，它由单个显性位构成，在总线空闲时发送，在总线上产生同步作用。
- ➤ 仲裁域：由 11 位标识符(ID10-ID0)和远程发送请求位(RTR)组成，RTR 位为显性表示该帧为数据帧，隐性表示该帧为远程帧；标识符由高至低按次序发送，且前7 位 (ID10-ID4)不能全为显性位。标识符 ID 用来描述数据的含义而不用于通信寻址。标识符还用于决定报文的优先权，ID 值越低优先权越高，在竞争总线时，优先权高的报文优先发送，优先权低的报文退出总线竞争。CAN 总线竞争的算法效率很高，是一种非破坏性竞争。
- ➤ 控制域：数据长度码 (DLC3-DLC0)，表示数据域中数据的字节数，不超过 8。
- ➤ 数据域：由被发送数据组成，数目与控制域中设定的字节数相等，第一个字节的最高位首先被发送。其长度在标准帧中不超过 8 个字节。
- ➤ CRC 域：包括 CRC(循环冗余码校验)序列(15 位)和 CRC 界定符(1 个隐性位)，用于帧校验。
- ➤ 应答域：由应答间隙和应答界定符组成，共两位；发送站发送两个隐性位，接收站在应答间隙中发送显性位。应答界定符必须是隐性位。
- ➤ 帧结束：由 7 位隐性位组成。

表 10-1　CAN 数据帧格式定义

1 位	11 位	1 位	4 位	0~8 字节	15 位	1 位	2 位	7 位
帧起始	ID	RTR	DLC	数据域	CRC	CRC 界定	ACK	帧结束
	仲裁域		控制域		CRC 域			

3. 应用层协议设计

CAN 的高层协议也可理解为应用层协议，是一种在现有的物理层和数据链路层之上实现的协议。本章工业控制器系统以充电机系统为应用背景，充电机系统结构比较简单，网络规模也比较小，因此，这里自行编制了一种简单而有效的高层通信协议。

技术规范 CAN2.0A 规定标准的数据帧有 11 位标识符，用户可以自行规定其含义，将所需要的信息包含在内。在充电机系统中，每一个节点都有一个唯一的地址，地址码和模块一一对应，通过拨码开关设定，总线上数据的传送也是根据地址进行的。在一个充电柜上部署 12 个充电机，因此为每个模块分配一个 5 位的地址码，同一系统中地址码不得重复，系统初始化时由外部引脚读入。将标识符 ID9-ID5 定义为源地址，ID4-ID0 定义为目的地址，若从模块的目的地址全填 0，表示数据是广播数据，所有节点都可接收，主模块中目的地址根据要进行通信目的的模块的地址确定。

信息标识符 ID 标志着报文的优先权。CAN 总线上各个节点都可主动发送，总线上的报文采用标识符 ID 进行仲裁，ID 值越小，优先级越高。具有最高优先权报文的节点赢得总线使用权，而其他节点自动停止发送。在总线再次空闲后，这些节点将自动重发原报文。网络中的所有节点都可由 ID 来自动决定是否接收该报文。每个节点都有 ID 寄存器和屏蔽寄存器接收到的报文只有与该屏蔽的功能相同时，该节点才开始正式接收报文，否则它将不理睬 ID 后面的报文。

设计时根据充电机的优先权高低从小到大分配节点地址。ID10 位定义为主模块(工业控制器)识别码，该位主模块为隐性位，从模块(充电机)为显性位，以保证主模块通信优先。模块的地址码决定发送数据的优先级。主模块向总线发送的数据有两种：一种是目的地址全部填 0 的广播数据；另一种是包含特定目的地址的非广播数据。协议中一帧数据最多能传送 8 个字节，对于充电机控制系统来说已经足够用了。

从模块以广播形式向总线发送数据，同时回收自己发送的数据，若检测到所发送与所收到的数据不符，则立即重新发送上一帧数据。从模块发送信息的顺序由主模块的发出的指令决定，以免在总线通信繁忙时优先级较低的模块始终得不到总线通信权。指令的发送顺序按照各从模块的地址顺序进行，即地址较低的从模块首先获得指令，得以发送自己的地址码和充电电压、充电电流等参数。如发生冲突，则由 CAN 控制器自动根据模块的优先级调整发送顺序，在 CAN 的底层协议中有完善的优先级仲裁算法，因此应用层协议不必考虑此类问题。

4. CAN 协议软件实现

在系统上电后 MCP2510 CAN 协议控制器默认处于 Configuration 模式下，因此系统在 CAN 总线工作之前对 MCP2510 进行初始化操作，主要包括初始化 SPI 控制器及其通信速率，MCP2510 的接收过滤器和屏蔽器以及发送和接收中断允许标志位、三个配置寄存器、发送接收错误计数寄存器、CAN 通信的波特率等，初始化完后将其置为 Normal 模式。下面分别从初始化、发送数据、接收及出错处理三部分对 CAN 协议软件实现加以说明。

(1) 初始化

初始化时 S3C2410 需要通过 SPI 接口设置 MCP2510 内置读写命令来完成，初始化程序流程如图 10.16 所示。在 S3C2410 对 MCP2510 每次完成读写操作后，需要加一段延时操作，使 MCP2510 有足够的时间来准备接收下次操作的命令，防止出现因为 S3C2410 控制器操作过快导致 MCP2510 响应不及时，而丢失操作数据。

(2) 发送数据

MCP2510 的发送操作通过三个发送缓冲器来实现。这三个发送缓冲器各占据 14 字节的 SRAM。第 1 字节是控制寄存器 TXBNCTRL，该寄存器用来设定信息发送的条件，且给出了信息的发送状态；第 2~6 字节用于存放标准的和扩展的标识符以及仲裁信息；最后 8 字节则用于存放待发送的数据信息。在进行发送前，必须先对这些寄存器进行初始化。

(3) 接收及出错处理

MCP2510 接收数据主要采取中断模式操作，S3C2410 控制器为 MCP2510 提供一个外部中断，当 MCP2510 从 CAN 总线上接收到数据时，由 MCP2510 控制器向 S3C2410 申请接收中断，中断服务程序包括中断处理子程序，子程序主要包括数据接收程序与 CAN 总线错误处理程序。

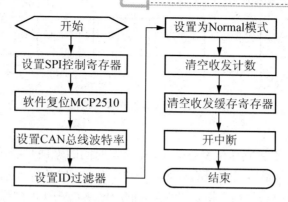

图 10.16　MCP2510 初始化流程

10.5.3　Modbus 通信协议

1. Modbus 协议特点

Modbus 是一种开放性的应用层通信协议，由 Modicon 公司于 1979 年推出，并公开推向市场。Modbus 协议主要应用于电子控制器上，通过此协议，可以实现控制器之间、控制器和其他设备之间的通信。

与其他总线标准相比，Modbus 具有协议简单、实施容易、性价比高、可靠性好等优点，在工业自动化领域获得了越来越广泛的应用。利用 Modbus 的开放性，不同厂商生产的控制设备能够互联成工业网络，进行集中监控。

随着 Modbus 的广泛应用，相关产品的需求正不断增长。目前，支持 Modbus 协议的 PLC、智能仪表等工控产品在市场上占有较大的份额，Modbus 已经成为事实上的工业标准。

2. Modbus 协议数据格式

Modbus 协议有 ASCII 和 RTU 两种传输模式，在一个 Modbus 网络上的所有设备，都必须选择相同的传输模式和串口参数。

两种传输模式中，传输设备将 Modbus 消息转为有起点和终点的帧，接收设备在消息起点处开始工作，读地址分配信息，判断哪一个设备被选中(广播方式则传给所有设备)，判知何时信息已完成。

(1) ASCII 帧格式

使用 ASCII 模式，消息以冒号(∶)字符(ASCII 码 3AH)开始，以回车换行符结束(ASCII 码 0DH，0AH)。

其他域可以使用的传输字符是十六进制的 0…9，A…F。网络上的设备不断侦测"∶"字符，当有一个冒号接收到时，每个设备都解码下个域(地址域)来判断是否发给自己。

消息中字符间发送的时间间隔最长不能超过 1 秒，否则接收的设备将认为传输错误。一个典型消息帧如图 10.17 所示。

起始位	设备地址	功能代码	数据	LRC校验	结束符
1字符	2字符	2字符	n字符	2字符	2字符

图 10.17　ASCII 传输模式帧格式

(2) RTU 帧格式

使用 RTU 模式，消息发送至少要以 3.5 个字符时间的停顿间隔开始。在网络波特率下多样的字符时间，这是最容易实现的，如图 10.18 中 T1-T2-T3-T4 所示。传输的第一个域是设备地址。可以使用的传输字符是十六进制的 0…9，A…F。网络设备不断侦测网络总线，包括停顿间隔时间内。当第一个域(地址域)接收到，每个设备都进行解码以判断是否发给自己。在最后一个传输字符后，一个至少 3.5 个字符时间的停顿标定了消息的结束。一个新的消息可在此停顿后开始。

整个消息帧必须作为一连续的流传输。如果在帧完成之前有超过 1.5 个字符时间的停顿时间，接收设备将刷新不完整的消息并假定下一字节是一个新消息的地址域。同样地，如果一个新消息在小于 3.5 个字符时间内接着前个消息开始，接收设备则认为它是前一消息的延续。这将导致一个错误，因为在最后的 CRC 域的值不可能是正确的。图 10.18 是一个典型 RTU 帧格式。

起始位	设备地址	功能代码	数据	CRC校验	结束符
T1-T2-T3-T4	8bit	8bit	n个8bit	16bit	T1-T2-T3-T4

图 10.18　RTU 传输模式帧格式

(3) 地址域

消息帧的地址域包含两个字符(ASCII 帧格式)或 8bit(RTU 帧格式)。设备地址范围是 1～247。主设备通过将要联络的从设备的地址放入消息中的地址域来选通从设备。当发送响应消息时，从设备把自己的地址放入响应的地址域中，以告知主设备是哪一台从设备响应了消息。地址 0 用作广播地址，所有的从设备都接收这样的消息。

(4) 功能域

消息帧中的功能代码域包含了两个字符(ASCII 帧格式)或 8bits(RTU 帧格式)。可能的代码范围是十进制的 1～255。

当消息从主设备发往从设备时，功能代码域将告之从设备需要执行哪些行为。例如，读取输入的开关状态，读一组寄存器的数据内容，读从设备的诊断状态，允许调入、记录、校验从设备中的程序等。

当从设备响应时，功能代码域指示是正常响应还是有某种错误发生(称作异常响应)。对于正常响应，从设备仅回应相应的功能代码。对于异常响应，从设备返回异常功能代码。

(5) 数据域

从主设备发给从设备消息的数据域包含附加的信息，设备必须用于进行执行由功能代码所定义的所为。如果没有错误发生，从设备返回的数据域包含请求的数据。如果有错误发生，此域包含异常代码，主设备可以判断采取下一步行动。

(6) 错误检测域

标准的 Modbus 网络有两种错误检测方法。错误检测域的内容视所选的检测方法而定。当选用 ASCII 模式作字符帧，错误检测域包含两个 ASCII 字符。这是使用 LRC(纵向冗长检测)方法对消息内容计算得出的，不包括开始的冒号符及回车换行符。LRC 字符附加在回车换行符前面。

当选用 RTU 模式作字符帧，错误检测域包含 16bits 值(用两个 8 位的字符来实现)。错误检测域的内容是通过对消息内容进行循环冗余校验方法得出的。CRC 域附加在消息的最后，添加时先是低字节然后是高字节，故 CRC 的高位字节是发送消息的最后一个字节。

3. MODBUS 协议软件实现

(1) 通信内容

本章的工业控制器使用 Modbus 协议与机柜控制台触摸屏通信，触摸屏选用维控科技的触摸屏，接口遵循 Modbus-RTU 协议。触摸屏作为 Modbus 主设备，工业控制器作为从设备。

触摸屏与工业控制器主要有两类消息。

➤ 读寄存器消息：功能码 03H，读取工业控制器中的保持寄存器，而这些寄存器中的内容从电池箱获取，工业控制器与电池箱通过 CAN 协议通信。

➤ 写寄存器消息：功能码 10H，触摸屏下发命令给工业控制器。此功能允许用户获得设备采集与记录的数据及系统参数。主设备一次请求的数据个数没有限制，但不能超出定义的地址范围。

(2) 任务设计与实现

在用户点触摸屏相应的控件时，触摸屏会根据选择包装成一条 RTU 帧发送给工业控制器，同样原理，工业控制器在收到该 RTU 帧后，解析该帧的信息，执行相应的操作，并将执行结果返回给触摸屏。

如图 10.19 所示，工业控制器 Modbus 通信任务启动后，征用接收缓冲区信号量，该信号量在由 Modbus 接收中断服务程序释放，如果没有接收到数据，则无信号量可用，Modbus 通信任务将被挂起，如果缓冲中有数据，该任务征用到信号量，则将公共缓冲区中数据转移到任务缓冲区中，然后进行 CRC 校验，如果校验不正确，则放弃处理，继续征用信号量。如果校验正确，任务检测功能码，若功能码是 03H，说明触摸屏主设备需要得到保持寄存器的值，Modbus 通信任务下一步将申请进入临界区，将保持寄存器的值打包成 Modbus 帧，退出临界区，并将打包好的保持寄存器值发送给触摸屏；若功能码是 10H，说明触摸屏要向工业控制器发送控制命令，这些命令用于配置充电机，因此，Modbus 通信任务解析出数据后，将这些数据发送到充电机。一次检测完成后，任务进入下一次征用信号量的循环。

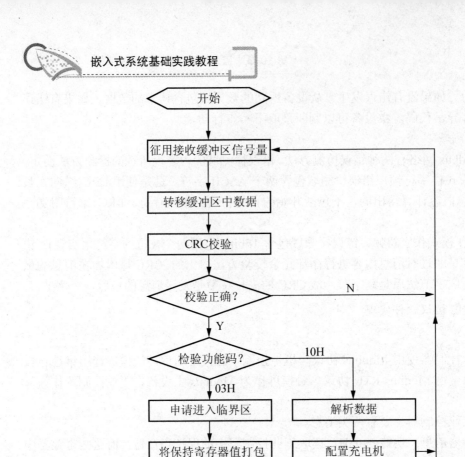

图 10.19　Modbus 通信任务执行流程

10.5.4　TCP/IP 协议

1. 设计方案

充换电站管理系统服务器通过以太网与多台充电柜互联，基于 TCP/IP 协议实现对充电柜的数据收集与命令发布。因此，充电柜的工业控制器需要设计网络接口，并实现 TCP/IP 协议。

本章采用以太网卡有线连接和 IEEE 802.3 协议，即利用 NIC(网络接口控制器)实现物理层和链路层协议，同时微处理器运行嵌入式 TCP/IP 通信模块来实现与以太网的连接，如图 10.20 所示。实现物理层和链路层功能的网络接口在硬件设计章节中已设计完成，这里选用 LwIP 软件包实现网络层和传输层，而应用层正是 TCP/IP 通信任务用户程序。

LwIP 是瑞士计算机科学院(Swedish Institute of Computer Science)的 Adam Dunkels 等开发的一套用于嵌入式系统的开放源代码 TCP/IP 协议栈。LwIP 的含义是 Light Weight(轻型)IP 协议。

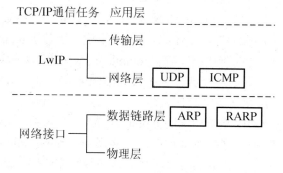

图 10.20　网络接口软硬件层次图

2. 软件实现

实现 TCP/IP 通信功能需要完成两方面的工作：一是 LwIP 协议栈在 μC/OS-II 操作系统上的移植；二是基于 LwIP 的通信任务设计。

(1) LwIP 协议栈移植

LwIP 是独立的 TCP/IP 协议栈。为方便移植，它将所有与硬件、操作系统、编译器等有关的部分都独立出来，放在\src\arch 目录下，修改这个目录下的代码即可实现移植。

1) 与 CPU 或编译器相关的头文件。cc.h、cpu.h、perf.h 中有一些与 CPU 或编译器相关的定义。主要包括数据类型，存储模式的选择。一般情况下，C 语言的结构体是 4 字节对齐的，但是在处理数据包的时候，LwIP 是根据结构体中不同数据的长度来读取相应数据的，所以，一定要在定义 struct 的时候使用_packed 关键字，让编译器放弃结构体的字节对齐。

2) 与操作系统相关内容。与操作系统相关的函数定义主要在文件 sys.c 和 sys_arch.c 中。主要包括信号量、消息队列、定时器函数和创建新进程函数四个部分。这些函数的实现，基本上是根据 μC/OS-II 操作系统的相关数据结构，重定义这些函数中的数据结构如 sys_sem_t、sys_mbox_t 等，再封装 μC/OS-II 操作系统相应的系统调用函数来完成。以接口函数 sys_sem_new()为例，其实现如下：

```
sys_sem_t sys_sem_new(u8_t count)
{
sys_sem_t pSem;
pSem = OSSemCreate((u16_t)count );
return pSem;
}
```

在 LwIP 中使用的这个信号量创建函数，可以看到是通过封装 μC/OS-II 操作系统的信号量创建函数 OSSemCreate()来完成的，其中使用的数据结构 sys_sem_t 也被重定义如下：

```
typedef OS_EVENT* sys_sem_t;
```

其中，数据结构 OS_EVENT 同样为 μC/OS-II 操作系统所有，其他函数的实现与此类似，不再重复。

3) 与驱动程序相关的内容。LwIP 和网络驱动程序会共用一些数据结构，从而实现了两者的联系。其中函数 output()提供给 LwIP 的 IP 模块，函数 linkoutput()提供给 LwIP 的 ARP 模块。LwIP 的驱动编写示例指出，函数 output()封装了 LwIP 中 ARP 模块的数据发送函数 etharp_output()，此函数最终会调用到函数 linkoutput( )，即函数 linkoutput( )是实际的数据发送函数(这个函数由网络驱动程序实现)。另一方面，当网络驱动的中断处理函数接收到一个数据包后，也会调用此结构中的 input( )函数(这个函数由 LwIP 实现)，将数据转交给 LwIP。在为 LwIP 编写网络驱动程序时要实现 ethernetif_init()、ethernetif_input()、ethernetif_output()以及 ethernetif_isr()接口函数。这些函数完成网卡的初始化、接收、发送和终端处理等功能。

(2) 基于 LwIP 的通信任务设计

LwIP 提供了 RAW API、LwIP API、BSD Socket API 三种形式的应用程序设计接口，供应用程序使用该 TCP/IP 协议栈。这里选用基于 Socket 接口编程，LwIP 中 Socket 的类型只有 TCP 和 UDP 两种，建立 TCP 连接时，可以按照图 10.21 所示的流程进行设计。

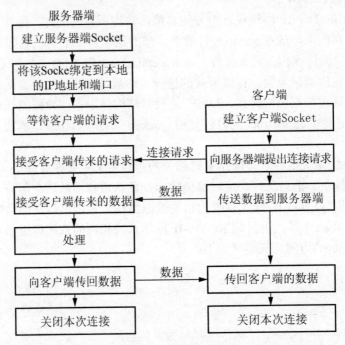

图 10.21　网络通信流程图

充/换电站管理系统服务器上建立一个服务器端 Socket 服务器进程，等待工业控制器与之连接，待接收到连接请求时，充/换电站管理系统创建一个新的 Socket 与工业控制器通信。工业控制器 TCP/IP 通信任务运行后，创建一个客户端 Socket 与服务器建立连接，服务器的 IP 地址可以通过键盘配置。通信期间，服务器查询工业控制器基本外设的运行状态、查询充电机的运行状态、查询电池箱 BMS 的运行状态、收集充电过程中的电压、电流等数据，工业控制器收到命令后，将相关数据打包发送给服务器。

本 章 小 结

本章介绍了一个嵌入式系统设计案例——工业控制器设计。该工业控制器应用于充换电站系统的充电柜中，负责管理充电机及电池箱，是充电柜的控制中心，同时，承担着与充换电站管理系统、触摸屏控制终端通信的重任。本章的工业控制器是应用于控制领域的嵌入式系统的典型实例，其设计过程遵循嵌入式系统设计流程，融汇嵌入式软硬件设计的多方面基础知识，涉及模拟量、开关量等信息采集方法，综合运用以太网、RS-485、CAN等多种通信网络，知识面广、包容性强。

(1) 开关量、模拟量采集：二者是工业控制器的常见模块，本章模拟量输入电路用于采集温度、开关量输入用于检测三相电状态、开关量输出则用于控制三相电的合分。

(2) 基本输入输出系统：它是实现人机交互的常见方法，前面章节已经介绍了实现键盘、LCD 等基本电路，本章结合 µC/OS-II 操作系统，将键盘扫描、LCD 刷新作为系统任务，更好地实现了人机交互功能。

(3) RS-485 网络：设计了 RS-485 接口电路，介绍了 Modbus 通信协议，基于 µC/OS-II 操作系统实现了 Modbus 通信任务。

(4) CAN 网络：用于管理充电机和电池箱，设计了接口电路、实现了 CAN 通信的两个用户任务。

(5) TCP/IP 网络：扩展了 S3C2410 的网络接口，分析了 LwIP 协议栈，基于 LwIP 实现了 TCP/IP 通信任务。

 阅读材料

可编程控制器(PLC)介绍

20 世纪 60 年代末，为了适应汽车型号不断更新的需要，美国最大的汽车制造商通用汽车公司(GM)，想寻找一种方法，尽可能减少重新设计继电接触器控制系统和接线的工作量，降低成本，缩短周期，于是设想把计算机功能完备、灵活性、通用性好等优点和继电接触器控制系统简单易懂、操作方便、价格便宜等优点结合起来，制造一种新型的工业控制装置。为此，1968 年美国汽车通用公司公开招标，要求制造商为其装配线提供一种新型的通用控制器，提出了十项招标指标：

➢ 编程简单，可在现场修改和调试程序；
➢ 维护方便，各部件最好采用插件方式；
➢ 可靠性高于继电接触器控制系统；
➢ 设备体积要小于继电器控制柜；
➢ 数据可以直接送给管理计算机；
➢ 成本可与继电接触器控制系统相竞争；
➢ 输入量是 115V 交流电压；
➢ 输出量为 115V 交流电压，输出电流在 2A 以上，能直接驱动电磁阀；
➢ 系统扩展时，原系统只需作很小的变动；
➢ 用户程序存储器容量能扩展到 4KB。

美国数字设备公司(DEC)中标，于 1969 年研制成功了一台符合要求的控制器，在通用汽车公司(GM)的汽车装配线上试验获得成功。由于这种控制器适于工业环境，便于安装，可以重复使用，通过编程来改变控制规律，完全可以取代继电接触器控制系统，因此在短时间内该控制器的应用很快就扩展到其他工业领域。美国电气制造商协会(National Electrical Manufactures Association，NEMA)于 1980 年把这种控制器正式命名为可编程序控制器(PLC)。为使这一新型的工业控制装置的生产和发展规范化，国际电工委员会(IEC)制定了 PLC 的标准，给出 PLC 的定义如下：可编程序控制器是一种数字运算操作的电子系统，专为在工业环境下应用而设计的。它采用可编程的存储器，用来在其内部存储执行逻辑运算、顺序控制、定时、计数和算术运算等操作指令，并通过数字式和模拟式的输入和输出，控制各种类型的机械或生产过程。可编程序控制器及其有关设备，都应按易于与工业控制系统形成一个整体，易于扩展其功能的原则设计。

从 1969 年出现第一台 PLC，经过几十年的发展，PLC 已经发展到了第四代。其发展过程大致如下。

第一代在 1969—1972 年。这个时期是 PLC 发展的初期，该时期的产品，CPU 由中小规模集成电路组成，存储器为磁芯存储器。其功能也比较单一，仅能实现逻辑运算、定时、记数和顺序控制等功能，可靠性比以前的顺序控制器有较大提高，灵活性也有所增加。

第二代在 1973—1975 年。该时期是 PLC 的发展中期，随着微处理器的出现，该时期的产品已开始使用微处理器作为 CPU，存储器采用半导体存储器。其功能进一步发展和完善，能够实现数字运算、传送、比较、PID 调节、通信等功能，并初步具备自诊断功能，可靠性有了一定提高，但扫描速度不太理想。

第三代在 1976—1983 年。PLC 进入大发展阶段，这个时期的产品已采用 8 位和 16 位微处理器作为CPU，部分产品还采用了多微处理器结构。其功能显著增强，速度大大提高，并能进行多种复杂的数学运算，具备完善的通信功能和较强的远程 I/O 能力，具有较强的自诊断功能并采用了容错技术。在规模上向两极发展，即向小型、超小型和大型发展。

第四代为 1983 年到现在。这个时期的产品除采用 16 位以上的微处理器作为 CPU 外，内存容量更大，有的已达数兆字节；可以将多台 PLC 连接起来，实现资源共享；可以直接用于一些规模较大的复杂控制系统；编程语言除了可使用传统的梯形图、流程图等，还可以使用高级语言；外设多样化，可以配置 CRT和打印机等。

随着微处理技术的发展，可编程序控制器也得到了迅速发展，其技术和产品日趋完善。它不仅以其良好的性能特点满足了工业生产控制的广泛需要，而且将通信技术和信息处理技术融为一体，使得其功能日趋完善化。目前 PLC 技术和产品的发展非常活跃，各厂家不同类型的 PLC 品种繁多，各具特色，各有千秋。

习　题

一、选择题

1. 在 TCP/IP 协议栈中，下面能够唯一地确定一个 TCP 连接的是(　　)。
   A. 源 IP 地址和源端口号
   B. 源 IP 地址和目的端口号
   C. 目的地址和源端口号
   D. 源地址、目的地址、源端口号和目的端口号
2. IGMP 协议位于 TCP/IP 协议的(　　)。
   A. 物理层　　　　B. 链路层　　　　C. 网络层　　　　D. 传输层

二、判断题

1．RS-232C 标准接口经电平转换后便可长距离传送信息。　　　　　（　　）

2．Modbus 协议有 ASCII 和 RTU 两种传输模式。　　　　　　　　（　　）

三、问答题

1．简述嵌入式系统开发流程？

2．CAN 协议中，位填充起什么作用？

参 考 文 献

[1] 何立民. 嵌入式系统的定义与发展历史[J]. 单片机与嵌入式系统应用，2004，1：6-8.

[2] 周立功，等. ARM 嵌入式系统基础教程[M]. 2 版. 北京：北京航空航天大学出版社，2008.

[3] 马忠梅，李善平. ARM&Linux 嵌入式系统教程[M]. 北京：北京航空航天大学出版社，2004.

[4] 刘艺，许大琴，万福. 嵌入式系统设计大学教程[M]. 北京：人民邮电出版社，2008.

[5] 刘洪涛，孙天泽. 嵌入式系统技术与设计[M]. 北京：人民邮电出版社，2008.

[6] 田泽. 嵌入式系统开发与应用[M]. 北京：北京航空航天大学出版社，2004.

[7] 符意德. 嵌入式系统设计原理及应用[M]. 2 版. 北京：清华大学出版社，2010.

[8] 和凌志，郭世平. 手机软件平台架构解析[M]. 北京：电子工业出版社，2009.

[9] 邱铁. ARM 嵌入式系统结构与编程[M]. 北京：清华大学出版社，2009.

[10] ARM 公司. http://www.arm.com

[11] Sloss A N, Symes D, Wright C. ARM 嵌入式系统开发——软件设计与优化[M]. 沈建华，译. 北京：北京航空航天大学出版社，2005.

[12] 陈丽蓉，李际炜，于喜龙，等. 嵌入式微处理器系统及应用[M]. 北京：清华大学出版社，2010.

[13] Samsung 公司. S3C2410X_datasheet.pdf

[14] 潘巨龙，黄宁，姚伏天，等. ARM9 嵌入式 Linux 系统构建与应用[M]. 北京：北京航空航天大学出版社，2006.

[15] 陈渝，韩超，李明. 嵌入式系统原理及应用开发[M]. 北京：机械工业出版社，2008.

[16] 马维华. 嵌入式系统原理及应用[M]. 北京：北京邮电大学出版社，2006.

[17] 王宜怀，刘晓升. 嵌入式技术基础与实践[M]. 北京：清华大学出版社，2007.

[18] 谭浩强. C++程序设计[M]. 北京：清华大学出版社，2004.

[19] 凌明. 嵌入式系统高级 C 语言编程[M]. 北京：北京航空航天大学出版社，2011.

[20] 廖雷，袁璪，陈立. C 语言程序设计基础[M]. 北京：高等教育出版社，2004.

[21] 赵星寒，周春来，刘涛. ARM 开发工具 ADS 原理与应用[M]. 北京：北京航空航天大学出版社，2006.

[22] 李宁. ARM 开发工具 RealView MDK 使用入门[M]. 北京：北京航空航天大学出版社，2008.

[23] 王金龙，苏瑞元，江叔盈，等. 嵌入式操作系统开发与应用程序设计[M]. 北京：清华大学出版社，2009.

[24] 任哲，樊生文. 嵌入式操作系统基础 μC/OS-II 和 Linux[M]. 2 版. 北京：北京航空航天大学出版社，2011.

[25] 吴国伟，姚琳，刘坐松. 嵌入式操作系统原理与应用[M]. 北京：清华大学出版社，2011.

[26] 刘峥嵘，张智超，许振山. 嵌入式 Linux 应用开发详解[M]. 北京：机械工业出版社，2004.

[27] [美]Labrosse J. 嵌入式实时操作系统 μC/OS-II[M]. 2 版. 邵贝贝，等译. 北京：北京航空航天大学出版社，2003.

[28] 任哲，潘树林，房红征. 嵌入式操作系统基础 μC/OS-II 和 Linux[M]. 北京：北京航空航天大学出版社，2006.

[29] www.micrium.com.

[30] 王田苗，魏洪兴. 嵌入式系统设计与实例开发—基于 ARM 微处理器与 μC/OS-II 实时操作系统[M]. 3 版. 北京：清华大学出版社，2008.

[31] 瞿进. 可重构系统软硬功能划分及任务调度技术研究[D]. 解放军信息工程大学. 2011.

北京大学出版社本科计算机系列实用规划教材

序号	标准书号	书 名	主编	定价	序号	标准书号	书 名	主编	定价
1	7-301-10511-5	离散数学	段禅伦	28	38	7-301-13684-3	单片机原理及应用	王新颖	25
2	7-301-10457-X	线性代数	陈付贵	20	39	7-301-14505-0	Visual C++程序设计案例教程	张荣梅	30
3	7-301-10510-X	概率论与数理统计	陈荣江	26	40	7-301-14259-2	多媒体技术应用案例教程	李 建	30
4	7-301-10503-0	Visual Basic 程序设计	闵联营	22	41	7-301-14503-6	ASP .NET 动态网页设计案例教程(Visual Basic .NET 版)	江 红	35
5	7-301-21752-8	多媒体技术及其应用(第2版)	张 明	39	42	7-301-14504-3	C++面向对象与 Visual C++程序设计案例教程	黄贤英	35
6	7-301-10466-8	C++程序设计	刘天印	33	43	7-301-14506-7	Photoshop CS3 案例教程	李建芳	34
7	7-301-10467-5	C++程序设计实验指导与习题解答	李 兰	20	44	7-301-14510-4	C++程序设计基础案例教程	于永彦	33
8	7-301-10505-4	Visual C++程序设计教程与上机指导	高志伟	25	45	7-301-14942-3	ASP .NET 网络应用案例教程(C# .NET 版)	张登辉	33
9	7-301-10462-0	XML 实用教程	丁跃潮	26	46	7-301-12377-5	计算机硬件技术基础	石 磊	26
10	7-301-10463-7	计算机网络系统集成	斯桃枝	22	47	7-301-15208-9	计算机组成原理	娄国焕	24
11	7-301-22437-3	单片机原理及应用教程(第2版)	范立南	43	48	7-301-15463-2	网页设计与制作案例教程	房爱莲	36
12	7-5038-4421-3	ASP .NET 网络编程实用教程(C#版)	崔良海	31	49	7-301-04852-8	线性代数	姚喜妍	22
13	7-5038-4427-2	C 语言程序设计	赵建锋	25	50	7-301-15461-8	计算机网络技术	陈代武	33
14	7-5038-4420-5	Delphi 程序设计基础教程	张世明	37	51	7-301-15697-1	计算机辅助设计二次开发案例教程	谢安俊	26
15	7-5038-4417-5	SQL Server 数据库设计与管理	姜 力	31	52	7-301-15740-4	Visual C# 程序开发案例教程	韩朝阳	30
16	7-5038-4424-9	大学计算机基础	贾丽娟	34	53	7-301-16597-3	Visual C++程序设计实用案例教程	于永彦	32
17	7-5038-4430-0	计算机科学与技术导论	王昆仑	30	54	7-301-16850-9	Java 程序设计案例教程	胡巧多	32
18	7-5038-4418-3	计算机网络应用实例教程	魏 峥	25	55	7-301-16842-4	数据库原理与应用 (SQL Server 版)	毛一梅	36
19	7-5038-4415-9	面向对象程序设计	冷英男	28	56	7-301-16910-0	计算机网络技术基础与应用	马秀峰	33
20	7-5038-4429-4	软件工程	赵春刚	22	57	7-301-15063-4	计算机网络基础与应用	刘远生	32
21	7-5038-4431-0	数据结构(C++版)	秦 锋	28	58	7-301-15250-8	汇编语言程序设计	张光长	28
22	7-5038-4423-2	微机应用基础	吕晓燕	33	59	7-301-15064-1	网络安全技术	骆耀祖	30
23	7-5038-4426-4	微型计算机原理与接口技术	刘彦文	26	60	7-301-15584-4	数据结构与算法	佟伟光	32
24	7-5038-4425-6	办公自动化教程	钱 俊	30	61	7-301-17087-8	操作系统实用教程	范立南	36
25	7-5038-4419-1	Java 语言程序设计实用教程	董迎红	33	62	7-301-16631-4	Visual Basic 2008 程序设计教程	隋晓红	34
26	7-5038-4428-0	计算机图形技术	龚声蓉	28	63	7-301-17537-8	C 语言基础案例教程	汪新民	31
27	7-301-11501-5	计算机软件技术基础	高 巍	25	64	7-301-17397-8	C++程序设计基础教程	郜亚辉	30
28	7-301-11500-8	计算机组装与维护实用教程	崔明远	33	65	7-301-17578-1	图论算法理论、实现及应用	王桂平	54
29	7-301-12174-0	Visual FoxPro 实用教程	马秀峰	29	66	7-301-17964-2	PHP 动态网页设计与制作案例教程	房爱莲	42
30	7-301-11500-8	管理信息系统实用教程	杨月江	27	67	7-301-18514-8	多媒体开发与编程	于永彦	35
31	7-301-11445-2	Photoshop CS 实用教程	张 瑾	28	68	7-301-18538-4	实用计算方法	徐亚平	24
32	7-301-12378-2	ASP .NET 课程设计指导	潘志红	35	69	7-301-18539-1	Visual FoxPro 数据库设计案例教程	谭红杨	35
33	7-301-12394-2	C# .NET 课程设计指导	龚自霞	32	70	7-301-19313-6	Java 程序设计案例教程与实训	董迎红	45
34	7-301-13259-3	VisualBasic .NET 课程设计指导	潘志红	30	71	7-301-19389-1	Visual FoxPro 实用教程与上机指导（第2版）	马秀峰	40
35	7-301-12371-3	网络工程实用教程	汪新民	34	72	7-301-19435-5	计算方法	尹景本	28
36	7-301-14132-8	J2EE 课程设计指导	王立丰	32	73	7-301-19388-4	Java 程序设计教程	张剑飞	35
37	7-301-21088-8	计算机专业英语(第2版)	张 勇	42	74	7-301-19386-0	计算机图形技术(第2版)	许承东	44

序号	标准书号	书名	主编	定价	序号	标准书号	书名	主编	定价
75	7-301-15689-6	Photoshop CS5 案例教程(第2版)	李建芳	39	84	7-301-16824-0	软件测试案例教程	丁宋涛	28
76	7-301-18395-3	概率论与数理统计	姚喜妍	29	85	7-301-20328-6	ASP. NET 动态网页案例教程(C#.NET 版)	江 红	45
77	7-301-19980-0	3ds Max 2011 案例教程	李建芳	44	86	7-301-16528-7	C#程序设计	胡艳菊	40
78	7-301-20052-0	数据结构与算法应用实践教程	李文书	36	87	7-301-21271-4	C#面向对象程序设计及实践教程	唐 燕	45
79	7-301-12375-1	汇编语言程序设计	张宝剑	36	88	7-301-21295-0	计算机专业英语	吴丽君	34
80	7-301-20523-5	Visual C++程序设计教程与上机指导(第2版)	牛江川	40	89	7-301-21341-4	计算机组成与结构教程	姚玉霞	42
81	7-301-20630-0	C#程序开发案例教程	李挥剑	39	90	7-301-21367-4	计算机组成与结构实验实训教程	姚玉霞	22
82	7-301-20898-4	SQL Server 2008 数据库应用案例教程	钱哨	38	91	7-301-22119-8	UML 实用基础教程	赵春刚	36
83	7-301-21052-9	ASP.NET 程序设计与开发	张绍兵	39					

北京大学出版社电气信息类教材书目(已出版)
欢迎选订

序号	标准书号	书名	主编	定价	序号	标准书号	书名	主编	定价
1	7-301-10759-1	DSP 技术及应用	吴冬梅	26	38	7-5038-4400-3	工厂供配电	王玉华	34
2	7-301-10760-7	单片机原理与应用技术	魏立峰	25	39	7-5038-4410-2	控制系统仿真	郑恩让	26
3	7-301-10765-2	电工学	蒋中	29	40	7-5038-4398-3	数字电子技术	李元	27
4	7-301-19183-5	电工与电子技术(上册)(第2版)	吴舒辞	30	41	7-5038-4412-6	现代控制理论	刘永信	22
5	7-301-19229-0	电工与电子技术(下册)(第2版)	徐卓农	32	42	7-5038-4401-0	自动化仪表	齐志才	27
6	7-301-10699-0	电子工艺实习	周春阳	19	43	7-5038-4408-9	自动化专业英语	李国厚	32
7	7-301-10744-7	电子工艺学教程	张立毅	32	44	7-5038-4406-5	集散控制系统	刘翠玲	25
8	7-301-10915-6	电子线路 CAD	吕建平	34	45	7-301-19174-3	传感器基础(第2版)	赵玉刚	32
9	7-301-10764-1	数据通信技术教程	吴延海	29	46	7-5038-4396-9	自动控制原理	潘丰	32
10	7-301-18784-5	数字信号处理(第2版)	阎毅	32	47	7-301-10512-2	现代控制理论基础(国家级十一五规划教材)	侯媛彬	20
11	7-301-18889-7	现代交换技术(第2版)	姚军	36	48	7-301-11151-2	电路基础学习指导与典型题解	公茂法	32
12	7-301-10761-4	信号与系统	华容	33	49	7-301-12326-3	过程控制与自动化仪表	张井岗	36
13	7-301-19318-1	信息与通信工程专业英语(第2版)	韩定定	32	50	7-301-12327-0	计算机控制系统	徐文尚	28
14	7-301-10757-7	自动控制原理	袁德成	29	51	7-5038-4414-0	微机原理及接口技术	赵志诚	38
15	7-301-16520-1	高频电子线路(第2版)	宋树祥	35	52	7-301-10465-1	单片机原理及应用教程	范立南	30
16	7-301-11507-7	微机原理与接口技术	陈光军	34	53	7-5038-4426-4	微型计算机原理与接口技术	刘彦文	26
17	7-301-11442-1	MATLAB 基础及其应用教程	周开利	24	54	7-301-12562-5	嵌入式基础实践教程	杨刚	30
18	7-301-11508-4	计算机网络	郭银景	31	55	7-301-12530-4	嵌入式 ARM 系统原理与实例开发	杨宗德	25
19	7-301-12178-8	通信原理	隋晓红	32	56	7-301-13676-8	单片机原理与应用及 C51 程序设计	唐颖	30
20	7-301-12175-7	电子系统综合设计	郭勇	25	57	7-301-13577-8	电力电子技术及应用	张润和	38
21	7-301-11503-9	EDA 技术基础	赵明富	22	58	7-301-20508-2	电磁场与电磁波(第2版)	邬春明	30
22	7-301-12176-4	数字图像处理	曹茂永	23	59	7-301-12179-5	电路分析	王艳红	38
23	7-301-12177-1	现代通信系统	李白萍	27	60	7-301-12380-5	电子测量与传感技术	杨雷	35
24	7-301-12340-9	模拟电子技术	陆秀令	28	61	7-301-14461-9	高电压技术	马永翔	28
25	7-301-13121-3	模拟电子技术实验教程	谭海曙	24	62	7-301-14472-5	生物医学数据分析及其 MATLAB 实现	尚志刚	25
26	7-301-11502-2	移动通信	郭俊强	22	63	7-301-14460-2	电力系统分析	曹娜	35
27	7-301-11504-6	数字电子技术	梅开乡	30	64	7-301-14459-6	DSP 技术与应用基础	俞一彪	34
28	7-301-18860-6	运筹学(第2版)	吴亚丽	28	65	7-301-14994-2	综合布线系统基础教程	吴达金	24
29	7-5038-4407-2	传感器与检测技术	祝诗平	30	66	7-301-15168-6	信号处理 MATLAB 实验教程	李杰	20
30	7-5038-4413-3	单片机原理及应用	刘刚	24	67	7-301-15440-3	电工电子实验教程	魏伟	26
31	7-5038-4409-6	电机与拖动	杨天明	27	68	7-301-15445-8	检测与控制实验教程	魏伟	24
32	7-5038-4411-9	电力电子技术	樊立萍	25	69	7-301-04595-4	电路与模拟电子技术	张绪光	35
33	7-5038-4399-0	电力市场原理与实践	邹斌	24	70	7-301-15458-8	信号、系统与控制理论(上、下册)	邱德润	70
34	7-5038-4405-8	电力系统继电保护	马永翔	27	71	7-301-15786-2	通信网的信令系统	张云麟	24
35	7-5038-4397-6	电力系统自动化	孟祥忠	25	72	7-301-16493-8	发电厂变电所电气部分	马永翔	35
36	7-5038-4404-1	电气控制技术	韩顺杰	22	73	7-301-16076-3	数字信号处理	王震宇	32
37	7-5038-4403-4	电器与 PLC 控制技术	陈志新	38	74	7-301-16931-5	微机原理及接口技术	肖洪兵	32

序号	标准书号	书 名	主编	定价	序号	标准书号	书 名	主编	定价
75	7-301-16932-2	数字电子技术	刘金华	30	107	7-301-20506-8	编码调制技术	黄 平	26
76	7-301-16933-9	自动控制原理	丁 红	32	108	7-301-20763-5	网络工程与管理	谢 慧	39
77	7-301-17540-8	单片机原理及应用教程	周广兴	40	109	7-301-20845-8	单片机原理与接口技术实验与课程设计	徐懂理	26
78	7-301-17614-6	微机原理及接口技术实验指导书	李干林	22	110	301-20725-3	模拟电子线路	宋树祥	38
79	7-301-12379-9	光纤通信	卢志茂	28	111	7-301-21058-1	单片机原理与应用及其实验指导书	邵发森	44
80	7-301-17382-4	离散信息论基础	范九伦	25	112	7-301-20918-9	Mathcad 在信号与系统中的应用	郭仁春	30
81	7-301-17677-1	新能源与分布式发电技术	朱永强	32	113	7-301-20327-9	电工学实验教程	王士军	34
82	7-301-17683-2	光纤通信	李丽君	26	114	7-301-16367-2	供配电技术	王玉华	49
83	7-301-17700-6	模拟电子技术	张绪光	36	115	7-301-20351-4	电路与模拟电子技术实验指导书	唐 颖	26
84	7-301-17318-3	ARM 嵌入式系统基础与开发教程	丁文龙	36	116	7-301-21247-9	MATLAB 基础与应用教程	王月明	32
85	7-301-17797-6	PLC 原理及应用	缪志农	26	117	7-301-21235-6	集成电路版图设计	陆学斌	36
86	7-301-17986-4	数字信号处理	王玉德	32	118	7-301-21304-9	数字电子技术	秦长海	49
87	7-301-18131-7	集散控制系统	周荣富	36	119	7-301-21366-7	电力系统继电保护(第 2 版)	马永翔	42
88	7-301-18285-7	电子线路 CAD	周荣富	41	120	7-301-21450-3	模拟电子与数字逻辑	邬春明	39
89	7-301-16739-7	MATLAB 基础及应用	李国朝	39	121	7-301-21439-8	物联网概论	王金甫	42
90	7-301-18352-6	信息论与编码	隋晓红	24	122	7-301-21849-5	微波技术基础及其应用	李泽民	49
91	7-301-18260-4	控制电机与特种电机及其控制系统	孙冠群	42	123	7-301-21688-0	电子信息与通信工程专业英语	孙桂芝	36
92	7-301-18493-6	电工技术	张 莉	26	124	7-301-22110-5	传感器技术及应用电路项目化教程	钱裕禄	30
93	7-301-18496-7	现代电子系统设计教程	宋晓梅	36	125	7-301-21672-9	单片机系统设计与实例开发（MSP430）	顾 涛	44
94	7-301-18672-5	太阳能电池原理与应用	靳瑞敏	25	126	7-301-22112-9	自动控制原理	许丽佳	30
95	7-301-18314-0	通信电子线路及仿真设计	王鲜芳	29	127	7-301-22109-9	DSP 技术及应用	董 胜	39
96	7-301-19175-0	单片机原理与接口技术	李 升	46	128	7-301-21607-1	数字图像处理算法及应用	李文书	48
97	7-301-19320-4	移动通信	刘维超	39	129	7-301-22111-2	平板显示技术基础	王丽娟	52
98	7-301-19447-8	电气信息类专业英语	缪志农	40	130	7-301-22448-9	自动控制原理	谭功全	44
99	7-301-19451-5	嵌入式系统设计及应用	邢吉生	44	131	7-301-22474-8	电子电路基础实验与课程设计	武 林	36
100	7-301-19452-2	电子信息类专业 MATLAB 实验教程	李明明	42	132	7-301-22484-7	电文化——电气信息学科概论	高 心	30
101	7-301-16914-8	物理光学理论与应用	宋贵才	32	133	7-301-22436-6	物联网技术案例教程	崔逊学	40
102	7-301-16598-0	综合布线系统管理教程	吴达金	39	134	7-301-22598-1	实用数字电子技术	钱裕禄	30
103	7-301-20394-1	物联网基础与应用	李蔚田	44	135	7-301-22529-5	PLC 技术与应用(西门子版)	丁金婷	32
104	7-301-20339-2	数字图像处理	李云红	36	136	7-301-22386-4	自动控制原理	佟 威	30
105	7-301-20340-8	信号与系统	李云红	29	137	7-301-22528-8	通信原理实验与课程设计	邬春明	34
106	7-301-20505-1	电路分析基础	吴舒辞	38	138	7-301-22582-0	信号与系统	许丽佳	38
107	7-301-22447-2	嵌入式系统基础实践教程	韩 磊	35	139	7-301-22447-2	嵌入式系统基础实践教程	韩 磊	35

相关教学资源如电子课件、电子教材、习题答案等可以登录 www.pup6.com 下载或在线阅读。

扑六知识网(www.pup6.com)有海量的相关教学资源和电子教材供阅读及下载(包括北京大学出版社第六事业部的相关资源)，同时欢迎您将教学课件、视频、教案、素材、习题、试卷、辅导材料、课改成果、设计作品、论文等教学资源上传到 pup6.com，与全国高校师生分享您的教学成就与经验，并可自由设定价格，知识也能创造财富。具体情况请登录网站查询。

如您需要免费纸质样书用于教学，欢迎登陆第六事业部门户网(www.pup6.com)填表申请，并欢迎在线登记选题以到北京大学出版社来出版您的大作，也可下载相关表格填写后发到我们的邮箱，我们将及时与您取得联系并做好全方位的服务。

扑六知识网将打造成全国最大的教育资源共享平台，欢迎您的加入——让知识有价值，让教学无界限，让学习更轻松。

联系方式：010-62750667，pup6_czq@163.com，szheng_pup6@163.com，linzhangbo@126.com，欢迎来电来信咨询。